Sadi Carnot

Betrachtungen über die bewegende Kraft des Feuers und die zur Entwickelung dieser Kraft geeigneten Maschinen

Carnots „Betrachtungen über die bewegende Kraft des Feuers" enthalten die erste – wenn auch unvollkommene – Formulierung des 2. Hauptsatzes der Thermodynamik; sie diente Thomson (Lord Kelvin) und Clausius als Anregung, als sie um 1850 begannen, der Thermodynamik ihre moderne Form zu geben.

Das im Jahre 1824 in französischer Sprache erschienene Werk blieb lange Zeit unbeachtet; erst 1834, als Clapeyron die Ergebnisse von Carnot in analytischer Form bestätigte und erweiterte, erregten Carnots „Betrachtungen" Aufmerksamkeit als bedeutender Beitrag zur Physik der Gase und zur Wärmelehre.

Die hier vorliegende deutsche Ausgabe (in der Übersetzung von W. Ostwald) wurde von dem Historiker Robert Fox eingeleitet, kommentiert und ergänzt. Erstmals sind hier die wenigen von Carnot hinterlassenen schriftlichen Aufzeichnungen in deutscher Sprache veröffentlicht. Die vielen kommentierenden Anmerkungen machen das Buch für den an den historischen Quellen seines Faches interessierten Naturwissenschaftler und Techniker sowie für den naturwissenschaftlich vorgebildeten Historiker zu einer reichen Quelle.

S. Carnot

Betrachtungen über die bewegende Kraft des Feuers

Die historische Entwicklung des Physikbildes ist die Basis für ein vertieftes Verständnis und eine kritische Beurteilung der Naturwissenschaft unserer Zeit.

Für den Brückenschlag zwischen historischer Analyse und heutiger Problematik sorgt die

Edition Vieweg

durch Neuausgaben, grundlegende Abhandlungen und Monographien, die von führenden Wissenschaftlern und Historikern betreut werden.

Herausgeber
Prof. Dr. Roman U. Sexl, Wien
Prof. Dr. Karl von Meyenn, Barcelona

Band 1 Newton, Optik
Band 2 Franklin, Briefe von der Elektrizität
Band 3 Euler, Briefe an eine deutsche Prinzessin
Band 4 Carnot, Betrachtungen über die bewegende Kraft des Feuers

Sadi Carnot

Betrachtungen über die bewegende Kraft des Feuers

und die zur Entwickelung dieser Kraft geeigneten Maschinen

Aus dem Französischen übersetzt von
Wilhelm Ostwald

Eingeleitet, ergänzt und erläutert von
Robert Fox

Springer Fachmedien Wiesbaden GmbH

Das Buch enthält
den Nachdruck von
Sadi Carnot:

„Betrachtungen über
die bewegende Kraft
des Feuers
und die zur Entwickelung dieser Kraft
geeigneten Maschinen"

nach der von Wilhelm Ostwald übersetzten
und herausgegebenen Fassung, erschienen als
Band 37 der Reihe „Ostwalds Klassiker der
exakten Naturwissenschaften" im Verlag
von Wilhelm Engelmann, Leipzig 1892.

Joachim Sommer besorgte die Übersetzung
der Einleitung, der Anmerkungen und
der Anhänge.

1988

Ursprünglich erschienen bei Friedr. Vieweg & Sohn Verlagsgesellschaft
mbH, Braunschweig 1988
Softcover reprint of the hardcover 1st edition 1988

Satz: Vieweg, Braunschweig

ISBN 978-3-528-08542-1 ISBN 978-3-322-90123-1 (eBook)
DOI 10.1007/978-3-322-90123-1

Inhaltsverzeichnis

Der Edition zum Geleit

Quellen und ihre Bedeutung für die Wissenschaftsgeschichte von heute

Die Ziele und Aufgaben der modernen Wissenschaftsgeschichte haben sich in den letzten Jahrzehnten grundlegend gewandelt. Als eigenständige Disziplin – mit einer eigene Methodik und auf einer unabhängigen institutionellen Grundlage – ist sie eben erst dabei, sich zu konstituieren[1]. Kennzeichen für ein derartiges Entwicklungsstadium ist auch der Versuch, sich durch den Hinweis auf die vielfältigen Dienste, die sie den Schwesterwissenschaften oder auch der Gesellschaft allgemein zu leisten vermag, zu legitimieren[2]. Eine ausgereifte Wissenschaft zeichnet sich dagegen durch ihr größeres Selbstbewußtsein aus; auch trägt sie bekanntlich die meisten Früchte, wenn sie möglichst frei von den Zwängen der Zweckbestimmungen und vorgegebenen Zielvorstellungen ist.

Die mit dem 17. Jahrhundert einsetzende Schaffung weitgehend unabhängiger Strukturen durch die wissenschaftlichen Akademien und an den Universitäten haben der vorerst wertneutral erscheinenden exakten Naturwissenschaft zu einer einzigartigen Vollkommenheit und Blüte verholfen, wozu auch eine zunehmende Spezialisierung beigetragen hat. Bedingt war dieser Erfolg weitgehend durch ihre Herauslösung aus dem Gesamtkomplex der Wissenschaften, wobei der Trennungs-

1 Einen kurzen Überblick über die Situation in der Bundesrepublik findet man bei *H.-W. Schütt:* History of Science in the Federal Republic of Germany. Isis **71**, 375–380 (1980). Eine umfassende Übersicht über „Naturwissenschafts- und Technikgeschichte in der Bundesrepublik Deutschland und West-Berlin 1970–1980", wurde von *Fritz Kraft* in zwei Sonderheften der Berichte zur Wissenschaftsgeschichte, Wiesbaden 1981 und Weinheim 1985, vorgelegt.

2 In den Empfehlungen des Wissenschaftsrats aus dem Jahre 1960 zum Ausbau der wissenschaftlichen Einrichtungen liest man beispielsweise, es sei „Pflege und Ausbau der bisher vernachlässigten Geschichte der Naturwissenschaft und Technik deswegen erwünscht, weil die historische Betrachtung der Naturwissenschaften und der Technik ihre genetische Verknüpfung mit den Geisteswissenschaften und damit die Einheit der Wissenschaften deutlich macht. Der Naturwissenschaftler und der Techniker wird sich mit ihrer Hilfe der Beziehungen seiner Denkweise und seiner Methodik zur Philosophie bewußt. Umgekehrt eröffnet sich dem Geisteswissenschaftler der Zugang zum Verständnis der Naturwissenschaften und der Technik".

strich durch eine Einschränkung der zulässigen Fragestellungen und die Art ihrer Beantwortung gezogen wurde. Demzufolge kann nur Gegenstand naturwissenschaftlicher Bemühungen sein, was objektiv meßbar, mathematisch formulierbar und logisch deduzierbar ist.

Demgegenüber waren die Geisteswissenschaften von Anbeginn an viel stärker in das jeweilige geistige Umfeld eingebunden. Es ist deshalb nicht verwunderlich, daß hier nie ein derartiger Anspruch auf Wahrheit erhoben wurde, wie es bei den Naturwissenschaften häufig der Fall ist. Die besagte Grenzziehung zwischen Geistes- und Naturwissenschaften hat sich in der Vergangenheit für die Entwicklung der letzteren äußerst positiv ausgewirkt; gegenwärtig hat es den Anschein, als ob dieses Verfahren manchmal schon an seine Grenzen gestoßen sei[3]. Immer mehr häufen sich die Anzeichen für eine Tendenzwende. Die unvermeidbaren Auswirkungen der naturwissenschaftlichen Ergebnisse auf die Lebensbedingungen des modernen Menschen und die damit verknüpften Gefahren, sowie auch der damit einhergehende Wandel in der Struktur und in den Methoden der Wissenschaft selbst, lassen eine Forschung alten Stils auf die Dauer weder vertretbar noch sinnvoll erscheinen. Gerade der Geschichte der Naturwissenschaften dürfte hier die große Aufgabe zufallen, dazu beizutragen, daß die verlorengegangene Beziehung zwischen den „zwei Kulturen“ wiederhergestellt werden kann.

Solange die Geschichte der Naturwissenschaft noch von den Naturforschern und Fachgelehrten selbst geschrieben wurde – und das war noch bis zu Beginn unseres Jahrhunderts fast die Regel – war man bestrebt, vornehmlich ihren von den Zeitläufen und von den menschlichen Eigenarten unabhängigen Charakter herauszustellen. Man pflegte zu sagen, „die Geschichte der Wissenschaft ist die Wissenschaft selbst“. Infolgedessen fiel die Wissenschaftsgeschichte in weitaus größerem Maße als die Geschichte der Geisteswissenschaften dem Methodenideal des von ihr zu behandelnden Gegenstandes zum Opfer.

Wissenschaftsgeschichte im herkömmlichen Stil erschöpfte sich vielfach in einer Chronologie der positiven Errungenschaften berühmter Gelehrter, welche ihre Krönung durch die Leistungen der Gegenwart erhielt[4]. Die für das historische Verhältnis so aufschlußreichen Fehlschläge oder Sackgassen der Forschung wurden dabei bestenfalls mit moralisierender Geste erwähnt.

Im Gegensatz zu diesem kompilierenden und rein deskriptiven Verfahren steht die begründende Methode. Sie besteht darin, daß hier der Fortschritt als ein durch zwangsläufige Logik bestimmter und zuweilen durch einen glücklichen Zufall unterstützter Prozeß dargestellt wird. Da hier die Geschichte einen Weg zur Erlernung

3 Eine derartige Auffassung wird u.a. auch von dem theoretischen Physiker *W. Pauli* in seinem Vortrag auf dem Internationalen Gelehrtenkongreß in Mainz 1955 geteilt: „Die Wissenschaft und das abendländische Denken“. Abgedruckt in *M. Göhring* (Hrsg.): Europa – Erbe und Aufgabe. Wiesbaden 1956. Dort S. 71–79.

4 Ein typisches Beispiel ist *Johann Carl Fischers* siebenbändige „Geschichte der Physik seit der Wiederherstellung der Künste und Wissenschaften bis auf die neuesten Zeiten“. Göttingen 1801–1810.

der Naturwissenschaft selbst darbietet, eignet sich diese Art der Darstellung besonders gut für pädagogische Zwecke. Auch heute noch steht dieser Aspekt im Brennpunkt vieler Diskussionen[5].

Besonders reich an historischen Darstellungen ist das 19. Jahrhundert, in denen Geschichte im Dienste einer Erkenntnistheorie (wie bei *Ernst Mach*) oder einer Ideologie (wie bei *Friedrich Albert Lange* und *Ludwig Büchner*) stehen[6]. Desgleichen hat man in unserem Jahrhundert versucht, mit der sog. „Deutschen Physik" ethnische und rassische Eigenarten zur Erklärung der verschiedenartigsten Formen der Naturbetrachtung heranzuziehen.

Bei der Stiftung der ersten Lehrstühle für Wissenschaftsgeschichte an unseren Universitäten in den letzten Jahrzehnten wurde noch eindringlich auf den Nutzeffekt und die allgemeinbildende Wirkung der Wissenschaftsgeschichte verwiesen. Doch langsam scheint sich das Fach nun von all diesen Vorgaben zu lösen; die Problemgeschichte, die Fallstudie und die sog. externalistische Betrachtungsweise[7] beginnen sich allmählich auch hier durchzusetzen.

Ein Meilenstein auf diesem Wege war das vielbeachtete Werk über „Die Struktur der wissenschaftlichen Revolutionen" des amerikanischen Wissenschaftshistorikers *Thomas S. Kuhn*, weil es ihm gelang, damit zum ersten Mal das Interesse übergreifender Kreise an der Wissenschaftsgeschichte zu wecken. Für das Fach resultierte daraus eine ungewöhnlich große Befruchtung durch interdisziplinäre Wechselwirkungen, deren Folgen für die künftige Entwicklung der Disziplin noch unüberschaubar sind[8].

Ebenso ungewiß sind aber auch die Rückwirkungen dieser Veränderungen auf die weitere Entwicklung der Naturwissenschaft selbst. In diesem Zusammenhang sei auf die umstrittene und einiges Aufsehen erregende Finalisierungsthese hingewiesen, die vor einigen Jahren von Mitarbeitern am Max-Planck-Institut zur Erforschung der Lebensbedingungen der wissenschaftlich-technischen Welt in Starn-

5 Vgl. hierzu die Vorträge von *W. Jung:* „Geschichte der Naturwissenschaft im naturwissenschaftlichen Unterricht: Pro und contra" und von *W. Kuhn:* „Die Rolle der Physikgeschichte in der Physiklehrerausbildung" während eines Symposiums vom 3.–7. November 1980 in Frascati. In italienischer Übersetzung abgedruckt in *S. D'Agostino* und *M. G. Ianiello* (Hrsg): Storia della Scienza e della Tecnica. Roma [1984].

6 Vgl. hierzu *F. Gregory:* Scientific Materialism in Nineteenth Century Germany. Dordrecht / Boston 1977.

7 Vgl. zu diesen Begriffen *Th. S. Kuhns* Artikel „The History of Science" im Band 13 der International Encyclopedia of the Social Sciences. (Übersetzt in dem Sammelband *Th. S. Kuhn:* „Die Entstehung des Neuen". Frankfurt a.M. 1977. Dort S. 169–193.) Ein Musterbeispiel der externalistischen Geschichtsschreibung sind auch die Studien von *Paul Forman:* Weimar Culture, Causality, and Quantum Theory, 1918–1927. Adaption by German Physicists and Mathematicians to a Hostile Intellectual Environment. Hist. Stud. Phys. Sci. 3, 1–115 (1971). – und *A. Nitschke:* Revolutionen in Naturwissenschaft und Gesellschaft. Stuttgart–Bad Cannstatt 1979.

8 Ansätze dieser Art finden wir z.B. in der Schriftensammlung von *G. Böhme, W. van der Daele* und *W. Krohn:* Experimentelle Philosophie. Frankfurt a.M. 1977 und *W. Diederich* (Hrs.): Theorien der Wissenschaftsgeschichte. Frankfurt a.M. 1974.

berg aufgestellt wurde[9]. Die einst mühsam erkämpfte Loslösung der Naturwissenschaften von den anderen gesellschafts- und kulturbedingten Umständen scheint dadurch von neuem in Frage gestellt.

Aber auch für den historischen Betrachter ändert sich dadurch der Standpunkt. Naturwissenschaft kann nun nicht mehr allein als die Lehre von der Natur betrachtet werden; vielmehr enthält sie in einem beträchtlichen Maß die Züge der Zeit und der Menschen, die sie einst prägten[10].

Unter diesem Gesichtspunkt muß selbst die wissenschaftshistorische Literatur der Vergangenheit gesehen werden. Nur allzuhäufig werden historische Zusammenhänge im nachhinein uminterpretiert und der jeweiligen Zeitströmung angepaßt. Manchmal geschieht dies aus fehlendem Sachverstand, nicht selten aber auch, weil Tradition und Autorität ein sehr wirkungsvolles Medium zur Durchsetzung eigener Anschauungen, Interessen und Ideologien sind. Wir erinnern hierbei nur an die äußerst wechselvolle Interpretation des *Galilei*prozesses, der den Umständen gemäß immer wieder neu gedeutet wurde. Auch die Entstehungsgeschichte so mancher Entdeckung und Erfindung ist durch Legendenbildung (wie die Erzählung über die Entdeckung der *Newton*schen Gravitationstheorie beim Anblick eines fallenden Apfels) oder bewußte Verfälschung (z.B. zur Sicherung eigener Prioritäten) entstellt.

Auch die Geschichtsliteratur einer jeden Epoche ist deshalb in erster Linie als Quelle für den jeweils herrschenden Zeitgeist zu verstehen, und erst an zweiter Stelle als ein Beitrag zur Wissenschaftsgeschichte selbst[11]. Jeder Wissenschaftshistoriker, der ältere Sekundärliteratur verwendet, muß sich dieses Umstandes bewußt sein und seine Quellen durch Vergleich kritisch überprüfen, in welchem Maße sie spätere Hinzufügungen enthalten.

Aus den dargelegten Gründen ist gerade für eine sachgemäße historische Erforschung der Inhalte und Bedingungen früherer Naturwissenschaften ein Studium der authentischen Quellen unumgänglich. Erst durch die Lektüre umfassender Darstellungen der Zeit muß sich der Historiker gleichsam ein Referenzsystem zum Verständnis der zeitgenössischen Nomenklatur und Begriffswelt erarbeiten. Ebenso

9 Die Anhänger der Finalisierungsthese behaupten, daß nach Erreichen einer „abgeschlossenen" Theorie (im Sinne *Heisenbergs*) sich ein Mangel an theoretischen Problemen bemerkbar mache. Dieser führt dazu, daß die Wissenschaft in diesem Stadium durch externe (wie ökonomische, soziale und politische), wissenschaftsfremde Faktoren bestimmt werde. Damit verliert der entsprechende Wissenszweig seine Autonomie, er ist „finalisiert". Vgl. *G. Böhme, W. van den Daele* und *W. Krohn:* Die Finalisierung der Wissenschaft. Z. f. Soziologie **2**, 128–144 (1973). – Starnberger Studien I: Die gesellschaftliche Orientierung des wissenschaftlichen Fortschritts. Frankfurt a.M. 1978. – *M. Tierzel:* Die Finalisierungsdebatte: Viel Lärm um nichts. Z. für Wissenschaftstheorie **9**, 348–360 (1978).

10 Diese Tatsache wurde selbst von anerkannten Forschern konstatiert. Vgl. z.B. *E. Schrödinger:* Ist die Naturwissenschaft milieubedingt? Leipzig 1932. – Siehe auch *K. v. Meyenn:* Schrödinger in Amerika. Physik-Unterricht **16** (4), 27–41 (1982).

11 Siehe hierzu *D. v. Engelhardt:* Historisches Bewußtsein in der Naturwissenschaft von der Aufklärung bis zum Positivismus. München 1979.

wird ihm dabei bewußt werden, wie selbst die Maßstäbe für Wissenschaftlichkeit (die sog. Argumentationsstruktur) im Laufe der Zeit einem starken Wandel unterliegen. Die Gegensatzpaare von Spekulation und Erfahrung, Deduktion und Induktion, Synthese und Analyse, Hypothese und Experiment sind die Stilmittel, welche die verschiedenen Schulen voneinander trennen und auf dem Wege zu ihrem Erfolg oder Mißerfolg geleitet haben[12].

Eine Nichtbeachtung oder bewußte Fortlassung konstitutiver Teile dieses historischen Prozesses können den Zugang zum Verständnis des historischen Phänomens versperren. Geschichte heißt nicht zuletzt Verstehen des Späteren aus dem Vorhergehenden. Jede Setzung eines Anfangs verstößt schon im Prinzip gegen diese Maxime. Die spekulativen Frühphasen der Wissenschaft gehören deshalb ebenso dazu wie die Entwicklung einer rational begründeten Naturauffassung.

Die systematische Sammlung und Edition von Quellenmaterialien in größerem Umfang zum Zwecke historischer Forschung wurde erst seit dem vergangenen Jahrhundert begonnen. Auf dem Gebiete der exakten Naturwissenschaften gibt es zwar schon seit längerem die Werkausgaben berühmter Gelehrter, doch die Auswahl der in ihnen enthaltenen Schriften geschah meistens im Hinblick auf die Nützlichkeit für die aktuelle Forschung.

Das wohl umfangreichste Unternehmen dieser Art begann der vielseitig gelehrte und historisch interessierte Physikochemiker *Wilhelm Ostwald* gegen Ende des vorigen Jahrhunderts mit seiner berühmten Edition der Klassiker der exakten Wissenschaften.

Im zweiten Teil seiner *Lebenslinien* (1927) schreibt *Ostwald:* „Bei meinen Vorarbeiten für das Lehrbuch *Grundriß der Allgemeinen Chemie* (1888) war mir aufgefallen, wie groß das Mißverhältnis zwischen dem Gesamtumfang der Zeitschriftenliteratur und dem Anteil darin war, welchem eine dauernde Bedeutung zukam. Dafür, daß unter den veröffentlichten Abhandlungen der Anteil der ganz zwecklosen verschwindend klein war und ist, hatte ja im allgemeinen die Sorgfalt der jeweiligen Herausgeber gesorgt. Doch hatte ich immerhin feststellen können, daß z.B. *Poggendorf,* der die *Annalen der Physik* zu so ruhmvoller Höhe entwickelt hatte, in den

12 Einige moderne Wissenschaftshistoriker haben die Auffassung vertreten, daß eigentlich nur dasjenige verdient, als Wissenschaft bezeichnet zu werden, was mehr oder weniger den heute geltenden Normen gerecht wird. Sie sehen eine ihrer wesentlichen Aufgaben in der Entlarvung der „naturphilosophischen Ungereimtheiten und Irrtümer von *Descartes, Leibniz, Kant* und *Hegel,* (die) zu mechanischen Entdeckungen hochgelobt wurden". Natürlich bildet die Aufklärung dieser Tatsachen einen wichtigen Bestandteil der historischen Analyse, aber sie darf sich nicht allein darauf beschränken. Warum solche Irrtümer unbemerkt blieben und daß sie trotz ihres Mangels an logischer Schlüssigkeit die Entwicklung so maßgeblich bestimmt haben, dürfte vielleicht eine noch interessantere Fragestellung sein. Vgl. hierzu die Polemik zwischen *Armin Hermann, Istvàn Szabò, Clifford Truesdell* und *Emil Alfred Fellmann* anläßlich eines von *A. Hermann* verfaßten Begleitwortes zu *I. Szabòs* „Geschichte der Mechanischen Prinzipien", Basel und Stuttgart 1976. – *I. Szabò:* Bemerkungen zur Literatur über die Geschichte der Mechanik. Humanismus und Technik **22**, 121–154 (1979). – *C. Truesdell:* An Essay Review of „Geschichte der mechanischen Prinzipien und ihrer Anwendungen". Centaurus **23**, 163–175 (1980). – Book Review von *E.A.Fellmann*, Isis **70**, 469–471 (1979).

letzten Jahren seines Lebens den kritischen Blick verloren und einzelne Aufsätze angenommen hatte, deren Abdruck ohne Verlust für die Wissenschaft hätte unterbleiben können. Aber auch von den für ihre Zeit guten und zweckmäßigen Arbeiten hat der allergrößte Teil seinen Beruf erfüllt, nachdem der tatsächliche Inhalt in die Lehrbücher übergegangen ist. Dazwischen ragen einzelne Meisterwerke wie Berggipfel empor, deren Inhalt auf solche Weise durchaus nicht erschöpft wurde und deren fördernde und den Blick erweiternde Wirkung daher auch für die neuen Geschlechter zugänglich gemacht werden sollte, welche jene alten Zeitschriftenbände nur ausnahmsweise in die Hand bekommen. Sie können aus ihnen lernen, wie solche die Zeiten überdauernde Beiträge zur Wissenschaft aussehen und zustandekommen. Außerdem finden sich in ihnen zahlreiche Keime förderlicher Gedanken, die noch nicht aufgesproßt sind und Frucht getragen haben und nur auf die pflegsame Hand warten, um reiche Ernten zu ergeben. ...
Eine Anzahl ausgezeichneter Kollegen erklärte sich bereit, uns beratend beizustehen für jene großen Gebiete der exakten Wissenschaften von der Mathematik bis zur Physiologie, in welchen ich selbst nicht fachkundig war. Die ‚Klassiker' haben dann eine schöne Entwicklung erlebt; über zweihundert Bände sind im Laufe der Zeit herausgegeben worden, und von diesen haben nicht wenige mehrfache Auflagen in Tausenden von Exemplaren erfahren. Sie wurden später von meinem Lehrer *A. von Oettingen* herausgegeben; nach dessen Tode leitet sie mein ältester Sohn *Wolfgang Ostwald.*"

Die Anregung, welche die ‚Klassiker' dahin gaben, daß die Meisterwerke der Wissenschaft in Einzeldrucken der Allgemeinheit zugänglich gemacht wurden, ist auf fruchtbaren Boden gefallen. Nicht nur sind in Deutschland ähnliche Sammlungen für einzelne Sonderfächer erschienen, auch im englischen und französischen Sprachgebiet ist das deutsche Vorbild nachgeahmt worden.

Die Reihe wurde mit Unterbrechungen fortgesetzt und erreicht heute die stattliche Anzahl von mehr als 250 Bänden, die z.T. mehrere Auflagen erlebten. Die Auswahl der Texte war anfangs noch vorwiegend von dem unmittelbaren Interesse des Vertreters der jeweiligen Fachdisziplin bestimmt und erfaßte schwerpunktmäßig die Literatur des 19. Jahrhunderts.

Die Bearbeitung der Texte besorgte *Ostwald* anfangs vielfach noch selbst, später halfen ihm dabei namhafte Gelehrte[13]. Gerade ihre Mitarbeit bewirkte die Stärken und Schwächen dieser Edition. Die spätere Kommentierung des Werkes durch einen zweiten bedeutenden Gelehrten macht dieses gewissermaßen zur doppelten Quelle.

13 Die Mitarbeit einer erstaunlich großen Anzahl bedeutender Fachleute ist nicht zuletzt dem tatkräftigen Organisationstalent von *Ostwald* zuzuschreiben. Die bekanntesten unter ihnen sind: *A. v. Baeyer, J. Bauschinger, V. Bjerkenes, L. Boltzmann, E. Brüche, F. Dannemann, Th. Des Coudres, R. Fürth, E. Gehrcke, P. v. Groth, F. Hausdorff, J. H. van't Hoff, K. Klusius, A. Kneser, F. Kohlrausch, K. Kollath, A. Korn, G. Kowalewski, M. v. Laue, E. O. v. Lippmann, H. A. Lorentz, L. Mayer, W. Nernst, C. Neumann, M. Planck, C. Ramsauer, F. Reiche, F. Rinne, M. v. Rohr, O. Sackur, M. Siegbahn, P. Stäckel, H. E. Timerding, A. Wangerin, E. Wiedemann. J. Wislicenus* und *H. Weber.*

Doch die vielfach einseitig vorgenommene Streichung unzeitgemäßer Darstellungen und der nicht nur von historischem Interesse geleitete Blick kann nicht immer allen strengen historischen Kriterien genügen.
Auch heute sind und bleiben diese Texte ein wichtiges Hilfsmittel der historischen Forschung, obwohl sie auch die Wissenschaft selbst wesentlich beeinflußt haben. Vor allem die Forschergeneration, die um die Jahrhundertwende heranwuchs, hat aus diesen Klassikern ihre Inspiration empfangen. Beispielsweise schreibt *Einstein* in einem Bewerbungsschreiben vom 9. März 1900 an *Otto Wiener*, daß er sein Wissen „durch Besuch der Vorlesungen, Studium der Klassiker, sowie durch Arbeiten im physikalischen Laboratorium erworben" hatte.
Eine quellenkritische Edition ist also ein Desideratum ersten Ranges für die heutige Wissenschaftsgeschichte. Mit der EDITION VIEWEG soll eine größere Reihe wichtiger klassischer Texte aus dem Gebiete der exakten Naturwissenschaften vorgelegt werden, wobei sich die Herausgeber um die Mitwirkung herausragender Fachleute bemüht haben, welche die Bearbeitung der einzelnen Texte besorgen.
Die grundlegenden Klassiker der Wissenschaftsgeschichte sollen dabei durch Schriften ergänzt werden, die ein größeres allgemeines Interesse beanspruchen und über den Kreis der Physiker und Wissenschaftshistoriker hinaus ihre bleibende geistige Bedeutung dokumentieren. Besonders eindrucksvoll und deutlich wird die Auseinandersetzung zwischen Wissenschaft und Zeitgeist dabei in vielen Fällen in heftigen Polemiken und Streitschriften, die einen Beitrag zur Wissenschaftsliteratur bilden, der bedauerlicherweise in neuerer Zeit nur selten anzutreffen ist[14]. Ein besonderes Anliegen der EDITION VIEWEG wird es sein, diese und andere Quellen zugänglich zu machen, in denen die Wissenschaft über ihren „Elfenbeinturm" hinausgehend Resonanz in der Öffentlichkeit sucht und findet. Große wissenschaftliche Umbrüche oder „Revolutionen" vollziehen sich ja im allgemeinen nicht in der Abgeschiedenheit wissenschaftlicher Zirkel. Sie durchbrechen vielmehr diese Schranken und rufen die Öffentlichkeit zur Stellungnahme für oder gegen alte Denkgebote auf. Erst damit werden wissenschaftliche Errungenschaften zum Allgemeingut und führen zur Entstehung neuer Weltbilder.
Viele bedeutende Wissenschaftler sind mit epochalen Entdeckungen oder Erkenntnissen selbst an die breitere Öffentlichkeit getreten. Das war besonders der Fall, wenn ein wissenschaftliches Ergebnis auch außerhalb der Wissenschaft Geltung beanspruchen konnte. So hat z.B. erst *Galileis* „Dialog über die beiden hauptsächlichsten Weltsysteme" seine Zeitgenossen auf die übergreifende geistesgeschichtliche Bedeutung der kopernikanischen Lehre aufmerksam gemacht. Nur so ein brillanter

14 Den Nutzen wissenschaftlicher Kontroversen zur Aufklärung bestehender Unstimmigkeiten unter Gelehrten, aber auch als „anziehendes Schauspiel eines Kampfes zwischen intellektuellen Kräften", hat einmal der österreichische Physiker *Christian Doppler* in einer seiner meisterhaften Streitschriften hervorgehoben. Siehe Ch. Doppler: Bemerkungen über die von dem Herrn Prof. Petzval gegen die Richtigkeit meiner Theorie vorgebrachten Einwendungen. Wiener Berichte **9**, 217–225 (1852).

Schriftsteller wie *Voltaire* vermochte die scholastisch-kartesische Denkweise der französischen Gelehrtenwelt des 18. Jahrhunderts zu überwinden und der induktiv-mechanistischen Naturbeschreibung eines *Newton* den Weg zu bereiten. Ein weiteres Beispiel hierfür ist der erbitterte Kampf um *Einsteins* spezielle und allgemeine Relativitätstheorie zu Beginn der 20er Jahre, der sich in einer breiten Öffentlichkeit unter dem Einsatz wissenschaftlicher, philosophischer, weltanschaulicher, religiöser und rassistischer Argumente vollzog[15].

Das Programm der „EDITION VIEWEG" macht es sich zur Aufgabe, das Quellenmaterial zum Verständnis dieses bedeutsamen Entwicklungsprozesses durch eine geeignete Auswahl von Schriften und Werken zu erschließen.

Karl von Meyenn)* Barcelona — *Roman U. Sexl**)* Wien

15 Vgl. hierzu *A. Kleinert:* Nationalistische und antisemitische Ressentiments von Wissenschaftlern gegen Einstein. In *H. Nelkowski, A. Hermann, H. Poser, R. Schrader* und *R. Seiler* (Hrsg.): Einstein-Symposium Berlin, Berlin–Heidelberg–New York 1979. Dort S. 501–516.

*) Dr. Karl von Meyenn ist Professor an der Universitat Autónoma, Facultat de Ciéncies, Dept. de Fisica Teorica, Bellaterra (Barcelona), Spanien

**) Prof. Dr. Roman U. Sexl verstark im Jahre 1986.

Sadi Carnot
im Alter von 17 Jahren
(Portrait von Boilly, 1813)

Vorwort

von Robert Fox*

Nach ihrem Erscheinen im Jahr 1824 blieb Sadi Carnots Schrift *„Réflexions sur la puissance motrice du feu"* fast zwanzig Jahre lang weitgehend unbeachtet. Erst in den vierziger Jahren des vorigen Jahrhunderts wurden unabhängig voneinander Rudolf Clausius und William Thomson auf das Buch aufmerksam und lenkten das Interesse der Physiker auf dessen Inhalt, den sie als grundlegende Etablierung des neuen Wissenschaftszweiges der Thermodynamik ansahen. Thomsons Wertschätzung der Allgemeingültigkeit von Carnots Darstellung fiel besonders wohlwollend aus. So schreibt er 1849: „Nichts im gesamten Bereich der Naturwissenschaften ist bemerkenswerter als die Postulierung von allgemein gültigen Gesetzen durch einen solchen Akt der Gedankenführung." Trotz dieser hohen Wertschätzung und trotz der Anwendung von Carnots Ideen durch alle führenden Pioniere der Thermodynamik in der Mitte des 19. Jahrhunderts bekam man erst nach 1870 einen leichteren Zugang zum Text der *„Réflexions"*: Er wurde zweimal in französischer Sprache nachgedruckt, wobei einige der wichtigsten Aufzeichnungen aus Carnots Manuskripten (vgl. Anhang II) erstmalig publiziert wurden. Die Aufzeichnungen zeigten, wie Carnot selbständig den grundlegenden Irrtum in den *„Réflexions"* aufgedeckt hatte, als er seine Argumentation aus der Ansicht entwickelt, daß bei allen betrachteten Vorgängen die Wärme (oder der Wärmestoff) erhalten bleibe. Einige Zeit vor seinem Tode im Jahr 1832 war er zu dem völlig andersartigen Schluß gekommen, Wärme und mechanische Arbeit seien in einem konstanten Verhältnis ineinander umwandelbar. Dieses konstante Verhältnis kennen wir heute als das mechanische Wärmeäquivalent.

Als offenkundig wurde, daß sich Carnots Behauptungen auf den zunächst nicht erkannten Bereich sowohl des Ersten als auch des Zweiten Hauptsatzes der Thermodynamik ausdehnten, wurden die *„Réflexions"* als ein Klassiker und ihr Autor als eine der schöpferischsten Personen in der Geschichte der Physik bestätigt. Seit ungefähr 1870 hat die hohe Einschätzung von Carnots Werk nicht mehr nachgelassen. Zwischen 1872 und 1986 wurden 18 Auflagen oder Nachdrucke der *„Réflexions"* veröffentlicht, und diese nicht nur auf Französisch, sondern auch auf Deutsch, Englisch und Russisch. Das intensive aktuelle Interesse an Carnot zeigte sich vor zwölf Jahren (1974) während eines internationalen Kolloquiums unter dem Motto *"Sadi Carnot et l'essor de la thermodynamique"*, das von dem Centre National de la Recherche Scientifique an der École Polytechnique in Paris abgehalten wurde.

*) Department of History, University of Lancaster, Lancaster, England.

Dieses Kolloquium von 1974 arbeitete deutlich einen weiten Bereich von ungelösten historischen Problemen und mögliche neue Perspektiven heraus. Für meine eigene Arbeit war es in einem weiteren Aspekt von zusätzlicher Bedeutung, denn ich wurde in der Überzeugung bestärkt, daß die Zeit reif sei für eine zeitgemäße kritische Edition der *„Réflexions"*. Mit der Hilfe von P. Costabel konnte von der Académie Internationale d'Histoire des Sciences und der Fondation Singer Polignac wesentliche finanzielle Unterstützung gewonnen und eine Herausgabe des Werkes (mit einer Transkription aller überlieferten Manuskripte Carnots im Anhang) durch die Librairie Philosophique J. Vrin 1978 in Paris ermöglicht werden. In der vorliegenden Edition habe ich mich auf das Material der Publikation von 1978 gestützt. Gleichwohl wurden Einleitung und Kommentar vollkommen überarbeitet, um all den wichtigen zusätzlichen Ergebnissen aus der Sekundärliteratur der späten siebziger Jahre Rechnung zu tragen. Ich bin dabei Herrn G. Paulhac von der Librairie Philosophique J. Vrin, der alle Hindernisse bei der Verwendung und Verbesserung des Textes der Ausgabe von 1978 beseitigte, zu Dank verbunden. Die vorliegende Ausgabe hat auch von der Arbeit an der neuen englischen Übersetzung der *„Réflexions"* – sie erschien im Jahre 1986 bei Manchester University Press – profitiert.
Durch eine Arbeit, die sich über einen so langen Zeitraum erstreckt, steht man natürlich in der Schuld vieler. Zuwendungen von der British Academy, der Royal Society of London und der University of Lancaster haben wesentlich zur Deckung der Kosten bei den Forschungsarbeiten in den Bibliotheken und Archiven in Großbritannien und Frankreich beigetragen. Längere Perioden ununterbrochener Forschungen wurden ermöglicht durch zwei Aufenthalte am Institute for Advanced Study in Princeton während der Akademischen Jahre 1974/75 und 1985 sowie durch eine Dozentur für Geisteswissenschaften von der British Academy, die mich von 1983 bis 1986 von meinen normalen Lehrverpflichtungen an der University of Lancaster befreit hat. Die Dozentur erlaubte mir Anfang 1984 die Durchführung weiterer Arbeiten in Paris als Directeur d'études associé an der École des Hautes Études en Sciences Sociales. Ich danke François Furet (dem damaligen Präsidenten der École), Gérard Lemaine und Clemens Heller, die diesen Aufenthalt in Paris ermöglicht haben.
Eine der erfreulichsten Auswirkungen meiner langjährigen Beschäftigung mit Carnot und seinem Werk bestand in der Anknüpfung vieler persönlicher Freundschaften. Während eines sehr frühen Stadiums meiner Arbeit teilte Eric Mendoza seine ansteckende Begeisterung mit mir für unser gemeinsames Interesse, und diese Begeisterung hat glücklicherweise während zwanzig Jahren ununterbrochener Diskussion und Korrespondenz unvermindert angehalten. Auch Charles Gillispie hat während einer langen Zeit für Ermutigung und scharfsinnige Kritik gesorgt: So sehe ich meine eigene Arbeit gerne als Fortsetzung seiner Arbeiten über Lazare Carnot, Sadis Vater. Ein dritter Freund, der jedes meiner geschriebenen Worte mit einem kritischsuchenden Auge gelesen hat, ist Philip Lervig. Ich hätte mir keine fruchtbarere oder wachere Kritik wünschen können. Das Buch über Carnot, das er seit einigen Jahren vorbereitet, wird mit Ungeduld erwartet.

Schließlich komme ich zu den Bibliotheken und Archiven. Vorbildlich war das wohlwollende Entgegenkommen z. B. in den Archiven der Académie des Sciences in Paris, und in den Bibliotheken der École Polytechnique, der École Nationale des Ponts et Chaussées, sowie des Service Historique de l'Armée de Terre in Vincennes. Besonderen Dank schulde ich den ständigen Sekretaren der Académie des Sciences nicht nur für die Gewährung des Zugangs zu der wichtigen Sammlung von Carnots Manuskripten in der Académie, sondern auch für die Genehmigung des Abdruckes der Aufzeichnungen in Anhang II. Ganz besonders zu Dank verpflichtet bin ich Herrn Pierre-Sadi Carnot – er ist inzwischen verstorben –, der mir seine Sammlung von Familienunterlagen zur Verfügung stellte; hier waren die Aufzeichnungen über Volkswirtschaft (in der Ausgabe von 1978 in Anhang B publiziert) besonders wichtig, aber die Sammlung enthält darüber hinaus vieles, das dazu beitrug, Einzelheiten über Carnots ziemlich unbekanntes Leben und seinen Charakter aufzuklären. Leider erlaubten meine Deutschkenntnisse es mir nicht, die Einleitung und den Kommentar der vorliegenden Ausgabe in der Sprache, in der sie nun erscheinen, abzufassen. Aber in Joachim Sommer hat mit mir ein Übersetzer zusammengearbeitet, dessen Einfühlungsvermögen in die historisch-inhaltliche Problematik außergewöhnlich war. Auch der Rat und die Ermutigung von Karl von Meyenn (Barcelona), der mir als Erster die Vorbereitung einer deutschen Ausgabe nahelegte, und von Angelika Bolisega und Björn Gondesen vom Verlag Vieweg waren mir sehr nützlich; Ihnen allen schulde ich Dank.

Lancaster, im Juli 1987 *Robert Fox*

Einleitung

von Robert Fox

Mit der Veröffentlichung der *„Réflexions sur la puissance motrice du feu“* im Jahre 1824 begann die klassische Thermodynamik. Das Buch enthält die erste, wenn auch unvollkommene Formulierung dessen, was wir heute den Zweiten Hauptsatz nennen (in Carnots Sichtweise bedeutet dies, daß Arbeit in einer Wärmekraftmaschine nur durch den Wärmeübergang von einem heißen zu einem kalten Körper erzeugt werden kann). Es diente Rudolf Clausius und William Thomson (dem späteren Lord Kelvin) als Anregung, als sie um 1850 begannen, der Thermodynamik ihre moderne Form zu geben.

Aber trotz ihrer Bedeutung für die moderne Physik wurden die *„Réflexions“* überhaupt nicht für Physiker geschrieben. Vielmehr scheinen sie als ein Beitrag, wenn auch ein höchst theoretischer Beitrag, für ein rein praktisches Problem gedacht gewesen zu sein, der sich mit der wirtschaftlichen Ausnutzung des Brennstoffes in Wärmekraftmaschinen beschäftigte. Wie ich zeigen werde, enthielt Carnots idealisierte Behandlung des Problems nichts, was das Interesse der damaligen Unternehmer und der Fachleute für den Bau von Kraftmaschinen hätte erregen können. Dennoch bleibt die Tatsache bestehen, daß das zentrale Problem der *„Réflexions“* ein Problem für den Praktiker ist, und daß die meisten der angebotenen Lösungen fest in der Tradition dieser Praktiker wurzeln. Es ist bemerkenswert, daß das Buch nichts von der kunstvollen Mathematik enthält, wie wir sie in den Arbeiten solcher Männer wie Laplace, Poisson und Fourier vorfinden, die alle als mathematische Physiker zwischen 1800 und 1830 über die Theorie der Wärme schrieben. Stattdessen ist es von einer allgemein gehaltenen qualitativen Beschaffenheit, die Carnot offensichtlich angemessen hielt für die nicht akademisch gebildete Leserschaft, an die er sich wandte.

Genau diese allgemein gehaltene Form, verbunden mit einer Klarheit, die, wie es scheint, Carnot zumindest anzustreben versucht hatte[1], öffnet für einen weiten Kreis

1 Hippolyte Carnot berichtet uns über die Zeit, als Sadi die *„Réflexions“* schrieb: „Préoccupé du désir d'être clair, Sadi me faisait lire des passages de son manuscrit, afin de s'assurer qu'il serait compris par des personnes vouées à d'autres études“. Vgl. Hippolytes *„Notice biographique sur Sadi Carnot“*, in den *„Réflexions“* [3], S. 76; auch in: *Sadi Carnot. Biographie et manuscrit* [21], p. 17.

der modernen Leserschaft den Zugang zu den „*Réflexions*“. Dennoch kann die scheinbare Einfachheit des Werkes in die falsche Richtung weisen. Den „*Réflexions*“ mag die mathematische Brillanz der Physik jener Epoche fehlen, aber ihr anspruchsloser Stil sollte uns nicht darüber hinwegtäuschen, daß sie eine Arbeit von außerordentlicher Tiefe und, zumindest in Teilen des Hauptwerkes, von verblüffender Vielfalt darstellen.

Energietechnik im frühen 19. Jahrhundert

Wie es deutlich auf den Seiten 6 bis 7 der französischen Ausgabe von 1824 („*Réflexions*“ [1])* ausgedrückt ist, besteht die zentrale Fragestellung der „*Réflexions*“ darin, wie Wärme bei der Erzeugung von Bewegungsenergie am wirtschaftlichsten eingesetzt werden kann. Wäre es zum Beispiel vorteilhafter, mit hohem Dampfdruck zu arbeiten, als mit Dampf unter Atmosphärendruck? Würde in diesem Fall (wie man es 1824 allgemein glaubte) der Vorteil mit wachsendem Dampfdruck immer größer werden, oder gab es dabei eine Grenze? Wie wesentlich war die Wahl der Arbeitssubstanz? Würden Luft oder Alkoholdampf, oder sogar eine Flüssigkeit oder ein fester Körper, eine bessere Wirtschaftlichkeit bieten?
Solche Fragen waren nicht neu, aber seit dem Zusammenbruch von Napoleons Reich hatten sie eine besondere Dringlichkeit bekommen. Als 1814 mit Ludwig XVIII. die Bourbonen wieder den französischen Thron bestiegen, hatten Frankreich und Großbritannien über zwanzig Jahre gegeneinander Krieg geführt. Mit Ausnahme der vierzehn Friedensmonate nach dem Vertrag von Amiens im März 1802 hatte es während dieser Periode wenig Kontakte zwischen beiden Ländern gegeben. Tatsächlich korrespondierten einige Wissenschaftler weiterhin miteinander[2], und die berühmte Reise von Humphry Davy im Jahr 1813 nach Paris zum Empfang der Medaille, die das Institut de France ihm für seine elektrischen Forschungen verliehen hatte, zeigt deutlich, daß zumindest unter den bedeutendsten Forschern einige Verbindungen bestehen geblieben waren. Aber auf dem Gebiet der Technik war die Lage völlig anders. Hier waren Frankreich und Großbritannien beinahe vollkommen voneinander isoliert, und die Folgen davon wurden sofort nach Kriegsende erschreckend offenbar.

---

* Hier und im folgenden beziehen sich die angeführten Seiten auf die französische Originalausgabe von 1824 (Titel [1] der in diesem Buch zusammengestellten Bibliographie) wenn nicht ausdrücklich anders vermerkt. In der hier vorliegenden deutschen Ausgabe ist die Paginierung der französischen Originalausgabe am Rand angegeben.

2 Vgl. z. B.: Gavin de Beer, *The sciences were never at war*. London 1960.

Die Rückständigkeit der französischen gegenüber der britischen Technik im Jahr 1814 trat auch für einen höchst zufälligen Beobachter offen zutage.[3] So benutzten die Briten zum Beispiel in der Metallurgie und in der Textilindustrie viele technische Verfahren, die in Frankreich nur wenig oder überhaupt nicht bekannt waren: So scheint das Puddelverfahren nach Cort in Frankreich zu Beginn der Restauration beinahe unbekannt gewesen zu sein, obwohl es in Großbritannien seit ungefähr zwanzig Jahren allgemein angewendet worden war. Aber nirgends war die Kluft zwischen den beiden Ländern offenbarer als auf dem Gebiet der Energietechnik; so war der Volkswirtschaftler Jean-Baptiste Say einer der vielen französischen Besucher in Großbritannien, die sich erstaunt über das Ausmaß äußerten, in dem hier die Dampfmaschine das industrielle Leben verändert hatte. Beim Vergleich des so neuartig industrialisierten Großbritannien mit dem Land, das er aus den frühen neunziger Jahren vor den Revolutionskriegen kannte, stellte er fest:

> „Partout les machines à vapeur se sont prodigieusement multipliées. Il n'y en avait que deux ou trois à Londres il y a trente ans; il y en a des milliers à présent. Elles sont par centaines dans les grandes villes manufacturières; on en voit même dans les campagnes, et les travaux industriels ne peuvent plus se soutenir avec avantage qu'au moyen de leur puissant secours."[4]

Aber unter den mehr technisch orientierten Beobachtern erweckte eher die Konstruktion als die Anzahl der britischen Maschinen das Interesse. Seit der letzten kurzen Periode loser Kommunikation während des Friedensabschnittes von 1802/03 hatte es in der britischen Dampfmaschinentechnik erstaunliche Fortschritte gegeben, von denen die meisten eine Widerlegung etablierter Vorstellungen, die mit dem Namen James Watt verbunden waren, mit sich brachten.[5] Besonders seit dem Jahr 1800, nach dem Erlöschen einiger seiner wichtigsten Patente, war Watts Einfluß stark zurückgegangen. Eine neue Generation von Ingenieuren war herangewachsen, die sich

---

3 Schon seit 1780 war die Rückständigkeit der französischen Technik ziemlich offensichtlich, aber die Kluft zwischen Frankreich und Großbritannien wurde durch die Isolation als Folge der Kriege von 1792–1815 bedeutend vergrößert. Eine klassische Analyse der langsamen Entwicklung der französischen Technik von ungefähr 1780 bis zum Ende des Kaiserreichs gibt Charles Ballot, *L'introduction du machinisme dans l'industrie française*. Lille und Paris 1923. Hier besonders S.35–36. Der Mißerfolg bei einigen verstreuten Versuchen, das Puddelverfahren nach Cort einzuführen, wird auf den Seiten 35 ff. und 506–507 geschildert.

4 Jean-Baptiste Say, *De l'Angleterre et des Anglais*. Paris und London 1815, S. 30–31.

5 Über die Geschichte der Dampfkraft in Großbritannien im 18. und frühen 19. Jahrhundert vgl. H. W. Dickinson, *A short history of the steam engine*. Cambridge 1938. Auch: Donald S. L. Cardwell, *From Watt to Clausius. The rise of thermodynamics in the early industrial age*. London 1971. Kapitel 2, 3 und 6. – Eine weitere reichhaltige Quelle für alle Aspekte der Geschichte der Dampfmaschine ist: Conrad Matschoss, *Die Entwicklung der Dampfmaschine. Eine Geschichte der ortsfesten Dampfmaschine und der Lokomobile, der Schiffsmaschine und Lokomotive* (4 Bde., Berlin 1908). Der erste Band enthält wichtiges Material in bezug auf die Arbeit von Sadi Carnot.

bedenkenlos über seine Prinzipien hinwegsetzte, besonders gegen seine Opposition bei der Verwendung von Dampfdrücken über einer Atmosphäre. Ein typischer Vertreter dieser neuen Generation war der Ingenieur Richard Trevithick aus Cornwall, dessen Hochdruckmaschine ab 1804 erfolgreich in der Industrie eingesetzt wurde. Aber keiner trug mehr dazu bei, die britische Energietechnik in den Jahren der Isolation zwischen 1803 und 1814 zu verändern, als Trevithicks Landsmann aus Cornwall, Arthur Woolf. Vor allen anderen war es Woolfs Maschine, die gleich nach der Wiederherstellung des Friedens die Bewunderung der Franzosen erregte.[6]

Der größte Vorteil von Woolfs Maschine, sowohl für die französischen Unternehmer als auch für die Minenbesitzer in Cornwall, war ihre Wirtschaftlichkeit. In Frankreich wie in Cornwall war Kohle knapp, und ihr ungewöhnlich hoher Preis verschlimmerte nur eine schon immer schwierige Lage. Dies behinderte die Ausbreitung der Dampfkraft (wie in Frankreich) oder wirkte (wie besonders in Cornwall) als Antrieb für die Suche nach Auswegen. So wurde nach dem ersten Friedensschluß im Frühjahr 1814 jede Maschine, die Aussicht auf eine Ersparnis an Brennstoff bot, in Frankreich bereitwillig angenommen. Aber die Autnahme der Woolfschen Maschine war trotzdem außergewöhnlich. Sie wurde ohne Zögern und ohne Vorbehalt akzeptiert, und sie wurde zu der Zeit, als Carnot die „*Rêflexions*“ schrieb, immer noch als die erfolgreichste Maschine in Frankreich angesehen.

Zweifellos verdankte die Woolfsche Maschine ihren Erfolg zu einem großen Teil den unternehmerischen Fähigkeiten von Humphrey Edwards, einem früheren Mitarbeiter Woolfs. Er begann im Jahr 1815 mit der Einfuhr der Maschinen aus England und ließ sie ab 1817 in den berühmten Werken von Chaillot in Paris herstellen, wo die meisten Dampfmaschinen Frankreichs seit den 80er Jahren gebaut worden waren (durch die Brüder Jacques-Constantin und Auguste-Charles Périer).[7] Aber zu einem gewissen Teil resultierte der Erfolg auch aus der günstigen Gelegenheit. Denn genau in den entscheidenden Jahren 1814 bis 1816, als das französische Interesse an der britischen Technik so intensiv war, hatte das Ansehen der Woolfschen Maschinen in Großbritannien einen Höhepunkt erreicht.[8] Nach mehreren Jahren erfolgloser Be-

---

6 Über das Eintreffen der Woolfschen Maschine vgl. Cardwell, *Watt to Clausius,* wie Anm. 5, S. 157–159. Dazu die zwei Standardwerke über Woolf: T. R. Harris, *Arthur Woolf the Cornish engineer 1766–1837.* Truro 1966. Und: Rhys Jenkins, „*A Cornish engineer: Arthur Woolf, 1766–1837*“. In: *Transactions of the Newcomen Society* 13 (1932/33) 55–68.

7 Über die Périers und ihre Aktivitäten in Chaillot vgl.: Jacques Payen, *Capital et machine à vapeur au XVIIIe siecle. Les frères Périer et l'introduction en France de la machine à vapeur de Watt.* Paris und Den Haag 1969.

8 Der gute Ruf der Woolfschen Maschine beruhte hauptsächlich auf Berichten in der monatlich erscheinenden Zeitschrift *Engine reporter*, die seit 1811 erschien, zuerst herausgegeben von Joel Lean und später von seinen Söhnen Thomas und John Lean. Diese Zeitschrift lieferte unabhängige Berichte über die Leistungsfähigkeit aller in den Bergwerken von Cornwall eingesetzten Dampfmaschinen und war die Quelle für anscheinend alles statistische Informationsmaterial, das in der Folgezeit in den Diskussionen über die Woolfsche Maschine benutzt wurde.

mühungen war es Woolf erst zu dieser Zeit gelungen, die Bergwerkbesitzer in Cornwall zu überzeugen, daß seine Maschinen bedeutend wirtschaftlicher arbeiteten als die Wattschen Maschinen, die bis dahin normalerweise sowohl zum Pumpen als auch zum Transport von Erz und Menschen vom Innern des Bergwerks an die Erdoberfläche eingesetzt wurden.

Die Maschine von Woolf (Bild 1) bestand aus zwei Zylindern, von denen der größere gewöhnlich einen Durchmesser von ungefähr einem Meter besaß. Auf der Abbildung haben die Kolben gerade ihren maximalen Hub erreicht. An diesem Punkt werden die Ventile A geschlossen (alle drei waren während der Aufwärtsbewegung des Kol-

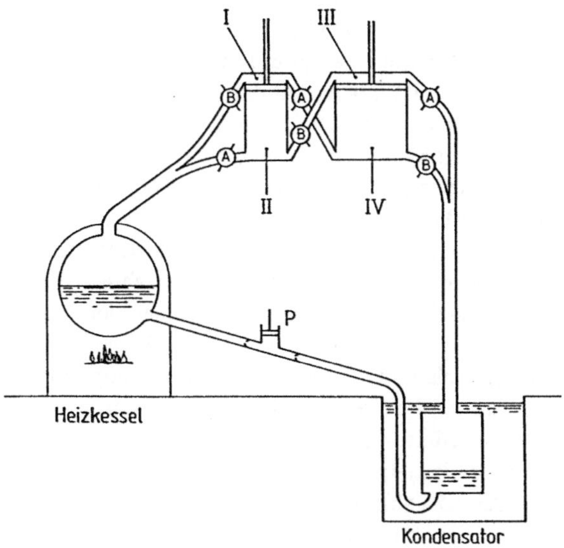

Bild 1 Die Woolfsche Maschine. Erläuterung siehe Text und folgende schematische Übersicht:

	Ventile A	Ventile B	Dampfdruck			
			I	II	III	IV
Abwärts-bewegung	Geschlossen	Offen	Ca. 3 Atmosphären	Ca. 3 Atmosphären, auf unter 1 Atmosph. fallend	Ca. 3 Atmosphären, auf unter 1 Atmosph. fallend	Teilweise Vakuum
Aufwärts-bewegung	Offen	Geschlossen	Ca. 3 Atmosphären, auf unter 1 Atmosph. fallend	Ca. 3 Atmosphären	Teilweise Vakuum	Ca. 3 Atmosphären, auf unter 1 Atmosph. fallend

bens geöffnet), und die Ventile B werden geöffnet (diese waren alle während der Aufwärtsbewegung geschlossen). So kann aus dem Kessel der Dampf mit einem Druck von ungefähr drei Atmosphären in den oberen Teil des kleineren Zylinders (I) einströmen, wo er beginnt, den Kolben nach unten zu drücken. Bei diesem Vorgang expandiert der Dampf unterhalb des Kolbens (II), ursprünglich mit drei Atmosphären Druck, in den oberen Teil des größeren Zylinders (III) und drückt den Kolben dieses Zylinders nach unten in das Teilvakuum unterhalb des Kolbens, welches durch das Öffnen der Verbindung zum Kondensator erzeugt wurde. Bei der Ausdehnung des Dampfes von Raum II in Raum III fällt sein Druck gleichmäßig bis etwas unter eine Atmosphäre. Wenn die Kolben den Tiefpunkt ihrer Bewegung erreicht haben (was gleichzeitig geschieht, da sie sich genau in Phase bewegen) werden die Ventile A geöffnet und die mit B bezeichneten geschlossen. Daraufhin drückt Dampf mit dem Kesseldruck den kleineren Kolben nach oben gegen den sich stetig verringernden Druck in Raum I, und der Dampf in Raum IV drückt den größeren Kolben nach oben in das Teilvakuum III hinein. Mit der kleinen Speisewasserpumpe P kann das Wasser aus dem Kondensator, in den es noch in Dampfform von dem größeren Kolben aus gelangt war, zum Kessel zurückgeführt werden.

In einer Hinsicht war die Konstruktion der Woolfschen Maschine nicht revolutionär, denn sie beruhte im wesentlichen auf der Anwendung des Ausdehnungsprinzips, das James Watt 1782 hatte patentieren lassen. Eine Brennstoffersparnis konnte nach diesem Prinzip dadurch erreicht werden, daß man nur während eines Teils des Hubvorganges Dampf vom Kessel in den Zylinder einströmen ließ, und sich der Dampf danach frei ausdehnte bis zur Beendigung des Hubs. Die auf diese Weise erzeugte Arbeit war sicher geringer als ohne Unterbrechung der Dampfzufuhr, aber der Verlust an Arbeit wurde durch die Brennstoffeinsparung, denn es wurde nur ein Teil des Zylinders mit Dampf gefüllt, mehr als ausgeglichen.

Obwohl Watt selbst dieses Prinzip nur wenig benutzt hatte, war es in den achtziger und neunziger Jahren des 18. Jahrhunderts in einigen Maschinen angewandt worden, die im Südwesten Englands von Jonathan Hornblower errichtet worden waren. In diesen Maschinen wurden wie in denen von Woolf zwei Zylinder benutzt, wobei man den Dampf aus dem kleineren in den größeren expandieren ließ. Aber im allgemeinen waren die frühen Versuche der Entwicklung von Zweizylinder-Expansionsmaschinen (man nannte sie gewöhnlich „compound engines") nicht sehr erfolgreich. Dies könnte teilweise durch die beharrliche Feindseligkeit von Watt und seinem Partner Matthew Boulton gegenüber Hornblower erklärt werden, besonders als Hornblower (ohne Erfolg) versuchte, im Jahr 1795 das Patent auf seine Verbundmaschine auszudehnen. Aber die größte Schwäche der frühen Verbundmaschinen bestand in der Verwendung von Dampfdrücken, die nur knapp über einer Atmosphäre lagen. Woolfs große Leistung war, zu zeigen, wie Dampf mit bedeutend höherem Druck in solchen Maschinen verwendet werden konnte, wenngleich vier Atmosphären nur selten überschritten wurden.

Zur Zeit der Veröffentlichung der *„Réflexions"* bestand Klarheit darüber, daß die Wirtschaftlichkeit, die fast alle Woolfschen Maschinen auszeichnete, auf Dauer nicht aufrechterhalten werden konnte. Selbst die bedeutendste dieser Maschinen – sie befand sich auf dem Gelände der Wheal Abraham Mine in Cornwall und hatte Carnot durch ihre Wirtschaftlichkeit tief beeindruckt (vgl. *Réflexions* [1] S. 116; und Anmerkung 103 zum Text der „Betrachtungen") – verschlechterte stetig ihre Leistung und war 1823, noch nicht einmal zehn Jahre alt, außer Dienst gestellt worden. Schon zu Beginn der zwanziger Jahre wandten sich britische Ingenieure einer einfacheren Version der Woolfschen Maschine mit nur einem Zylinder zu, die weit zuverlässiger und einfacher instand gehalten werden konnte. Doch offensichtlich wußte Carnot nichts davon: Es scheint, daß der gute Ruf der Zweizylinder-Maschine in Frankreich im Jahr 1824 noch immer fortbestand, so daß sie dort bis weit in die Mitte des 19. Jahrhunderts allgemein im Gebrauch blieb. Schon beinahe der Vergangenheit gehörte im Sommer 1824 die kurzzeitige Aufregung an, die durch einige unbegründete Patentansprüche zugunsten der Hochdruckmaschine des Amerikaners Jacob Perkins entstanden war, einer konkurrierenden Maschine mit dem außerordentlich hohen Dampfdruck von 35 Atmosphären.[9] Auch ein etwas beunruhigendes Gutachten durch den Ingenieur Riche de Prony, das behauptete, die Wirtschaftlichkeit der Woolfschen Maschine sei bei weitem übertrieben dargestellt worden, sollte noch zwei Jahre unveröffentlicht bleiben.[10]

Die spektakulären frühen Erfolge mit der Woolfschen Maschine erregten zumindest in Frankreich unter den Theoretikern fast so viel Aufmerksamkeit wie unter den praktizierenden Ingenieuren, und so ist es kein Zufall, daß zwischen 1815 und 1825 ein gesteigertes Interesse an der Theorie der Wärmekraftmaschinen aufkam.[11] Das Hauptanliegen der theoretischen Diskussionen dieser Zeit lag in der Herausarbeitung der Bedingungen für eine maximale Wirtschaftlichkeit. Warum arbeitete die Woolfsche Maschine wirtschaftlicher als ihre Konkurentinnen? Und in welchem Ausmaß konnte selbst ihre Leistung noch verbessert werden? Es braucht kaum betont zu werden, daß genau diese Probleme die Ausgangsbasis für die „*Réflexions*" bildeten. Zwar entwickelte Carnot seine Theorie ohne Bezug auf eine spezielle Maschine, aber nichtsdestoweniger ist seine Arbeit ein Beitrag zu einer lebhaften, fast ausschließlich in Frankreich geführten Diskussion über die Wirtschaftlichkeit, ausgelöst um

---

9 Als Beleg für Carnots Interesse an der Maschine von Perkins vgl. „*Réflexions*" [1], S. 99. Auch: Anm. 88 der „Anmerkungen zum Text der ‚Betrachtungen'".

10 Pronys Versuche wurden in den Jahren 1821/22 durchgeführt, um als Beweismittel in einem gegen Humphrey Edwards, Woolfs früheren Mitarbeiter, angestrengten Prozeß zu dienen. Der Kläger war ein enttäuschter Kunde, Louis-Didier Lacour. Die Versuche werden durch Prony beschrieben in seinem „*Rapport ... sur la nouvelle et l'ancienne machine à vapeur établies à Paris, à Gros-Caillou ...*". In: *Annales des mines* **12** (1826), 3–100. Die Versuchsunterlagen sind erhalten in der Bibliothek der École Nationale des Ponts et Chaussées in Paris (MSS. 2758 und 2766).

11 Über die theoretischen Diskussionen bis in die Zeit der Veröffentlichung der „*Réflexions*" vgl.: Robert Fox, „*The challenge of a new technology: theorists and the high-pressure steam engine before 1824*". In: *Actes de la table ronde „Sadi Carnot et l'essor de la thermodynamique" Paris 1974*. Paris 1976. S. 149–167.

1815 durch die Erkenntis der außergewöhnlichen Vorteile der Woolfschen Maschine. Insgesamt war es eine fruchtbare Diskussion. Sie hatte zu einer Klärung vieler Vorstellungen und zu der Eliminierung einiger grober Mißverständnisse der Frühentwicklung geführt. So fand Carnot, als er sich zu Beginn der zwanziger Jahre dem Problem zuwandte, die allgemein akzeptierte Ansicht darüber weit geschlossener und tiefgründiger, als dies noch einige Jahre vorher der Fall gewesen war. Als ein Beispiel für die geläufigen Vorstellungen zur Zeit der Einführung der Woolfschen Maschine in Frankreich wollen wir uns einen der ersten wichtigen Beiträge zu der Diskussion von dem Physiker Jean-Baptiste Biot aus dem Jahr 1816 ansehen.[12] Diese Abhandlung ist von besonderem Interesse, da sie sich mit den thermischen Eigenschaften des Dampfes befaßte und dabei vollständig die Wirtschaftlichkeit bei der Verwendung von sich ausdehnendem Dampf ignorierte.

Biot behauptete, daß die notwendige Wärmemenge zur Füllung des Zylinders (mit Volumen V) einer Maschine mit Dampf der Temperatur t und dem Druck P proportional dem Produkt ρc sei. Dabei sind ρ die Dampfdichte bei der Temperatur t und c diejenige Wärmemenge, die nötig ist, um eine Masseneinheit Dampf aus dem kalten, in den Kessel eingebrachten Wasser zu erzeugen. Da die mechanische Arbeit bei einer mit nicht expandierendem Dampf arbeitenden Maschine proportional P ist, folgte daraus, daß man den vorteilhaftesten Wert für den Druck bei einem Minimum des Quotienten $\frac{\rho c}{P}$ erhielt. Unter der Annahme der Gültigkeit der normalen Gasgesetze für Dampf, also, daß für dessen Druck (P), Volumen (V) und Temperatur (t) die Gleichung[13]

$$\frac{PV}{267 + t} = \text{const.}$$

gilt, konnte Biot die Bedingung für maximale Wirtschaftlichkeit auch so formulieren: Den vorteilhaftesten Druck (bzw. Temperatur) erhält man bei einem minimalen Wert des Ausdrucks $\frac{c}{267 + t}$. Dies bedeutete, daß, wenn mit wachsendem t der Wert für c langsamer als $(267 + t)$ zunahm, es keine Grenze für die Wirtschaftlichkeit bei der Verwendung von Dampf mit hohem Druck und hoher Temperatur geben würde.

12 Jean-Baptiste Biot, *Traité de physique expérimentale et mathématique*. 4 Bände. Paris 1816. Hier Band 4, S. 739–741.

13 Wie in Anm. 64 der „Anmerkungen zum Text der Betrachtungen" betont wird, war im Jahrzehnt vor der Veröffentlichung der *„Réflexions"* die Annahme allgemein üblich, daß Dampf den bekannten Gasgesetzen gehorchen würde, auch wenn vor 1821 dafür kein stützendes Beweismaterial durch Experimente vorhanden war. Über die Annahme von Hachette, auch bei gesättigtem Dampf der Dampfdruck bei konstanter Temperatur seiner Dichte proportional sei (d.h. daß gilt: PV = const.) vgl. S. XXVII. Der moderne Wert ist 273 statt 267; vgl. Anm. 38 der „Anmerkungen zum Text der *‚Betrachtungen'*".

Soweit man also geneigt war, für c eine langsamere Zunahme als für $(267 + t)$ anzunehmen, konnte Biots Diskussionsbeitrag als Unterstützung für die Hochdruckmaschine angesehen werden. Aber, wie Biot selbst hervorhob[14], waren sämtliche Schlußfolgerungen durch den Mangel an Informationen über die Abhängigkeit von c und t beeinträchtigt.

Sogar im Jahr 1816, als die Woolfsche Maschine und das Ausdehnungsprinzip von Watt in Frankreich gerade erst allgemein bekannt wurden, wäre es für viele von Biots Lesern klar erkennbar gewesen, daß die Vernachlässigung der Vorteile bei der Expansion des Dampfes eine ernsthafte Unterlassungssünde war. Und tatsächlich wurde es unter den Theoretikern bald üblich, der Wirtschaftlichkeit, die aus der Berücksichtigung einer Expansionsphase erwuchs, vollste Aufmerksamkeit zu widmen. In dieser Hinsicht charakteristisch waren zwei Beiträge aus den Jahren 1818 und 1819 von Jean-Nicolas-Pierre Hachette, einem ehemaligen Professor für Darstellende Geometrie an der École Polytechnique in Paris, der zum Beginn der Restauration aus politischen Gründen aus seinem Lehramt entlassen worden war.[15] Er machte die Annahme, daß die latente Wärme bei der Verdampfung von Wasser nicht von der Temperatur und dem Druck während dieses Vorgangs abhing – ein größeres c für Hochdruckdampf bedeutete – und daß der Dampfdruck bei verschiedenen Temperaturen proportional zur Dampfdichte war, also $P \propto \rho$. Damit kam Hachette zu dem überraschenden Schluß, daß der entscheidende Quotient $\frac{\rho c}{P}$ (Biots Schreibweise) mit wachsender Temperatur zunahm. Daraus folgte natürlich, daß die Wirtschaftlichkeit allein durch die Verwendung von hohen Drücken (beim Arbeiten mit nicht expandierendem Dampf) nicht gesteigert werden konnte, sondern das Gegenteil der Fall war. So lag der Schluß nahe, daß die Brennstoffeinsparung, wie sie die Maschine von Woolf ja nachdrücklich zeigte, allein eine Folge des Arbeitens mit expandierendem Dampf war – eine Schlußfolgerung, die durch Hachettes nachfolgende Beiträge zum Expansionsprinzip zusammen mit numerischen Beispielen äußerst plausibel wurde.

Offensichtlich stand die Theorie der Hochdruck-Expansionsmaschine im Jahr 1819 noch auf ziemlich unsicherem Fundament, trotz der Diskussionsbeiträge der vorhergegangenen drei Jahre. Auch ist klar, daß hauptsächlich das Fehlen von entscheidenden experimentellen Belegen über die thermischen Eigenschaften von Dampf dafür verantwortlich war. Aber zumindest eine Hauptquelle für diese Unsicherheit wurde im April dieses Jahres 1819 beseitigt. Nicolas Clément, ein Industrieller und Chemiker, der bald danach auf den neu errichteten Lehrstuhl für Technische Chemie am Conservatoire des Arts et Métiers in Paris berufen werden sollte, machte die Mitteilung

14 Biot, wie Anm. 12, Band 4, S. 740.

15 Jean-Nicolas-Pierre Hachette, „*Méthode pratique pour comparer les effets des machines à vapeur*", in: *Bulletin de la Société d'Encouragement pour l'Industrie Nationale*, 17 (1818), 169–174, und *Traité élémentaire des machines*. 2. Aufl. Paris 1819. S. 212–216.

von einigen wichtigen Experimenten über die Beziehung zwischen *c* und *t*.[16] Diese Versuche zeigten, daß die Wärmemenge (und damit Brennstoffmenge) zur Erzeugung von einer bestimmten Menge von Dampf aus kaltem Wasser unabhängig von dem Druck bei diesem Vorgang war. In anderen Worten, es war nicht aufwendiger, ein Kilogramm Dampf bei zehn Atmosphären zu erzeugen, als bei normalem Druck von einer Atmosphäre. Daraus folgte, daß *c* (Biots Bezeichnungsweise) vollkommen unabhängig von *t* war und deshalb der Quotient $\frac{c}{267 + t}$ bei wachsendem *t* (und *P*) ständig abnahm.

Nach den von Biot vorgeschlagenen Gründen schien es letztendlich so, daß die Wirtschaftlichkeit sogar bei einer nicht mit expandierendem Dampf arbeitenden Maschine durch bloße Verwendung von Hochdruckdampf gesteigert werden konnte. Aber gleichzeitig konnten kaum Zweifel bestehen über den nur geringen Vorteil bei den bescheidenen Temperaturen, die man in der Praxis erreichen konnte. Als im August 1819 Clément in einer Arbeit über die Theorie der Dampfmaschinen, die er zusammen mit seinem Schwiegervater Charles-Bernard Desormes verfaßt hatte[17], seine Ergebnisse der Acdémie des Sciences in Paris vortrug, wurde diese Schlußfolgerung umfassend und glaubwürdig belegt: In einer Reihe numerischer Berechnungen zeigten die Autoren, daß die durch die Verwendung von expandierendem Dampf erzielte Wirtschaftlichkeit bei weitem diejenige Brennstoffersparnis überwog, die aus der Unabhängigkeit der Größe *c* von *t* resultierte. In diesem Zusammenhang scheint die Feststellung angebracht, daß die Konstatierung der Unabhängigkeit der Größe *c* von *t* (die im Folgenden als das Gesetz von Clément und Desormes bezeichnet wird) von einigen Zeitgenossen, so besonders von Laplace, skeptisch aufgenommen wurde. Am Ende der zwanziger Jahre wurde sie dann auch allgemein (und wie wir wissen zutreffend) nur als angenähert richtig angesehen.[18] Aber zu der Zeit, als Carnot seine Arbeit verfaßte, war sie eine bekannte und äußerst folgenreiche Beziehung.

Als sich Carnot, wahrscheinlich zu Beginn der zwanziger Jahre, dem Problem zuwandte, schienen so einige grundlegende Prinzipien in der Theorie der Wärmekraftmaschinen unbestritten. Besonders herrschte sowohl unter den praktizierenden Ingenieuren wie unter den Theoretikern kein Zweifel über die Wirtschaftlichkeit von Hochdruckdampf. Sogar diejenigen unter ihnen wie Hachette, oder Clément und Desormes, die am nachhaltigsten die Vorteile beim Arbeiten mit expandierendem

---

16 Clément teilte diese Experimente, die er in der Fabrik von Oberkampf in Jouy ausgeführt hatte, der Société d'Encouragement pour l'Industrie Nationale mit. Vgl.: *Bulletin de la Société d'Encouragement pour l'Industrie Nationale* 18 (1819), 255. Die formale Bekanntmachung erfolgte vier Monate später vor der Académie des Sciences, vgl. Anm. 17.

17 Die gemeinsame Arbeit wurde am 16. und 23. August 1819 vorgetragen. Leider wurde sie nie veröffentlicht. Eine Zusammenfassung ohne Verfasserangabe erschien unter dem Titel: *„Mémoire sur la théorie des machines à vapeur; par MM. Desormes et Clément. (Extrait)"*. In: *Bulletin des sciences, par la Société Philomathique de Paris.* Neue Folge 6 (1819), 115–118.

18 Über die Zweifel am Gesetz von Clément und Desormes vgl. Anm. 64 der „Anmerkungen zum Text der ‚*Betrachtungen*'".

Dampf betont hatten, äußerten ebenfalls den Wunsch nach der Benutzung von möglichst hohen Drücken, denn sie hatten überzeugend die Zunahme der Vorteile der Expansionsphase bei wachsendem Dampfdruck nachgewiesen. In der Tat schien ihnen, wie offenbar jedermann um 1820, in der Brennstoffersparnis auf diese Weise keine Grenze gesetzt, obwohl es in der Praxis wichtige Einschränkungen gab: Hauptsächlich bestanden diese in der unvollkommenen Technik beim Löten der Leitungsverbindungen, was eine akute Explosionsgefahr beim Überschreiten weniger Atmosphären Druck bedeutete.

Viele der vorherrschenden Meinungen und Praktiken spiegeln sich in Carnots Theorie der idealen Wärmekraftmaschine wider. Ganz offensichtlich besteht Carnot darauf, daß die Expansionsphase zusammen mit dem Arbeitshub erfolgen muß: Die Stufen der isothermen und adiabatischen Expansion in seinem Kreisprozeß decken sich eindeutig mit den zwei Teilabschnitten vor und nach dem Abstellen der Dampfzufuhr. Ebenso ist für eine Arbeit aus dem Jahr 1824 sein Eintreten für die Verwendung von hohen Drücken überhaupt nicht originell, obwohl Carnot vollkommene Originalität besitzt mit seiner beharrlichen Ansicht, daß die Brennstoffeinsparung vorrangig der hohen Temperatur des Dampfes und nicht dessen hohem Druck zuzuschreiben ist.

Gleichermaßen zeigt sich der Einfluß zeitgenössischer Problemstellungen (wenn auch nicht zeitgenössischer Problemlösungen) in seiner Diskussion über die jeweiligen Vorteile von verschiedenen Arbeitssubstanzen. Denn bei der Abfassung der „*Réflexions*“ wurde es keinesfalls als sicher angesehen, daß ausgerechnet Wasserdampf die größtmögliche Wirtschaftlichkeit gewährleistet. So hatte schon 1818 der hochbegabte Physikprofessor an der École Polytechnique, Alexis-Thérèse Petit, der bald danach viel zu jung an Tuberkulose sterben sollte, eine Reduzierung des Brennstoffverbrauchs auf ein Viertel prognostiziert, falls man den Wasserdampf durch Luft ersetze.[19] Die Antwort auf Petit kam im Gegenzug 1821 von Claude Navier, dem Professor für Angewandte Mechanik an der École des Ponts et Chaussées in Paris, der die Verwendung von Dampf als fünfmal wirtschaftlicher ansah.[20] Aber aus anderen Diskussionen geht klar hervor, daß die Widerlegung von Petit durch Navier nicht als der Weisheit letzter Schluß betrachtet wurde. Interessanterweise fand die radikale, von Carnot vorgeschlagene Lösung nie Beachtung: Nämlich, daß für ein vorgegebenes „Temperaturgefälle“ die bewegende Kraft unabhängig von der Arbeitssubstanz sei.

---

19 Alexis-Thérèse Petit, „*Sur l'emploi du principe des forces vives dans le calcul de l'effet des machines*“. In: *Annales de chimie et de physique* 8 (1818), 287–305 (294).

20 Claude L. M. H. Navier, *Note sur l'action mécanique des combustibles.* In: *Annales de chimie et de physique* 17 (1821), 357–372 (368).

Wurzeln der Innovation: Lazare Carnot und Nicolas Clément

Obwohl, wie betont wurde, Carnots Arbeit fest in den Problemen und Traditionen der französischen Energietechnik der frühen zwanziger Jahre wurzelte, wurden seine „*Réflexions*" wohl über weite Strecken von den Lesern als ungewohnt empfunden. In der Tat müssen die „*Réflexions*" als eine entschieden fremdartige Arbeit gewirkt haben, sowohl in bezug auf Einzelheiten als auch in ihrer gesamten Argumentationsweise, mit ihrer Betonung der Temperaturdifferenz zwischen Kessel und Kondensator und dem „Hinunterfallen" der Wärme (oder des Wärmestoffs) zwischen beiden. Dem Historiker indessen erscheinen die „*Réflexions*" weniger seltsam. Denn wir können nun die wahrscheinlichen Quellen für viele von Carnots Ideen aufdecken, in einer Art und Weise, die im Jahr 1824 oder selbst noch vor 25 Jahren unmöglich gewesen wäre. Die vielleicht wichtigste dieser Quellen war das Werk von Sadis Vater, Lazare Carnot.[21]

Lazare ist durch seine politischen und militärischen Aktivitäten wohlbekannt. Nacheinander war er Mitglied der Gesetzgebenden Versammlung (1791–1792) und des Nationalkonvents (1792–1795). Im August 1793 bildete er zusammen mit Robespierre und zehn anderen Mitgliedern den berüchtigten Wohlfahrtsausschuß. Als Angehöriger des Ausschusses war er speziell für militärische Angelegenheiten zuständig (innenpolitisch war er wenig interessiert), und er verdiente sich den Ruf als „Organisator des Sieges" für seinen entscheidenden Beitrag beim Zurückdrängen der alliierten Truppen, die im Herbst 1793 Frankreich ernstlich bedrohten. Zusammen mit der lebhaften Erinnerung an die französischen Erfolge 1794 bei Tourcoing, Tournai und Fleurus ist es nicht überraschend, daß er die Thermidor-Säuberungen (bei denen schließlich auch Robespierre auf der Strecke blieb) bei weitem erfolgreicher überstand als alle anderen Mitglieder des Wohlfahrtsausschusses. Tatsächlich überstand er sie so erfolgreich, daß er im November 1795 einer der fünf Angehörigen des neu errichteten Direktoriums wurde. Bis zu seiner gewaltsamen Amtsenthebung beim Staatsstreich des 18. Fructidor im September 1797 war er die herausragende Persönlichkeit in der französischen Regierung.

Lazare sollte die Bedeutung, die er als Direktoriumsmitglied besessen hatte, in der Folgezeit nie wieder erlangen. Während der Fructidor-Unruhen konnte er nur unter größten Schwierigkeiten einer Verhaftung entgehen und mußte für die nächsten zwei Jahre im Exil leben. Nach seiner Rückkehr im Januar 1800 diente er Napoleon Bonaparte sieben Monate lang als Kriegsminister, aber nie bestand zwischen beiden eine enge Beziehung. Als Tribunatsmitglied von 1802 bis 1806 opponierte Carnot gegen einige Maßnahmen Napoleons, so besonders gegen die Einführung des Kon-

---

21 Über Lazares wissenschaftliches Werk vgl.: Charles Coulston Gillispie, *Lazare Carnot savant.* Princeton (N.J.) 1971. Der Einfluß von Lazare auf seinen Sohn wird hier auf den S. 90–100 behandelt. Die brauchbarsten biographischen Quellen über Lazare sind: [Lazare-Hippolyte Carnot], *Mémoires sur Carnot par son fils.* 2 Bände. Paris 1861–63. Marcel Reinhard, *Le grand Carnot.* 2 Bände, Paris 1950–52.

sulats auf Lebenszeit, die Gründung der Ehrenlegion und die Errichtung des Kaiserreichs. Offensichtlich war er glücklich, seit seinem Rücktritt vom Ministeramt im September 1800 von politischer Verantwortung entbunden zu sein, bis er im Januar 1814, als Frankreich erneut stark bedroht war, Napoleon wieder seine Dienste anbot. Er wurde zum Gouverneur von Antwerpen ernannt und stellte dort all seine administrativen und militärischen Fähigkeiten unter Beweis, aber seine heroische Verteidigung der Stadt – als einziger General Napoleons blieb er unbesiegt – war schließlich nutzlos. Der Einnahme von Paris durch die alliierten Streitkräfte am 31. März 1814 folgte die Abdankung Napoleons und die Wiederherstellung der Monarchie. Die Rückkehr Napoleons von seinem Exil auf Elba während der Hundert Tage ermöglichte Carnot – jetzt als dessen Innenminister – zum letzten Mal die Rückkehr in ein öffentliches Amt bis zum endgültigen Zusammenbruch des Kaiserreichs im Juni 1815. Carnot sah nun die einzige Alternative im Exil, und er verbrachte seine letzten Lebensjahre in Magdeburg in Preußen, wo er im August 1823 starb.

Während seiner turbulenten politischen Laufbahn verspürte Carnot immer die Neigung zu geistiger Betätigung. So schrieb er Gedichte, von denen einige veröffentlicht wurden[22]; er beherrschte Latein wie die modernen Sprachen, was sich offensichtlich auf Sadi übertrug. Aber seine dauerhaftesten Interessen lagen auf dem Gebiet der Mathematik, besonders der Geometrie, und der Maschinentheorie. In beiden Bereichen war er ein Fachmann, ohne dabei besonders Originäres zu leisten, aber sein Versuch der Grundlegung einer allgemeinen Wissenschaft von den Maschinen beeinflußte Sadi so offenkundig, daß er besondere Erwähnung verdient.

Die Beziehung zwischen Vater und Sohn tritt klar zutage, wenn wir die Zielsetzung der „*Réflexions*" betrachten, die in der Schaffung einer allgemeinen Maschinentheorie bestand, beschränkt auf ihre wesentlichen Grundlagen ohne Berücksichtigung irgendwelcher praktischer Überlegungen. Dies entsprach dem Ziel von Lazares frühester wissenschaftlicher Publikation, seinem „*Essai sur les machines en général*" (1783).[23] In dem „*Essai*" versuchte Lazare die Bedingungen aufzustellen, unter denen die Leistungsfähigkeit einer Maschine ein Maximum erreichte. Tatsächlich war darin keine Erwähnung von Dampfmaschinen, und die Beweisführung konnte nur auf rein mechanische Maschinen angewendet werden. Aber in der Argumentationsstruktur – aus der Praxis wurden nur Wasserkraftmaschinen behandelt, und diese noch ziemlich knapp – und sogar in speziellen Schlußfolgerungen bedeutet der „*Essai*" eine deutliche Vorwegnahme der „*Réflexions*".

Es besteht eine höchst offenkundige Analogie zwischen den Schlußfolgerungen in den „*Réflexions*" und den Bedingungen, die Lazare für eine maximale Leistungsfähigkeit bei Wasserkraftmaschinen postuliert.[24] Knapp formuliert bestehen sie dar-

---

22 Als Beispiele seien genannt: *Ode à la folie* [signiert mit C...t]. Paris ohne Datum. Don Quichotte. *Poëme héroi-comique en six chants.* Paris 1821. *Opuscules poétiques du général L.-N.-M. Carnot.* Paris 1820.

23 Vgl. Anm. 8 der „Anmerkungen zum Text der ‚*Betrachtungen*'".

24 Vgl. Anm. 22 der „Anmerkungen zum Text der ‚*Betrachtungen*'".

in, daß die Kraftübertragung in der Maschine stoßfrei verläuft, und daß die Bewegungsenergie des Wassers beim Verlassen der Maschine auf ein Minimum reduziert wird. Zum Beispiel sollte das Wasser in einem Wasserrad genau mit dessen Umfangsgeschwindigkeit auftreffen und es entweder (idealisiert) mit der Geschwindigkeit null verlassen, oder im höchsten Fall mit der Mindestgeschwindigkeit, die dafür notwendig ist. Die vergleichbare Bedingung für eine maximale Leistungsfähigkeit in den „*Réflexions*" besteht in der Forderung, daß kein „Hinunterfallen" des Wärmestoffs, oder kein Wärmestrom existieren dürfe, der keine mechanische Wirkung erzeugt.[25] Durch dieses Kriterium ist die bloße Überführung von Wärme von einem heißen zu einem kalten Körper offensichtlich eine völlige Verschwendung.

Aber in den „*Réflexions*" ist noch mehr enthalten, was Sadis Verbundenheit zu seinem Vater nahelegt: zum Beispiel seine Bemerkungen über die ewig andauernde Bewegung, seine Betonung der Notwendigkeit, beim Arbeitsvorgang einen geschlossenen Kreislauf zu betrachten, und vielleicht am wichtigsten, seine Idee von der Reversibilität, die ihren Ursprung gut in Lazares Betrachtung über die geometrische Bewegung (*mouvement géométrique*) haben könnte. Die weitere Diskussion dieser Gesichtspunkte bleibt den Fußnoten an den betreffenden Stellen im Text der „*Réflexions*" vorbehalten.[26]

Der nachhaltige Einfluß von Lazare auf Sadi ist nicht weiter überraschend, denn ihre Verbindung war trotz langer Perioden der Trennung immer sehr eng gewesen. Joseph-François-Claude Carnot, ein jüngerer Bruder von Lazare, berichtet uns, daß Sadi als Kind seinen Vater fürchtete, aber inbrünstig liebte[27]; die Annahme ist begründet, daß Lazare seinerseits sich zu seinem Sohn hingezogen fühlte.

Sadi wurde in Paris am 1. Juni 1796 geboren, nicht lange nachdem zwei ältere Brüder ebenfalls mit dem Namen Sadi im Säuglingsalter gestorben waren.[28] Der Schau-

---

25 Vgl. „*Réflexions*" [1], S. 22–26.

26 Vgl. „Anmerkungen zum Text der ‚*Betrachtungen*'", Anm. 18 und 19. Eine enge Beziehung zwischen Lazares Idee der geometrischen Bewegung und der umfassenden Konzeption der Reversibilität wird von Gillispie vermutet. Vgl. hierzu besonders seine Arbeit „*The scientific work of Lazare Carnot and its influence on that of his son*". In: *Sadi Carnot et l'essor de la thermodynamique*, wie Anm. 11, S. 23–32, hier S. 26–31.

27 Der folgende Abschnitt ist entnommen aus: „*Précis historique de la famille des Carnot en Bourgogne; avec quelques notes critiques sur divers personnages de la Révolution. Par Joseph François Claude Carnot ... ouvrage commencé après la désastreuse journée du 18 fructidor, an V; et fini au 18 fructidor, an IX*". (Nicht paginiertes maschinenschriftliches Manuskript aus der Sammlung von Monsieur Pierre-Sadi Carnot):

„Sadi est un enfant qui a de l'esprit au-dessus de son âge, il apprend tout ce qu'il veut; il est même peut-être un peu trop précoce; mais il demande à être retenu; il se ressent de l'affreuse proscription de son père, qu'il craint et qu'il aime beaucoup".

28 Sadi erhielt seinen Namen nach dem persischen Dichter und Naturalist aus dem 13. Jahrhundert, Saadi Musharif ed Din, dessen Gedichte, so besonders das mit dem Titel „*Jardin des roses*" (Gulistan), im späten 18. Jahrhundert in Europa sehr beliebt waren. Wahrscheinlich wählte Lazare den Namen im Andenken an seine Verbindung zur Société des Rosati

platz der Geburt waren die Räume des Petit Luxembourg, das Lazare in seiner Eigenschaft als Mitglied des Direktoriums bewohnte. Dort verbrachte Sadi sein erstes Lebensjahr. Im September 1797 jedoch wurde die Familie getrennt. Nach dem Staatsstreich des Fructidor ging Lazare allein ins Exil, während Sadi mit seiner Mutter, Marie Dupont, auf deren Familiensitz in St. Omer bei Calais zog. Sogar als sein Vater im Januar 1800 nach Paris zurückkehrte, kann ihn Sadi nur wenig zu Gesicht bekommen haben, und erst nach Lazares Rücktritt vom Amt des Kriegsministers im September 1800 wurde ein normales Familienleben möglich. Lazare war ein aufmerksamer Vater, und die Jahre von 1801, als sein zweiter Sohn Hippolyte geboren wurde, bis zum Tod seiner Frau im Jahr 1813 verliefen allem Anschein nach glücklich. Wie zu keiner anderen Zeit in seinem Leben konnte Lazare sich jetzt den Aktivitäten widmen, die ihm Freude machten, so besonders den Naturwissenschaften und der Mathematik. Es ist kein Zufall, daß er gerade in dieser Zeit im Jahr 1803 zwei seiner wichtigsten Bücher veröffentlichte, die „*Principes de l'équilibre et du mouvement*" und die „*Géométrie de position*" [29] Aktiv beteiligte er sich an der Arbeit der Klasse der Physikalischen und Mathematischen Wissenschaften am Institut de France (diese Klasse hatte im Jahr 1795 den Platz der alten Académie des Sciences eingenommen). Nachdem er im März 1800 wieder zum Mitglied des Instituts gewählt worden war (er war 1796 zum ersten Mal gewählt worden und wurde nach dem Staatsstreich des Fructidor 1797 ausgeschlossen)[30], besuchte er regelmäßig die Sitzungen und arbeitete mit Begeisterung in zahlreichen Ausschüssen, die hauptsächlich eingereichte Arbeiten begutachten mußten.

(Fortsetzung der Fußnote 28)

während der achtziger Jahre, eine lose literarische Vereinigung in Arras, die in der dichterischen Verherrlichung der Schönheit der Rosen ein immer wiederkehrendes Thema hatte. Die Namen Nicolas Léonard erhielt Sadi, als er am 11. Juli 1796 in der Kirche des ehemaligen Kapuzinerklosters in der Chaussée d'Antin in Paris als Nicolas Léonard Dupont getauft wurde. Bei dieser Feier agierte Sadis Großvater mütterlicherseits, Jacques-Antoine-Léonard Dupont, als Pate, der seinen Sohn als den Vater des Kindes präsentierte. Über die Taufe vgl.: Arthur Birembaut, „ *A propos des notices biographiques sur Sadi Carnot: quelques documents inédits.*". In: *Revue d'histoire des sciences et de leurs applications* **27** (1974), 355–370. Hier S. 364–366.

Es wird allgemein nur von einem gleichnamigen Bruder Sadis berichtet, der in frühester Kindheit gestorben war. Aber die Familiengeschichte (vgl. Anm. 27) spricht von zwei Brüdern.

Die biographischen Angaben dieser Einleitung wurden aus den gedruckten Quellen entnommen, die in der Bibliographie, Abschnitt IV, b aufgeführt sind. Als Ergänzung dienten die Manuskripte, die im Anhang D, E und F der „*Réflexions*" [8] auf den Seiten 329–359 abgedruckt sind. Als weitere Ergänzung vgl. Anm. 27.

29 Einen umfassenden Beleg für Lazares erneuertes Interesse an den Naturwissenschaften gibt die Bibliographie seiner wissenschaftlichen Arbeiten in: Gillispie, *Lazare Carnot savant.* Wie Anm. 21, S. 347–349.

30 Seinen Platz nahm kein Geringerer als Napoleon Bonaparte selbst ein.

Sadi profitierte in höchstem Maße von den Neigungen des Vaters: er wurde von ihm praktisch bis zum Alter von 16 Jahren erzogen. Obwohl die Erziehung die literarischen Interessen von Lazare genau widerspiegelte, wurde Sadis Vorliebe für Naturwissenschaften und Mathematik gefördert. So wurde er im November 1812 in die École Polytechnique aufgenommen, nach achteinhalbmonatiger spezieller Vorbereitung durch L.P.M. Bourdon, einem angesehenen Mathematiklehrer am Lycée Charlemagne, das sich nahe bei dem Wintersitz der Familie im Distrikt Marais in Paris[31] befand. Als Ergebnis der harten, Wettbewerbscharakter tragenden Eingangsprüfung wurde Sadi als 24. in einer Liste von 184 Neuzugängen plaziert, ein bemerkenswert guter Rang für jemanden seines Alters; nur zwei Prüflinge waren jünger als er.

Die zwei Jahre als Schüler der École Polytechnique, während derer er Mathematik und Physik wie auch Ingenieurwissenschaften studierte, können nur Sadis Wertschätzung der wissenschaftlichen Arbeit seines Vaters vergrößert haben. Aber gleichzeitig bedeuteten sie das Ende ihres regelmäßigen persönlichen Kontaktes. Das Leben an der École Polytechnique hatte schon immer den größten persönlichen Einsatz gefordert, aber nach der bedeutsamen Reorganisation des Jahres 1804, mit der die Studenten einer harten militärischen Disziplin unterworfen wurden, hatte sich dies noch verstärkt.[32] In die Kasernen des alten Collège de Navarre auf dem Montagne Sainte-Geneviève verbannt, mußten die Studenten früh um fünf Uhr aufstehen, während sechs Tagen in der Woche täglich neun Stunden Unterricht besuchen, und sie wurden außer an Sonntagen in all ihren Tätigkeiten streng überwacht.

Eine solche Ordnung war natürlich ein höchst effektives Mittel, um den Studenten die alten römischen Tugenden einzuprägen, die man zu dieser Zeit besonders für werdende Offiziere für angemessen hielt – aber man kann sich schwerlich vorstellen, daß Sadi glücklich war. Besonders nach dem Tod seiner Mutter im Jahr 1813 muß die familiäre Geborgenheit, die er seit seinem sechsten Lebensjahr gewohnt gewesen war, für ihn nur noch in blasser Erinnerung existiert haben; und wahrscheinlich wurde dies noch verstärkt, als sein Vater in jenen unruhigen Lebensabschnitt eintrat, der mit seiner Flucht ins Exil 1815 endete.

---

31 Der Wohnsitz der Familie im Winter befand sich wohl während der gesamten Zeit des ersten Kaiserreichs in der Rue Neuve-Saint-François 5 (heute Rue Debelleyme 3). Den größten Teil des Sommers verbrachte die Familie in einem schönen Landhaus in Presles nahe bei La Ferté-Alais, ungefähr 50 Kilometer südlich von Paris. Das Haus befindet sich noch heute im Familienbesitz. Während Sadi an der École Polytechnique studierte, zog Lazare wahrscheinlich im Jahr 1814 in die Rue Saint Louis 44 im Bezirk Marais (die heutige Rue de Turenne).

32 Einen lebendigen Bericht aus erster Hand über das damalige Leben an der École Polytechnique gibt uns der Brief von Auguste Comte an Pierre Valat vom 2. Januar 1815, abgedruckt in: Gaston Pinet, *Histoire de l'École Polytechnique*. Paris 1887. S. 85 f. Comte studierte von 1814 bis 1816 an der École Polytechnique und mußte die Schule wegen aufwieglerischen Verhaltens, das sich in einem Protest gegen die restaurierte Bourbonenherrschaft manifestiert hatte, verlassen.

An der École Polytechnique war Sadi ein guter und gewissenhafter Schüler. Jedoch wurde er wohl nicht als außergewöhnlich angesehen, wenn auch sein vergleichsweise bescheidener zehnter Platz unter 55 erfolgreichen Teilnehmern der Abschlußprüfung von 1814 nicht unbedingt eine zutreffende Widerspiegelung seiner Fähigkeiten ist, schon allein deshalb, weil sein zweites Jahr ernsthaft durch den Krieg gestört war. Seit dem Dezember 1813 unterzogen sich die Schüler der École Polytechnique fast ausschließlich einer militärischen Ausbildung, und als Ende März 1814 die letzte Verteidigungsschlacht um Paris herangerückt war, traten die drei Kompanien, die man aus ihnen zusammengestellt hatte, auf der Straße nach Vincennes dem Feind mit inzwischen legendär gewordenem Mut entgegen.[33] Zu Lazares großer Freude[34] war Sadi unter denen, die so heldenhaft, aber auch vergeblich bis zum denkwürdigen 30. März kämpften, als schließlich Paris in die Hände der Alliierten fiel.

Zusammen mit einigen der besten Schulabgänger seines Jahrgangs trat Sadi im Januar 1815 in die Spezialschule für Artillerieoffiziere und Ingenieure ein, die École de l'Artillerie et du Génie in Metz, und er blieb dort bis zu seiner Ernennung zum Leutnant der Pioniere im April 1817. Nach der Niederlage 1814 hatte er kurz seinen Vater in Antwerpen besucht. Danach sah er ihn nur noch einmal, als er im Jahr 1821 einige Wochen mit Lazare in dessen Exil Magdeburg verbrachte. Es ist vorstellbar, daß dieses letzte Zusammentreffen sehr wichtig war, kann doch während dieser Zeit Sadis Aufmerksamkeit auf die Probleme gelenkt worden sein, die er bald in den „*Réflexions*" in Angriff nehmen sollte.[35]

Sadis Offizierslaufbahn verlief allem Anschein nach ohne Höhepunkte. Er war zweifellos ein sensibler junger Mann, von Natur aus zurückgezogen und einsam, und ziemlich ungeeignet für das lärmende Garnisonsleben. Sein Bruder Hippolyte beschrieb später die Wärme, die von Sadi in einem kleinen Freundeskreis ausgehen konnte[36], und ohne Zweifel erweckte er bei jenen, die ihn gut kannten, ein Gefühl der Zuneigung. Aber eine gewisse Schüchternheit, verstärkt (oder vielleicht bewußt angenommen) durch eine leicht misantropische Haltung, wie sie in einigen seiner überlieferten handschriftlichen Notizen sichtbar wird, war offensichtlich für ihn charakteristischer, als aus einem kürzlich aufgefundenen, an Lazare gerichteten Brief eines Familienfreundes, der Sadi im März 1815 kennengelernt hatte[37], geschlossen werden könnte. Die in diesem Brief ausgesprochene Charakterisierung für Sadi als „un peu timide" muß sicher als freundliche Untertreibung gewertet werden!

---

33 Über diese denkwürdige Episode vgl.: A. Fourcy, *Histoire de l'École Polytechnique*. Paris 1828, S. 322–328. Und: Pinet, wie Anm. 32, S. 73–87.

34 Vgl. dazu seinen Brief an Sadi vom 18. April 1814, abgedruckt in: „*Réflexions*" [8], S. 331.

35 Die Bedeutung von Sadis Besuch in Magdeburg wird erwähnt in Gillispie, wie Anm. 21, S. 91.

36 „Il avait le coeur très chaud sous une enveloppe froide", so lautete die Charakterisierung Sadis durch seinen Bruder Hippolyte. Vgl.: „*Notice biographique sur Sadi Carnot*". In „*Réflexions*" [3], wie Anm. 1, S. 76–77; und *Biographie et manuscrit* [21], S. 17–18.

37 Vgl. den Brief von Cerbal an Lazare Carnot vom 26. April 1815, abgedruckt in: „*Réflexions*" [8], S. 333–334; auch als Auszug im Anhang I, Abschnitt D dieser Ausgabe.

So muß seine Dienstzeit in Metz, Besançon und Langres von 1817 bis 1819 für ihn eine unangenehme Erfahrung gewesen sein. Aber sogar in diesem frühen Stadium seiner Laufbahn konnte Sadi es sich ermöglichen, einen Großteil seiner Zeit auf Urlaub in Paris zu verbringen, und er war wohl sehr erleichtert, als er im Januar 1819 die Aufnahme als Oberleutnant in das neu gebildete „corps d'état major" durchsetzen konnte. Dieser Wechsel bedeutete eine Reduzierung seines Gehalts auf die Hälfte, aber von einer kurzen Übung pro Jahr abgesehen, konnte er seinen ständigen Wohnsitz in Paris nehmen. Dort, in einer Wohnung in der Rue du Parc Royal 1 im Bezirk Marais, sollte er nun mehr als zehn Jahre leben.

Hier nun begann das arbeitsame, aber wahrscheinlich einsame Leben, erfüllt von Forschungsarbeiten und lautloser kultureller Aktivität, das Sadi bis zu seinem Tod im Jahr 1832 führte. Seine Interessen waren weitgespannt. Nach dem Zeugnis von Hippolyte, der eine Zeitlang nach Lazares Tod mit ihm zusammenlebte, spielte er sehr gut Geige und galt – trotz seines zurückgezogenen Lebensstils – als hervorragender Tänzer. Unter den wenigen persönlichen Dingen, die uns von ihm erhalten sind, befindet sich das Portrait eines englischen Preiskämpfers als Zeichen seiner Begeisterung für das Boxen.[38] Mit so vielen anderen aus seiner Generation besuchte er auch Vorlesungen am Collège de France und an der Sorbonne (wo um 1820 Cousin, Villemain und Guizot die Pariser Jugend mit ihren vorzüglichen Vorlesungen über Philosophie, Geschichte und Literatur berauschten). Auch besuchte er wohl häufig die Opéra Comique (die „Italiens"), den Louvre, die Bibliothèque Royale, den Jardin des Plantes, und, für das Verständnis der „*Réflexions*" am wichtigsten, das Conservatoire des Arts et Métiers.

Man kann sich leicht vorstellen, warum Sadi durch das Conservatoire angezogen wurde. 1794 als technisches Museum gegründet, hatte es seit November 1819 eine neue Funktion übernommen, indem dort Kurse über Mechanik, Technische Chemie und Betriebswirtschaft eingerichtet wurden.[39] Da die Kurse nur am Abend abgehalten wurden und sich vornehmlich an die arbeitende Bevölkerung richteten, war das Conservatoire von Beginn an verdächtig in den Augen der reaktionären Regierungen der bourbonischen Restauration. So ist es nicht überraschend, daß in den Jahren 1824 und 1825, als die Angst vor allgemeinen Unruhen in Frankreich einen Höhe-

---

38 Das Portrait befindet sich in der privaten Sammlung von Monsieur Pierre-Sadi Carnot. Hier sind auch zwei silberne Schuhschnallen Sadis und zwei Bildnisse von ihm im Alter von ungefähr zwölf Jahren.

39 Über die Geschichte des Conservatoire vgl.: A. de Monzie, *Le conservatoire de peuple*. Paris 1948. *Ministère de l'Éducation Nationale, Cent-cinquante ans de haut enseignement technique au Conservatoire National des Arts et Métiers.* Paris 1970; Robert Fox, „*Education for a new age: the Conservatoire des Arts et Métiers, 1815–1830*". In: D. S. L. Cardwell (Hrsg.), *Artisan to graduate. Essays to commemorate the foundation in 1824 of the Manchester Mechanics Institution, now in 1974 the University of Manchester Institute of Science and Technology*. Manchester 1974, S. 23–38. Die Vorträge hatten ein Vorbild in denjenigen der Mechanics' Institutes in Großbritannien, die in Regierungskreisen für eine ähnliche Unruhe sorgten.

punkt erreichte, die Vorlesungen dort besondere Beachtung fanden. Den reichlich hysterischen Berichten der Geheimpolizei zufolge[40], setzte sich die Zuhörerschaft regelmäßig zusammen aus „des personnes dont les opinions sont très mauvaises, qui n'y vont pas dans le but de s'instruire". Und nach den Vorlesungen wurden offensichtlich geheime Versammlungen abgehalten, denen die Dunkelheit eine besonders verschwörerische Atmosphäre verlieh. Drei Professoren waren am meisten verdächtig: Charles Dupin (Mechanik), Nicolas Clément (Technische Chemie) und Jean-Baptiste Say (Betriebswirtschaft). Wie ein Bericht von 1825 feststellt, waren alle drei schuldig, dauernd Mittel und Wege zu finden, „de glisser dans leurs leçons des censures sur quelques-unes de nos institutions et sur certaines mesures adoptées par le gouvernement", eine Kritik, welche die Zuhörer ganz offensichtlich erfreute. Für jemanden mit Sadis angeborenen republikanischen Sympathien und seinem Haß auf die Bourbonen und zumindest auf die reaktionären Vertreter innerhalb der katholischen Kirche, muß eine solche Atmosphäre wie zugeschnitten gewesen sein. Aber ebenso waren es persönliche Verbindungen, die ihn an das Conservatoire zogen. Wenigstens Dupin muß Sadi lange vor Beginn des Vorlesungsbetriebes im Jahr 1819 gekannt haben. Ungefähr seit 1803, als er seinen Abschluß an der École Polytechnique gemacht hatte, war er ein Freund der Familie Carnot, und während seiner ersten Jahre als Schiffsbauingenieur war er von Lazare „wie ein Sohn" behandelt worden.[41] Dies hat er nie vergessen. Als Lazare 1815 ins Exil gehen mußte, war Dupin einer der wenigen, die öffentlich für ihn eintraten; tatsächlich wurde er nur von Lazare persönlich davon zurückgehalten, einen heftigen Angriff gegen das Verhalten der Regierung in dieser Angelegenheit zu veröffentlichen.[42] Wer sich dem Vater Lazare so eng verbunden fühlte, konnte kaum umhin, auch ein Freund des Sohnes Sadi zu sein, und es ist eigentlich überraschend, daß von der Freundschaft, die wohl zwischen den beiden Männern bestand, gar nichts überliefert ist.

Sehr wahrscheinlich wurde Sadi durch Dupin am Conservatoire eingeführt und ihm so der Kontakt zu Nicolas Clément ermöglicht, der wichtigsten seiner Verbindungen zur wissenschaftlichen Welt.[43] Wenn, wie anzunehmen ist, eine gewisse Verschie-

---

40 Die Berichte sind erhalten in: *Archives Nationales*, F^7.6965 (ferner 12, 391). Längere Auszüge sind abgedruckt in: Ferdinand-Camille Dreyfus, *Un philanthrope d'autrefois. La Rochefoucauld-Liancourt, 1747–1827*. Paris 1903, S. 415–416. Und: *Cent-cinquante ans de haut enseignement* ... Wie Anm. 39, S. 23–24.

41 *Mémoires sur Carnot*. Wie Anm. 21, Bd. 2, S. 559, Anm. Auch S. 252 und 277 f. Für biographische Einzelheiten über Dupin vgl.: Victor Lacaine und H. Charles Laurent, *Biographies et nécrologies des hommes marquants du XIXe siècle*. 7 Bände, Paris 1844–1850. Bd. 4, S. 273–312. Und: Joseph Bertrand, *Eloges académiques*. Paris 1890, S. 221–246.

42 Vgl.: *Mémoires sur Carnot*, wie Anm. 21, Bd. 2, S. 559, Anm.; Lacaine und Laurent, wie Anm. 41, Bd. 4, S. 279; Bertrand, wie Anm. 41, S. 234–236.

43 Über Clément vgl.: Charles Dunoyer; In: *Journal des économistes* 1 (1842), 208–213. Und: Anselme Payen, *„Notice sur M. Clément-Desormes"*. In: *Bulletin de la Société d'Encouragement pour l'Industrie Nationale* 41 (1842), 377–380. Clément wurde manchmal mit Charles-Bernard Desormes verwechselt, mit dem ihn viele gemeinsame Forschungsarbeiten und einige industrielle Unternehmungen verbanden. Die Verwirrung erklärt sich aus der Annahme des Namens Clément-Desormes durch Clément in den frühen zwanziger Jahren, nachdem er 1813 Desormes' Tochter geheiratet hatte.

denheit der Temperamente zwischen Sadi und dem extrovertierten Dupin bestand (der sich in seinem Innersten zum öffentlichen Leben hingezogen fühlte und ein bemerkenswerter politischer Redner und ein charismatischer Vortragender war), so war dies in bezug auf den zurückgezogenen, mürrischen Clément kein Problem. Dazu verband beide wahrscheinlich eine gemeinsame Abneigung nicht nur gegen die klerikalen und reaktionären Regierungen der zwanziger Jahre, sondern auch gegen die organisierten Gruppierungen der Opposition. Darüberhinaus waren Sadi und Clément einsame Menschen, deren Arbeiten innerhalb der wissenschaftlichen Welt wenig Anerkennung fanden. In Cléments Augen waren seine vergeblichen Versuche, in die Académie des Sciences aufgenommen zu werden – nicht weniger als sechsmal war seine Kandidatur erfolglos[44] – einer von zahlreichen Belegen für unverdiente Kränkungen, für die er hauptsächlich Laplace verantwortlich zu machen schien.[45] Dagegen scheint Sadi es mit völligem Gleichmut akzeptiert zu haben, daß ihm der Zutritt zu den höchsten akademischen Kreisen verwehrt blieb. Soweit wir wissen, strebte er nie nach der Mitgliedschaft in der Académie des Sciences oder nach einer Position als akademischer Lehrer.

Wieviel Carnot Clément zu verdanken hat, ist erst in den letzten Jahren erkannt worden, hauptsächlich durch die Entdeckung von zwei Bündeln mit Aufzeichnungen, die in den zwanziger Jahren von Cléments Vorlesungen angefertigt worden sind.[46] Diese Aufzeichnungen zeigen in Verbindung mit der Arbeit vom August 1819, die Clément zusammen mit Desormes geschrieben hatte[47], daß Clément eine Theorie der Wärmekraftmaschinen gerade zu der Zeit entwickelte, in der Carnot sich für

---

44 Viermal war er ein Kandidat zur vollen Mitgliedschaft der Sektion für Chemie, zweimal war er ein Kandidat zur Aufnahme als korrespondierendes Mitglied.

45 In seinen „*Travaux scientifiques et industriels de M. Clément*" (Paris ohne Datum [1829]), die er zu der Zeit schrieb, als er zur Wahl für die Aufnahme in die Académie des Sciences kandidierte, erinnert Clément auf S. 8 daran, daß Laplace das von ihm und Desormes im August 1819 bekanntgemachte Gesetz teilweise kritisiert hatte.

46 Auf diese Aufzeichnungen machte mich zum ersten mal Professor Eric Mendoza aufmerksam. Es handelt sich um:

(1) Aufzeichnungen von Cléments Vorlesungen zwischen 1824 und 1828 durch J.M. Baudot. Sie sind in drei Bänden gebunden und werden in der Bibliothek des Conservatoire National des Arts et des Métiers in Paris aufbewahrt (Signatur: MS 8°Fa40(2)).

(2) Aufzeichnungen von Cléments Vorlesungen während der Jahre 1823/24 durch Louis-Benjamin Francoeur. Sie befinden sich jetzt in der Bibliothek der École Nationale Supérieure des Beaux-Arts in Paris (Signatur: MS.407).

Die Arbeit von Philip Lervig, „*Sadi Carnot and the steam engine: Nicolas Clément's lectures on industrial chemistry, 1823–28*", in *The British journal for the history of science* 18 (1985), 147–196 enthält eine Transkription der Aufzeichnungen von Francoeur und eine Auswahl derer von Baudot. Lervigs Kommentar dazu verstärkt und erweitert die Auffassung, daß Clément und Carnot während der frühen zwanziger Jahre in engem und einflußreichen Kontakt standen.

47 Vgl. Anm. 17.

das Problem zu interessieren begann. Noch mehr ist es die Ähnlichkeit zwischen Cléments und Carnots Ansatz, sowohl im allgemeinen Stil als auch in den Einzelheiten ihrer Theorien, die einen entscheidenden Einfluß von Clément auf Carnot sehr nahelegt.[48] Zunächst betrachten wir den Stil. Cléments Vorlesungen wie auch die gemeinsame Arbeit mit Desormes von 1819 wurden ohne irgendwelche komplizierte Mathematik dargeboten, und wenn in den „*Réflexions*" Berechnungen über die Leistung von speziellen Maschinen angestellt wurden, so waren diese einfach und besaßen nur arithmetischen Charakter. Auch, im Gegensatz zu Hachette zum Beispiel, versuchte Clément wie Carnot nicht das tatsächliche Verhalten der Maschinen zu behandeln, sondern er benutzte idealisierte Bedingungen, deren Realisierbarkeit als unmöglich bekannt war Cléments Hauptproblem war dasselbe wie in den „*Réflexions*": Wie kann aus einer vorgegebenen Brennstoffmenge eine maximale Wirkung erzielt werden, ohne Rücksicht auf alle praktischen Zwangsbedingungen? Es ist in völliger Übereinstimmung mit seinem Ansatz, daß Clément wie Carnot und einige andere, die die Theorie der Wärmekraftmaschinen in dieser Zeit auf dieselbe abstrakte Weise behandelten[49], nicht gestört wurde durch die große Diskrepanz zwischen seinen theoretischen Vorhersagen für Hoch- und Mitteldruckdampfmaschinen und der in der Praxis realisierten Leistung: Eine Übereinstimmung von Theorie und Praxis wurde nicht erwartet, ja nicht einmal gesucht.

Unter den spezielleren Punkten, in denen Carnot Clément verpflichtet zu sein scheint, behandelte der wichtigste die freie Expansion der Arbeitssubstanz nach der Unterbrechung ihrer Einleitung in den Zylinder. Seit der Patentierung von Watts Expansionsprinzip bis weit in die Mitte des 19. Jahrhunderts nahm man fast ausnahmslos an, daß diese Expansion isotherm verlief, sogar im Idealfall so verlaufen sollte, und daß deshalb das Boyle-Mariottesche Gesetz angewendet werden konnte.[50] In ihrer gemeinsamen Arbeit von 1819 machten Clément und Desormes jedoch die völlig neuartige Annahme eines adiabatischen Verlaufs der Expansion nach der Unterbrechung der Zufuhr der Arbeitssubstanz, so daß deren Temperatur abnehmen würde.

Was Clément und Desormes zu dieser bemerkenswerten Abweichung von der etablierten Meinung bewog, wird in der uns erhaltenen Zusammenfassung ihrer Arbeit

48 Über die Diskussion dieser verschiedenen Quellen und die Auswertung in bezug auf eine Verbindung von Clément und Carnot, vgl. die Arbeiten von Mendoza, Payen, Fox und Lervig (aufgeführt in der Bibliographie, Abschnitt B, Teil d).

49 Vgl. „*Réflexions*" [1], S. 117. Navier, Dupin und Charles Combes waren die bekanntesten unter den anderen Theoretikern, die sich in den frühen zwanziger Jahren mit der Dampfmaschine beschäftigten; alle drei machten sich keine Gedanken über die Diskrepanz zwischen vorhergesagter und tatsächlicher Leistung. Vgl.: Fox, *The challenge of a new technology*. Wie Anm. 11, S. 164–165 (die Arbeit von Combes wird hier allerdings nicht diskutiert).

50 Das Gesetz von Boyle-Mariotte wurde noch mehr als zwanzig Jahre später ohne Zögern angewendet, so z. B. bei: Victor Regnault in: *Mémoires de l'Académie Royale des Sciences de l'Institut de France* **21** (1847), 8–9.

nicht erklärt. Aber es ist möglich, eine Erklärung mit Hilfe der Aufzeichnungen von Cléments Vorlesungen aus den zwanziger Jahren zu rekonstruieren.[51] Clément und Desormes konnten nicht argumentiert haben, daß in einer realen Maschine die freie Expansion mehr adiabatisch als isotherm verlaufe: Dies entspricht offenkundig nicht der Realität, und jedenfalls ist der wirkliche Verlauf der Expansionsphase für den Idealfall, der allein sie interessierte, nicht maßgebend. Es soll hier die Vermutung ausgesprochen werden, daß für Clément und Desormes der größte Reiz in der Annahme eines adiabatischen Expansionsverlaufs darin lag, eine Anwendung ihrer bisherigen Forschungsergebnisse über den Verdampfungsvorgang zu ermöglichen. Dies betrifft insbesondere die oben als das Gesetz von Clément und Desormes[52] bezeichnete These, mit der eines der größten theoretischen Probleme, das bei der Annahme isothermer Bedingungen entsteht, überwunden werden kann.

Betrachten wir die beiden Möglichkeiten, denen sie gegenüberstanden. Mit der Annahme eines isothermen Verlaufs der Expansion nach der Unterbrechung der Dampfzufuhr konnte die bewegende Kraft mit dem Gesetz von Boyle und Mariotte auf einfache Weise berechnet werden Aber um 1820 war es keinesfalls klar, wieviel Wärme dem expandierenden Dampf zusätzlich zugeführt werden mußte und wieviel zusätzlicher Brennstoff deshalb benötigt wurde, um die Temperatur konstant zu halten. (Die sehr anfechtbare Diskussion des Problems durch Navier im Jahr 1821[53] zeigt die Schwierigkeit der Berechnungen.) Bei der Annahme adiabatischer Bedingungen wurde jedoch diese spezielle Schwierigkei beseitigt, einfach deshalb, weil überhaupt keine Wärme bei der Expansion aufgenommen wurde. Natürlich blieb dann das Problem der Berechnung der bewegenden Kraft während des Expansionsvorgangs. Zur Zeit der Abfassung der Arbeit von Clément und Desormes gab es für dieses Problem keine allgemein akzeptierte Lösung, denn die Beziehung

$$PV^{\gamma} = \text{const.}$$

sollte erst 1823 von Poisson entdeckt werden.[54] Aber die von ihnen nur einige Monate früher bekanntgegebene Gesetzmäßigkeit ermöglichte eine neuartige und reizvoll einfache Antwort. Wenn, wie sie aus ihrem Gesetz folgerten, der gesamte Wärmeinhalt Q einer gegebenen Menge gesättigten Dampfes unabhängig von dessen Druck ist, würde bei einer adiabatischen Expansion ($\Delta Q = 0$) der Sättigungsgrad erhalten bleiben. Wenn wir auch heute wissen, daß der Sättigungszustand nicht erhalten bleibt (die modernen Ergebnisse zeigen, daß eine gewisse Kondensation stattfinden muß), so ist die Schlußfolgerung innerhalb der Wärmestofftheorie eine korrekte Extrapolation des Gesetzes von Clement und Desormes. Deshalb konnten die

51 Vgl. als Beleg Anm. 17 und Anm. 46.
52 Vgl. oben S. XXVIII
53 Vgl. Navier, wie Anm. 20.
54 Poissons Ableitung der Beziehung ist abgedruckt in seiner Arbeit: *„Sur la vitesse du son“*. In: *Connaissance des tems ... pour l'an 1826.* Paris 1823. S. 257–277. Eine gekürzte Fassung der Arbeit befindet sich in: *Annales de chimie et de physique* 23 (1823), 5–16.

beiden mit gutem Grund behaupten, daß der Druck und die Temperatur von gesättigtem Dampf bei einer adiabatischen Expansion in Übereinstimmung mit den leicht verfügbaren Dampfdrucktabellen gebracht werden können.[55] Unter der Annahme der Gültigkeit aller üblichen Gasgesetze, also der Beziehung

$$\frac{PV}{267 + t} = \text{const.},$$

war es dann einfach, den Zustand des Dampfes in jedem Zeitpunkt seiner Expansion zu bestimmen und so die bewegende Kraft zu berechnen. In charakteristischer Weise benutzten Clément und Desormes für die Berechnung ein mühsames arithmetisches Verfahren, indem sie den Expansionsvorgang in mehrere Schritte zerlegten und für eine Anzahl von Spezialfällen die Wirkungen der einzelnen Schritte aufaddierten.[56] Sie gaben keine Gleichung für den Gesamtprozeß an.

Für die „*Réflexions*" gab es keinen Grund, sich diesem Vorgehen genau anzuschließen. Carnot bezog sich auf die Theorie allgemeiner Wärmekraftmaschinen (er nannte sie „*machines à feu*"), und er behandelte den speziellen Fall der Dampfmaschine („*machine à vapeur*") nur kurz zu Beginn seines Buches.[57] Aber der Einfluß von Cléments und Desormes' Behandlung der Expansionsphase zeigt sich ohne Zweifel in der langen Fußnote auf Seite 98–102 und sogar noch eindrucksvoller in einem wichtigen Manuskript, das Carnot wahrscheinlich gleichzeitig mit den „*Réflexions*" verfaßt hatte. In diesem Manuskript mit dem Titel „*Recherche d'une formule propre à représenter la puissance motrice de la vapeur d'eau*" benutzt Carnot das Gesetz von Clément und Desormes als Ausgangspunkt zur Ableitung einer (näherungsweise) allgemeinen Formel für die bewegende Kraft des Dampfes.[58]

Natürlich sind mit dieser Betrachtung von Lazare Carnot und Desormes die möglichen Quellen für die „*Réflexions*" nicht erschöpft. Selbstverständlich kannte sich Carnot wie alle Schüler der École Polytechnique in der zeitgenössischen Literatur über Physik und Maschinenbau sehr gut aus. So besteht nur Unklarheit hinsichtlich des Ausmaßes der Beeinflussung durch Arbeiten wie „*Traité des machines*" (1811; 2. Aufl. 1819) von Hachette und „*De la richesse minérale*" (1810–1819) von Héron

---

55 Die Standardtabellen im Jahr 1824 waren Biots Bestimmungen von 1816. Vgl. Anm. 65 der „Anmerkungen zum Text der ‚*Betrachtungen*'".

56 Die Berechnung ist beschrieben in: Robert Fox, „*Watt's expansive principle in the work of Sadi Carnot and Nicolas Cléments*". In: *Notes and records of the Royal Society of London* 24 (1969), 233–253, hier S. 243–244. Und: Philip Lervig, „*Sadi Carnot and the steam engine*", wie Anm. 46. Vgl. auch Robert Fox, *The caloric theory of gases from Lavoisier to Regnault*. Oxford 1971. S. 179–183.

57 „*Réflexions*" [1], S. 17–18.

58 Die Arbeit ist mit Kommentierung abgedruckt in: *Réflexions* [8], S. 221–235, und in: W. A. Gabbey und J. W. Herivel, „*Un manuscrit inédit de Sadi Carnot*". In: *Revue d'histoire des sciences et de leurs applications* 19 (1966), 151–166. Es ist interessant, daß Carnot in dieser Arbeit seine Zweifel an der genauen Gültigkeit des Gesetzes ausdrückt, während er es in den „*Réflexions*" [1], S. 65–66 ohne Vorbehalt akzeptiert.

de Villefosse. Es scheint sehr wahrscheinlich, daß das Buch von Villefosse, in den „*Réflexions*" auf Seite 105 erwähnt, für Carnot bei seiner Behandlung der Wasserkraftmaschinen vom „Wassersäulen-Typ" von Wichtigkeit war.[59] Da diese Maschinen ihre Energie ganz einfach durch das Hinunterfallen einer Substanz (Wasser) erzeugen, die bei dem Vorgang nicht zerstört wird, kann dies gut ein anregendes Modell gewesen sein. Eine ähnliche Feststellung kann hinsichtlich eines etwas davon abweichenden Interesses an Wärmekraftmaschinen gemacht werden, dessen Tradition zumindest bis auf Huygens ins 17. Jahrhundert zurückreicht. In der Tradition dieser Entwicklung, zu deren Verlauf Pietro Redondi wichtige Beiträge durch Joseph Montgolfier und die Brüder Niepce nachgewiesen hat, und mit der Hachette, Clément und Desormes sicherlich vertraut waren, tauchte die Möglichkeit der Verwendung von Luft statt Wasserdampf als Arbeitssubstanz immer wieder auf.[60] Vor dem Hintergrund von Redondis Abhandlung scheint es ziemlich einsichtig, daß Carnots Vertrautheit mit dieser Tradition dazu beitrug, sein Anliegen durch die Betrachtung der jeweiligen Vorzüge verschiedener Arbeitssubstanzen zu stimulieren. So sind also Theorien über die Ursprünge von Carnots Ideen im Überfluß vorhanden. Leider macht es seine wenig aufgehellte Biographie schwierig, festzustellen *ob* – oder sogar nur *wie* – die verschiedenen angesprochenen Einflüsse tatsächlich wirksam waren. Wir konnen nur wenig mehr tun, als Spekulationen aufzuhäufen.

Die Aufnahme der „Réflexions"

Es ist kaum notwendig, an dieser Stelle auf die Gefahren hinzuweisen, die der Diskussion von Vorläufern in der Geschichte der Naturwissenschaften anhaften: Solche Diskussionen können uns allzu leicht zu einer Unterschätzung der Originalität einer Entdeckung oder einer Innovation verführen und zu einem Übersehen der Kluft, die beinahe ausnahmslos besteht zwischen einer vorweggenommenen Idee und ihrer Wiederaufnahme in modifizierter Form oder in ganz neuer Synthese. Es kann in diesem Zusammenhang nicht stark genug betont werden, daß die „*Réflexions*" mit oder ohne Vorläufer ein höchst originäres Werk darstellen. Sie mögen zum großen Teil aus Elementen zusammengesetzt sein, die vorher schon existierten, aber die Art und Weise, wie die Elemente vereinigt und für ihren neuen Zweck umgeformt wurden, war nichtsdestoweniger äußerst kreativ.

Jedoch war die Neuartigkeit der „*Réflexions*" von einer Beschaffenheit, die möglicherweise hätte leicht ohne Beachtung bleiben können. In der Tat erzeugte das Buch unter den wenigen Zeitgenossen, die es lasen, mehr Unverständnis als Begeisterung. Sogar seine einzige Rezension, die von dem Ingenieur Pierre-Simon Girard für die liberale „*Revue encyclopédique*" verfaßt worden war, stellte kaum mehr als eine In-

59 Vgl. Anm. 24 der „Anmerkungen zum Text der ‚Betrachtungen'".

60 Pietro Redondi, *L'accueil des idées de Sadi Carnot et la technologie française de 1820 à 1860. De la légende à l'histoire*. Paris 1980, S. 21–47.

haltsangabe dar.[61] Sie fiel zwar günstig aus und wiederholte die Gedankenführung genügend zuverlässig, aber sie vermittelte wenig von der Originalität oder der Wichtigkeit des Buches. So könnte man aus Girards Konzentration auf jene Textstellen, die schon Carnot selbst kursiv geschrieben hatte[62], schließen, sogar er habe das Buch ziemlich oberflächlich gelesen, trotz der großen Wahrscheinlichkeit, daß er Lazare und damit auch Sadi gekannt hatte.[63] Es war kurzum eine ziemlich nachlässige und wenig hilfreiche Rezension, die zudem in einer Zeitschrift veröffentlich worden war, deren Hauptanliegen nicht die Naturwissenschaften und die Technik, sondern Literatur und Politik waren.

Man kann sich ohne Mühe vorstellen, daß die „*Réflexions*" für einen gestandenen Dampfmaschineningenieur wie Girard ein ziemlich enttäuschender Zuwachs zu einer schon umfangreichen Literatur waren. Welches besondere Interesse konnte im Jahr 1824 an einem Buch bestehen, das die Verwendung von hohen Drücken und das Expansionsprinzip nahelegte? Ein solcher Ratschlag war ein Gemeinplatz, und irgendwelche Zweifel daran waren durch acht Jahre aufsehenerregend erfolgreiche Praxis beiseite gewischt worden. So waren im allgemeinen die Bedingungen für die Verbesserung der Wirtschaftlichkeit einer Dampfmaschine genügend klargestellt (obwohl sie bis ins Jahr 1818 hinein weit davon entfernt waren, aufgeklärt zu sein). So konnte aus der Sicht der meisten Ingenieure in dieser Angelegenheit nicht viel mehr gesagt werden, nicht zuletzt deshalb, weil diejenigen Bedingungen, die man dafür als ideal erkannt hatte, in der Praxis offenkundig nicht zu realisieren waren.

Dennoch muß betont werden, daß Carnot in einer weiteren höchst wichtigen Schlußfolgerung originäre Gedanken entwickelt hatte: nämlich, daß die Natur des Arbeitsmittels belanglos war. Dieses Ergebnis stand im Widerspruch zu allen zeitgenössischen Diskussionen über die verschiedenen Grade der Wirtschaftlichkeit, die mit anderen Arbeitssubstanzen als Wasserdampf erreicht werden könnten.[64] Aber selbst bei dieser noch ungeklärten Frage konnten die „*Réflexions*" nichts anbieten, was sofort das Interesse erregt hätte, denn im Jahr 1824 neigte man dazu, eine Entscheidung über die Wahl der Arbeitssubstanz nach Kriterien wie leichte Handhabung, Konstruktionskosten, Sicherheit und Zuverlässigkeit zu treffen, alles Bereiche, für welche die „*Réflexions*" überhaupt keinen Beitrag lieferten. Es scheint in der Tat klar, daß zu der Zeit, als Carnot sein Buch schrieb, die vorausbestimmte Wirtschaftlichkeit für eine unter idealen, nicht realisierbaren Bedingungen arbeitende Maschine kein ernst zu nehmender Beitrag mehr war. Die zeitgenössische Erfahrung zeigte, daß die dringendsten Probleme der Energietechnik praktischer, und nicht

---

61 *Revue encyclopédique* 23 (1824), 411–414.

62 Darauf machte mich Professor Robert McKeon aufmerksam.

63 Während der Kaiserzeit war Girard ein häufiger Gast in Lazares Wohnung. Vgl.: *Mémoires sur Carnot,* wie Anm. 21, Band 2, S. 255.

64 Einen zeitgenössischen Bericht über verschiedene Maschinen, die Luft und andere Arbeitssubstanzen verwendeten, gibt uns: Elijah Galloway, *History and progress of the steam engine*. London 1831. S. 257–268, und S. 641–679 (in einem Anhang von Luke Herbert).

theoretischer Natur waren.[65] Wie konnte man zum Beispiel geschweißte Verbindungen zuverlässig herstellen, wenn man Dampf mit mehr als nur einigen Atmosphären Druck verwendete? Und wenn man Luft als Arbeitssubstanz verwendete, war es dann möglich Maschinen zu bauen, welche die hohen Drücke aushalten konnten und/oder die riesigen Dimensionen zuließen, die zur Sicherung einer befriedigenden Leistung notwendig waren?

Unter diesen Umständen war es nur allzu leicht, die *„Réflexions“* entweder als banal oder als nicht relevant für die scheinbar vorrangigsten Probleme des Jahres 1824 anzusehen; sie konnten abgetan werden als ein nicht gerade hilfreicher Beitrag zu einer an Wichtigkeit abnehmenden Debatte (über Wirtschaftlichkeit).[66] Und das sagt noch nichts über die Art und Weise aus, in der Carnots wenig hilfreiche Ergebnisse abgeleitet worden waren. Die in den *„Réflexions“* gewählte Behandlung war völlig ungewohnt. Die Konzeption eines „Hinunterfallens“ der Wärme aus der hohen „Temperaturebene“ des Kessels in die tiefe „Ebene“ des Kondensators konnte auf der Seite der Theoretiker kaum auf Widerspruch stoßen. Denn es lag für jeden, der sich auch nur einen Augenblick mit der Sache beschäftigte, klar auf der Hand, daß die Wärme mit dem heißen Dampf aus dem Kessel in die Maschine eintrat und diese verließ, absorbiert von dem kalten Wasser des Kondensators.[67] Die Schwäche einer solchen Analyse bestand nicht darin, daß sie als falsch angesehen wurde, sondern darin, daß sie sich einfach nicht auf diejenigen Probleme der Dampfmaschine bezog, die man normalerweise zu der Zeit diskutierte. In den zwanziger Jahren konzentrierten sich die Diskussionen ausnahmslos auf die bewegende Kraft und den Druck der Arbeitssubstanz; gerade diese Größe schien direkt und offenkundig die Leistungsabgabe einer Maschine zu bestimmen. So muß eine Abhandlung, die sich auf die Temperatur konzentrierte und auf die Art und Weise, in der die Wärme (oder der Wärmestoff) bewegende Kraft abgeben sollte, unnötig kompliziert erschienen sein. Außer auf einen höchst aufmerksamen Leser muß das Buch auf jeden wie eine entschieden akademische, sogar ziemlich überholte Übung gewirkt haben.

---

65 Die weitverbreitete Sorge wegen der Verhütung von Explosionen ist ein gutes Beispiel dafür; vgl. Anm. 6 der „Anmerkungen zum Text der Betrachtungen“ Bemerkungen zu einigen der praktischen Probleme der Kraftmaschinentechnik in den zwanziger Jahren findet man bei: Cardwell, *From Watt to Clausius,* wie Anm. 5, S. 151–153 und S. 176–179.

66 Die hauptsächliche Ursache der Abnahme des Interesses war sicherlich die Aussichtslosigkeit einer erfolgversprechenden Behandlung der praktischen Probleme, wie sie schon oben angeschnitten worden sind. Im Vergleich mit diesen Problemen müssen Wirtschaftlichkeitserörterungen als Spitzfindigkeiten gewirkt haben. Vielleicht hat auch das Fallen des Kohlepreises nach den Jahren 1815–1821 in Frankreich zu einer Abnahme des Interesses an Fragen der Wirtschaftlichkeit beigetragen. Erst in den fünfziger Jahren erreichte (und übertraf) der Kohlepreis in Frankreich die Preise zu Beginn der Restaurationszeit. Vgl.: François Simiand, *„Essai sur le prix du charbon en France au XIXe siècle“*. In: *L'année sociologique* 5 (1900/1901), 1–81, hier S. 10–23.

67 Vgl. Arnold Paceys Diskussion (Anmerkungen 12 und 14 zum Text der *„Betrachtungen“* der begrenzten aber wachsenden Erkenntnis um 1800, daß der Wärmefluß in irgend einer Weise die bewegende Kraft verursachte.

Wenn, wie hier hervorgehoben wird, Carnots Behandlung der Wärme bei der Erzeugung von bewegender Kraft und seine Betonung der Temperatur der Arbeitssubstanz den meisten seiner Leser fremd und uninteressant erschien, überrascht es nicht, daß die Einführung der alles entscheidenden adiabatischen Phase, in der die Wärme von dem Temperaturpegel des Kessels auf jenen des Kondensators „hinunterfiel", ebenfalls nicht auf Interesse stieß. Aus demselben Grund ist es auch nicht überraschend, daß die Bemerkungen gegen Ende der „*Réflexions*" über den Wunsch nach einer Arbeitssubstanz, die nur bei sehr hohen Temperaturen verdampft[68] – man konnte auf diese Weise hohe Temperaturen bei bescheidenen Drücken erreichen – ebenfalls übersehen wurde. Sie hätten eher verschleiernd als erhellend gewirkt.

Ein ähnliches Schicksal war sicher auch Carnots grundlegender Vorstellung von dem geschlossenen Kreislauf der Arbeitsvorgänge beschieden, eine Vorstellung, die entschieden mit der geheiligten Praxis brach, nur die beim Arbeitshub entstehende bewegende Kraft zu betrachten.[69] Auch diese Vorstellung, so kann vermutet werden, war eher dazu geeignet, ignoriert als widerlegt zu werden. Denn im einzigen Fall, der wahrscheinlich Carnots Zeitgenossen interessierte – die Verwendung von Wasserdampf – ist der in den „*Réflexions*"[70] beschriebene Kreisprozeß unvollständig. Nur zehn Jahre später, im Jahr 1834, zeigte Clapeyron, wie Carnots Behandlung von Gasen auf Wasserdampf ausgedehnt werden konnte.[71]

So also reagierten die Praktiker und Theoretiker der Kraftmaschinentechnik. Wenn, wie es durchaus denkbar ist, die „*Réflexions*" lediglich als eine Arbeit aus dem Ingenieurbereich eingestuft wurden, brauchte man weiter nichts über ihre mangelhafte Resonanz zu sagen. Denn es ist nicht schwierig zu erraten, warum die Ingenieure sie ignorierten, und warum die wenigen, die sie in den dreißiger und vierziger Jahren ernst nahmen, nur Randgebiete der üblichen Praxis bearbeiteten, hauptsächlich als

---

68 „*Réflexions*" [1], S. 112–113.

69 Die einzige Ausnahme hierzu unter Carnots Zeitgenossen findet sich in der Arbeit von Nicolas Clément. In seinen Vorlesungen am Conservatoire des Arts et des Métiers in den Jahren 1823/24 berechnete Clément die Gesamtwirkung einer Dampfmaschine, indem er die bei dem Kondensationshub „verlorene" Wirkung von der beim Expansionshub gewonnenen subtrahierte, beide sowohl vor und nach der Unterbrechung der Dampfzufuhr. Jedoch betrachtete sogar Clément, der in diesen Vorlesungen nur die Dampfmaschine und nicht allgemein Wärmekraftmaschinen behandelte, keinen vollständigen Kreisprozeß. In dieser Beziehung ähnelt seine Behandlung derjenigen Carnots, wie er sie sowohl in den „*Réflexions*" als auch in dem Manuskript „*Recherche d'une formule ...*" (vgl. Anm. 58) gegeben hat. Eine Kommentierung von Cléments Ansatz gibt: Robert Fox, *Watt's expansive principle ...*, wie Anm. 56, S. 245; und: Robert Fox, *The challenge of a new technology ...*, wie Anm. 11. S. 164.

In seinen Vorlesungen von 1825–1828 kehrte Clément interessanterweise wieder zu der üblichen Praxis zurück, nur die Wirkung des Expansionshubes zu betrachten.

70 „*Réflexions*" [1], S. 17–18.

71 B. P. E. Clapeyron, „*Mémoire sur la puissance motrice de la chaleur*". In: *Journal de l'Ecole Polytechnique* **14**, Heft 23 (1834), 153–190, hier 160–162.

Befürworter der Heißluftmaschine gegenüber der Dampfmaschine (wie der Ingenieur und Erfinder Louis Franchot).[72]

Aber die Ingenieure waren ja nicht die einzig möglichen Interessenten. Was war mit den Physikern, bei denen die Arbeit durchaus hätte bekannt werden können? Immerhin wurden die *„Réflexions"* am 14. Juni 1824 auf einer Hauptsitzung der Académie des Sciences vorgestellt, und am 26. Juli berichtete Girard darüber auf einer Sitzung, die von so geachteten Physikern wie Dulong, Laplace, Fourier und Arago besucht worden war.[73] Konnte auch sie an dem Buch nichts interessieren, wenn schon die meisten Ingenieure es nicht der Aufmerksamkeit wert befanden? Waren sie auch nicht so konzipiert, so konnte man (damals wie heute) die *„Réflexions"* doch auch als einen Beitrag zur Physik der Gase auffassen. Für dieses bei weitem nicht abgeschlossene Gebiet brachte die Arbeit Ergebnisse, deren Originalität außer Frage stand. Warum nun fachten diese Ergebnisse keine Diskussionen an?

Um die Reaktion der zeitgenössischen Physiker zu verstehen, ist es zuerst notwendig, Carnots Theorie der Wärme zu umreißen. Sie gründete sich auf die Wärmestofftheorie, das heißt auf die Vorstellung, daß die Wärme ein gewichtsloser, unzerstörbarer und hochelastischer Stoff ist, der alle Körper durchdringt.[74] Beim Aufheizen eines Körpers strömt der Wärmestoff von der Wärmequelle in diesen Körper und beim Abkühlen wird der Wärmestoff von diesem Körper abgegeben; dabei ist seine Temperatur nicht allein durch die Menge des in ihm enthaltenen Wärmestoffs bestimmt, sondern hängt auch noch vom Druck ab (vgl. Formel (2)). Für Carnot lag es im Jahr 1824 auf der Hand, diese Theorie anzuwenden. Obwohl, besonders in dem vorausgegangenen Jahrzehnt, einige Zweifel an ihrer Gültigkeit aufgetaucht waren, so konnten doch mit ihr, wenn auch nur hauptsächlich qualitativ, die relevanten Erscheinungen aus Physik und Chemie erklärt werden: die latente Wärme, die thermische Expansion, die adiabatische Erwärmung, die bei Stoßprozessen entste-

---

72 Redondis Unterscheidung zwischen zwei getrennten Entwicklungslinien in der Kraftmaschinentechnik – eine (die zur Zeit Carnots vorherrschende), die Dampfmaschinen betraf, und die andere, die sich eher auf Heißluftmaschinen bezog – ist hier sehr hilfreich. Es scheint, daß die wenigen Ingenieure, die vor 1850 Notiz von den *„Réflexions"* nahmen, der letzteren von beiden verbunden waren; dies ist bestimmt bei Franchot der Fall. Vgl.: Redondi, *L'accueil des idées de Sadi Carnot,* wie Anm. 60, S. 21–47 und S. 73–99.

73 Académie des Sciences. *Procès-verbaux des séances de l'Académie tenues depuis la fondation de l'Institut jusqu'au mois d'août 1835.* 10 Bände, Hendaye 1910–1922. Band 8, S. 101 (14. Juni 1824) und S. 118 (26. Juli 1824). Diese Eintragungen, die sich auf die Vorstellung der *„Réflexions"* vor der Académie durch Girard („de la part de M. Carnot le fils") und die Verlesung seines Berichtes beziehen, geben keinen Aufschluß über den Inhalt des Vorgetragenen. Jedoch ist der wesentliche Inhalt von Girards Bericht wohl in der Rezension in der *Revue encyclopédique* (vgl. Anm. 61) abgedruckt.

In Anbetracht seiner Bekanntschaft mit der Familie Carnot (vgl. Anm. 63) und seines tiefen Interesses an der Dampfkraft in den frühen zwanziger Jahren, überrascht es nicht, daß Girard vor allen anderen Akademimitgliedern das Buch vorstellte und darüber berichtete.

74 Über die Wärmestofftheorie während dieser Zeit vgl.: R. Fox, *The caloric theory of gases,* wie Anm. 56, Kapitel 2–5.

hende Wärme und die Wärmetönung chemischer Reaktionen. Lediglich die Wärmeentwicklung bei Reibungsvorgängen widersetzte sich den Deutungsversuchen der Wärmestoffanhänger – eine Schwäche in der Theorie, die mit Graf Rumfords berühmten Kanonenbohrversuchen des Jahres 1798 aufgedeckt worden war.[75] Aber, soviel sei vorweggenommen, die Argumentationsstruktur der „*Réflexions*" verlangt keine eingehende Beschreibung der Natur und der Eigenschaften des Wärmestoffs. Sie beruht nur in der einen, wenn auch bedeutenden Hinsicht auf der Wärmestofftheorie, daß für Carnot die Wärme erhalten bleiben muß; sie kann weder geschaffen noch vernichtet werden. Wie wir aber aus seinen vorsichtigen Bemerkungen in den „*Réflexions*" und aus den kurz vor Fertigstellung des Werkes vorgenommenen Textänderungen[76] ersehen können, stand Carnot dieser Deutung zur Zeit der Publizierung seines Buches sehr reserviert gegenüber. Es scheint, daß er sich schon jetzt behutsam zu der völlig anderen Auffassung über die Natur der Wärme vortastete, die er dann in den nach seinem Tod aufgefundenen Manuskripten angenommen hatte. In diesen Manuskripten, die wahrscheinlich sehr bald nach dem Abschluß der „*Réflexions*" verfaßt worden waren, schrieb Carnot:

> „La chaleur n'est autre chose que la puissance motrice, ou plutôt que le mouvement qui a changé de forme. C'est un mouvement dans les particules des corps. Partout où il y a destruction de puissance motrice, il y a en même temps, production de chaleur en quantité précisément proportionnelle à la quantité de puissance motrice détruite. Réciproquement, partout où il y a destruction de chaleur il y a production de puissance motrice."[77]

Dieser Abschnitt, wie noch mehrere in den Manuskripten, ist eine bestechend klare Bestätigung von Carnots völliger Abwendung von der Wärmestofftheorie. Damit fällt auch die These (auf der die gesamte Gedankenführung der „*Réflexions*" beruht), daß in jedem System eine Zustandsfunktion existiert, der Wärmeinhalt Q, und daß in jedem Kreisprozeß – sei er nun reversibel oder irreversibel – der Gesamtbetrag der Wärme, welche das System von der Umgebung aufnimmt oder an diese abgibt, null ist ($\Delta Q = 0$).

Kehren wir nun zu den schon angeschnittenen Ergebnissen in bezug auf die Physik der Gase zurück. Jedes dieser Ergebnisse besitzt in der modernen Thermodynamik eine entsprechende Bedeutung, wenn auch eines davon, nämlich die Abhängigkeit der spezifischen Wärme eines Gases von seiner Dichte, nur in einer speziellen und trivialen Weise abgehandelt wird.[78] Was historisch aber weit wichtiger ist – und hier

---

75 Die Experimente werden beschrieben in: Count Rumford (Benjamin Thompson), „*An inquiry concerning the source of heat which is excited by friction*". In: *Philosophical transactions of the Royal Society of London* **88** (1798), 80–102.

76 „*Réflexions*" [1], S. 37 Anm. und S. 89. Vgl. auch Anm. 81 der „Anmerkungen zum Text der *Betrachtungen*".

77 Der Abschnitt ist enthalten im Anhang II der vorliegenden Buchausgabe, S. 117, und in Anhang A_2 der „*Réflexions*" [8], S. 247.

78 Vgl. „*Réflexions*" [1], S. 57–58 und S. 63–68. Dort wird das Ergebnis angewendet.

soll wieder das Problem der Ignorierung der „*Réflexions*" durch die Physiker aufgegriffen werden – alle diese Ergebnisse bezogen sich so eng auf aktuelle Fragestellungen der Physik, daß man durchaus ein Interesse daran hätte erwarten können. Dies trifft ganz speziell auf die Aussage auf Seite 41–42 zu, daß bei jeder isothermen Expansion oder Kompression der Betrag der aufgenommenen oder abgegebenen Wärme von der Natur des Gases unabhängig ist. Denn nur vier Jahre nach der Veröffentlichung der „*Réflexions*" erhielt Pierre-Louis Dulong experimentell dasselbe Resultat, aber er teilte es der Académie des Sciences ohne jegliche Erwähnung von Carnot mit.[79] Darüber hinaus entwickelt Carnot an einer späteren Stelle in den „*Réflexions*" diese Aussage weiter, indem er zeigt, daß die bei einer isothermen Expansion vom Volumen V_1 zum Volumen V_2 absorbierte Wärmemenge proportional $f(t) \cdot \ln \frac{V_2}{V_1}$ ist. Dabei ist $f(t)$ eine Funktion der Temperatur, die wir heute als proportional zur absoluten Temperatur definieren.[80] Es ist kaum vorstellbar, daß Dulong oder sonst jemand unter den Zuhörern der Académie des Sciences im Jahr 1828 dieses Ergebnis bei Kenntnis der „*Réflexions*" unterschlagen hätte. So verweist das Fehlen auch nur der kürzesten Erwähnung des Buches in den Arbeiten von Dulong und seiner Pariser Physikerkollegen ganz eindeutig auf die Leserschaft der „*Réflexions*": In diesem Kreis wurde das Buch einfach nicht gelesen. Möglicherweise wurde die Arbeit abgetan als eine weitere Schrift unter den vielen Publikationen zur Theorie der Dampfmaschine; oder vielleicht konnte sie wegen ihrer allgemeinen Formulierungen und ihres Mangels sowohl an mathematischer Analyse wie an neuen experimentellen Befunden weder dem Stil noch der Konzeption eines grundlegenden Beitrags zur Physik.

Natürlich ist es auch denkbar, daß die Physiker die „*Réflexions*" keiner Erwähnung wert hielten, weil sie bei der Lektüre so viele Irrtümer in bezug auf die damals gültigen Kriterien vorfanden. Diese Deutung wurde von W.J. Hornix in die Diskussion gebracht, der zeigte, wie einige der wichtigsten Schlüsse aus den „*Réflexions*" nicht bestätigt werden können, wenn bestimmte numerische Berechnungen Carnots über den begrenzten Anwendungsbereich, der in dem Buch vorausgesetzt wird, hinaus ausgedehnt werden.[81] Dies ist ganz offensichtlich der Fall bei Carnots ziemlich skizzenhaften Abschätzungen der bewegenden Kraft, die durch ein vorgegebenes „Fallen" des Wärmestoffs mit verschiedenen Arbeitssubstanzen erzeugt wird.[82] Nun ist es durchaus möglich, daß zeitgenössische Physiker oder Ingenieure die „*Réfle-*

---

79 Vgl. „*Réflexions*" [1], S. 41–42. Auch: Dulong, ‚*Recherches sur la chaleur spécifique des fluides élastiques*". In: *Annales de chimie et de physique* **41** (1829), 113–159; in der Akademie am 18. Mai 1828 vorgetragen.

80 „*Réflexions*" [1], S. 52–53, sowie die umfangreiche Fußnote auf S. 73–79.

81 W. J. Hornix, „*Essay review*" der „*Réflexions*" [8]. In: *Annals of science* **39** (1982), 399–406. Der allgemeine Tenor von Hornix' Argumentationsweise ist, daß „grundlegende Widersprüche oder erschreckende Diskrepanzen zwischen Theorie und Experiment" in den „*Réflexions*" deren Mißachtung durch die Zeitgenossen erklären können.

xions“ sorgfältig studierten, diese speziellen Berechnungen ausführten und zu Ergebnissen gelangten, die sich nicht mit Carnots Behauptung deckten, die Natur der Arbeitssubstanz habe keine Auswirkung auf den Betrag der in einer idealen Maschine erzeugten bewegenden Kraft. Aber nach eingehendem Studium der wissenschaftlichen Literatur der zwanziger Jahre sollen hier Zweifel an einer solchen ernsthaften zeitgenössischen Aufarbeitung von Carnots Rechnungen geäußert werden. Es ist niemand bekannt, der vor 1850 das Buch mit ausreichender Sorgfalt gelesen hat (mit der augenfälligen Ausnahme von Clapeyron; darüber hinaus können uns solche Betrachtungen kaum erklären, warum Carnots Ideen so allgemein übergangen worden sind.

Der beste Weg, die Aufmerksamkeit auf die „*Réflexions*“ zu lenken, wäre für Sadi gewesen, nach 1824 erneut etwas über dieses Thema zu veröffentlichen. Aber er tat dies nicht. Über die Gründe können wir, wie immer, nur spekulieren. Es scheint jedoch durchaus einleuchtend, daß er für die restlichen acht Jahre seines Lebens enttäuscht und entmutigt war, nicht so sehr wegen der fehlenden Resonanz auf die „*Réflexions*“, sondern wegen der eigenen Erkenntnis der darin enthaltenen Irrtümer (die oben aufgezeigte Diskrepanz ist ein gutes Beispiel dafür). Wie schon erwähnt, hatte Sadis Vertrauen in seine Wärmetheorie sogar schon bei der Abfassung seines Buches abgenommen, und aus seinen Manuskripten wissen wir, daß er später nicht nur die Wärmestofftheorie ablehnte, sondern schließlich mit der folgenden Bemerkung beim Prinzip der Energieerhaltung angelangt war:

> „On peut ... poser en thèse générale que la puissance motrice est en quantité invariable dans la nature, qu'elle n'est jamais à proprement parler ni produite, ni détruite. A la vérité elle change de forme. C'est-à-dire, elle produit tantôt un genre de mouvement tantôt un autre, mais elle n'est jamais anéantie.“[83]

Darüber hinaus kam er sogar zu einer Berechnung des mechanischen Wärmeäquivalents. Sein Ergebnis entsprach 3,7 Joule pro Kalorie, das dem heutigen Wert von 4,2 erstaunlich nahe kommt. Es ist nicht klar, wie Carnot zu diesem Resultat kam. Der entsprechende Abschnitt in seinem Manuskript lautet so:

> „D'apres quelques idées que je me suis formées sur la théorie de la chaleur, la production d'une Unité de puissance motrice nécessite la destruction de 2,70 unités de chaleur.“[84]

Diese unklare Bemerkung ist der Ausgangspunkt für eine umfangreiche Literatur, darunter eine Reihe wichtiger Arbeiten von Ulrich Hoyer in denen er die früheren

---

82 „*Réflexions*“ [1], S. 74–88.

83 Vgl. Anhang II der vorliegenden Ausgabe, S. 117, oder Anhang A_2 in „*Réflexions*“ [8], S. 247.

84 Der Abschnitt ist enthalten in Anhang II dieser Ausgabe, S. 118, und in Anhang A_2 der „*Réflexions*“ [8], S. 248. Carnots Wert von 2,70 entspricht 1000/270 oder 3,70 Joule pro Kalorie.

Bemühungen von Poincaré, Mach, Décombe und Raveau zur Rekonstruktion von Carnots Argumentationsweise untersucht.[85] Hoyer bevorzugt eine abgeänderte Version eines Vorschlags, der auf Ernst Mach zurückgeht.[86] Danach hat Carnot ganz einfach die äußere Arbeit, die ein Gas bei isothermer Expansion (vom Volumen V_1 zum Volumen V_2) leistet, in Beziehung gesetzt zu der Wärmemenge, die bei diesem Vorgang aufgenommen wird. Während Carnot mit der Bestimmung der Arbeit bei einem solchen Prozeß keine Schwierigkeiten gehabt hätte, würde er wohl bei der Berechnung der aufgenommenen Wärmemenge gezögert haben. Mach vermutet, daß Carnot seine Argumentationsweise wahrscheinlich auf die Annahme der Erhaltung der Wärmemenge bei jedem Kreisprozeß gründete (was in der Wärmestofftheorie durchaus naheliegt). Betrachten wir zum Beispiel die Folge *ABC* der Einzelprozesse in Bild 2, wobei *AB* eine Isotherme, *BC* eine Isobare und *CA* eine Adiabate darstellen. Bei Erhaltung der Gesamtwärmemenge muß dann der Betrag der bei der isothermen Expansion aufgenommenen Wärme ΔQ_i gleich sein dem Betrag der bei der isobaren Kompression abgegebenen Wärmemenge, die sich für eine Masseneinheit des Gases bei einer Temperaturänderung Δt zu $c_p \cdot \Delta t$ berechnet. (Bei der adiabatischen Kompression gilt natürlich $\Delta Q_a = 0$.) Da der Wert für c_p aus den bekannten Experi-

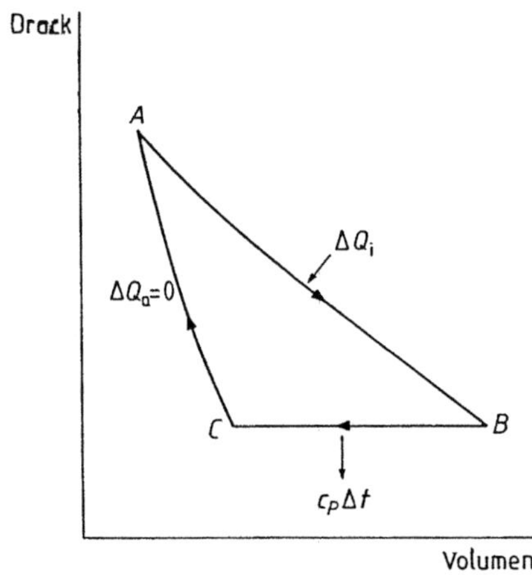

Bild 2

85 Ulrich Hover, „*Über den Zusammenhang der Carnotschen Theorie mit der Thermodynamik*". In: *Archive for history of exact sciences* 13 (1974), 359–375. Ulrich Hoyer, *How did Carnot calculate the mechanical equivalent of heat?* In: *Centaurus* 19 (1975), 207–219. Ulrich Hoyer, „*La théorie de Carnot. Première et seconde approximations de la thermodynamique*". In: *Sadi Carnot et l'essor de la thermodynamique.* Wie Anm. 11, S. 221–245.

86 Ernst Mach, *Die Prinzipien der Wärmelehre. Historisch-kritisch entwickelt.* Leipzig 1896. S. 245.

menten von Delaroche und Bérard zugänglich war, wurde die Berechnung von ΔQ_i und damit die Bestimmung des mechanischen Wärmeäquivalents für Carnot eine einfache Angelegenheit.[87]

Eine Befürwortung dieses Rekonstruktionsversuches muß aber berücksichtigen, daß Carnot zu der Zeit, als er die Berechnungen durchführte, nicht mehr an die Erhaltung der Wärmemenge geglaubt haben kann – ein Punkt, den Machs Analyse nicht in Betracht zieht. Jedoch, und so argumentiert Hoyer, konnte Carnot gezeigt haben, daß das Prinzip der Erhaltung der Wärme – wenn auch für einen wie von Mach beschriebenen endlichen Prozeß nicht zutreffend – für einen infinitesimalen Prozeß, bei dem Glieder zweiter Ordnung vernachlässigt werden können, eine gute Näherung darstellt. Auf diese Weise kann Carnot durchaus auch nach seinem Sinneswandel in bezug auf die Wärmestofftheorie eine Berechnung ähnlich der von Mach vorgeschlagenen durchgeführt haben.

Ganz zwangsläufig stellt für den heutigen Leser eine solche Vorwegnahme der Ergebnisse, zu denen Joule und einige andere erst in den vierziger Jahren vorstoßen sollten, einen großen Erfolg dar. Aber dies ist wohl mehr ein Hinweis auf die tragische Situation von Sadis letzten Lebensjahren. Wenn er, wie wir annehmen, nun seine Überzeugung von der Erhaltung der Wärmemenge aufgegeben hatte: was, wenn überhaupt etwas, konnte dann von den Aussagen seiner „*Réflexions*" gerettet werden? Alles kann gerettet werden, lautet, wie wir wissen, die Antwort. Aber auch Clausius und Thomson, die beiden großen Physiker, die dies schließlich beweisen sollten, fanden zunächst keinen Zugang zu einer Behandlung des Problems, so wie es auch Sadi ergangen sein mußte.

Deshalb kommen wir zu dem Schluß, daß Carnot sich nach 1824 darüber ausschwieg, weil er in erster Linie die Widersprüche zwischen den „*Réflexions*" und seinen neuen Ansichten über den Zusammenhang von Wärme und Arbeit sah. Angesichts solcher Widersprüche hätte es für ihn wohl nur eines kleinen Anstoßes bedurft, um sich den zahlreichen nichtwissenschaftlichen Aktivitäten zuzuwenden, für die er ein waches Interesse besaß. Er war schon immer eine Art Außenseiter gewesen und kein berufsmäßiger Ingenieur oder akademischer Physiker, sondern er war jemand, dessen Interessen weit über Physik und Energietechnik hinausgingen, besonders, wie es scheint, in den Jahren nach 1824. In einem Gesuch um Urlaub vom „corps d'état major", das er am 31. Dezember 1826 an das Kriegsministerium gerichtet hatte, beschreibt er sich selbst als „engagé dans des affaires d'intérêt que je ne pourrais abandonner subitement sans pertes très sensibles pour moi"[88], und in einem weiteren Brief vom

87 In den in Anm. 85 angeführten Arbeiten zeigt Hoyer, daß die Verwendung von besseren modernen Werten zusammen mit seiner vorgeschlagenen Rekonstruktion der Berechnungen Carnots sogar zu einem besseren Wert für das mechanische Wärmeäquivalent führt (4,27 Joule pro Kalorie) als der von Carnot selbst bestimmte.

88 „*Réflexions*" [8], S. 347.

6. März 1827 beruft er sich erneut auf seine „affaires“, die abermals einen Urlaub notwendig machen:

> „... il m'a été impossible dans un aussi court espace de tems de terminer les affaires qui réclamaient ici ma présence, je me vois donc forcé de prier Votre Excellence de me donner une prolongation de congé sans solde, indéfinie s'il se peut ou de neuf à dix mois, si elle doit être limitée. Les raisons qui m'avaient conduit à demander un premier congé subsistent encore dans toute leur force et sont même tellement impérieuses qu'elles m'obligeraient à abandonner la carrière militaire s'il m'était impossible d'obtenir le tems qui m'est devenu indispensable.“[89]

Mit einer Nachgiebigkeit, wie sie das Ministerium während Sadis gesamter militärischer Laufbahn zeigte, wurde sein Urlaub für weitere drei Monate verlängert, aber am 21. April 1828, als nach nochmaliger Freistellung seine Probleme immer noch nicht gelöst waren, schrieb er wieder einmal an den Minister:

> „Depuis quatre mois je me trouve en congé à Paris où Votre Excellence m'a autorisé à demeurer pour la gestion de mes affaires personnelles et particulièrement pour les soins à donner à un procès dans lequel je suis intéressé.
> Malheureusement je suis loin d'apercevoir le terme de cette affaire et le congé qui m'a été accordé expire le neuf mai prochain.
> Dans une semblable situation, dans l'impossibilité de prévoir le tems qui me sera nécessaire, craignant de fatiguer Votre Excellence par des demandes réitérées, je la prie de m'accorder un congé illimité offrant de renoncer à ma solde et au droit d'ancienneté que j'aurais pu acquérir.
> Si ce que je demande est impossible, je prie Votre Excellence d'accepter ma démission de l'emploi qui m'a été confié, me voyant par ma position hors d'état d'en exercer aujourd'hui les fonctions sans compromettre ce que je possède.“[90]

Der Minister, dessen Geduld nun wohl aufs äußerste strapaziert war, entschied sich für den zweiten Vorschlag in dem Brief. Sadis Abschied wurde am 19. Mai 1828 akzeptiert.

Der Brief vom 21. April 1828 ist besonders interessant durch seinen Verweis auf ein Gerichtsverfahren. Leider bleibt die Angelegenheit ziemlich geheimnisvoll, obwohl, wie Arthur Birembaut gezeigt hat, der Name Giraudeau mit der Adresse „St. Anne“ in Sadis Notizbuch von Bedeutung sein könnte.[91] Denn der fragliche Giraudeau war ein ehemaliger Geschäftsmann, der sich jetzt mit Rechtsfällen beschäftigte, speziell

---

89 Ebd. S. 348–349.

90 Ebd. S. 350–351.

91 Arthur Birembaut, *„Sadi Carnot en son temps de 1817 à 1832“*. In: *Sadi Carnot et l'essor de la thermodynamique*, wie Anm. 11, S. 53–78, hier S. 67. Der Inhalt des Adreßbuches ist wiedergegeben in Birembauts Arbeit und in *„Réflexions“* [8], S. 355–359.

mit Schiedsgerichtsverfahren und Geschäftsliquidationen.[92] Dieser dürftige Hinweis, der möglicherweise auf ein Gerichtsverfahren kommerzieller Natur schließen läßt, wird etwas bekräftigt durch eine ziemlich unklare Bezeichnung Sadis als „constructeur de machines à vapeur" in A. Fourcys *„Histoire de l'École Polytechnique"* aus dem Jahr 1828.[93] Das könnte vielleicht bedeuten, daß Sadis Rechtsfall aus seiner Beteiligung an der Herstellung von Dampfmaschinen resultierte, einer zu dieser Zeit sehr prozeßträchtigen Unternehmung.

So scheint es ganz plausibel, daß Sadi in den späten zwanziger Jahren industriellen und geschäftlichen Interessen nachging. Solche Interessen würden vollkommen mit seiner Begeisterung für wirtschaftliche Fragen in Einklang stehen, mit seiner Verbindung zum Conservatoire des Arts et Métiers und dem Interesse am Fortschritt der französischen Industrie, das so viele Männer seiner Generation, besonders jene mit liberalen Neigungen, zeigten. Wie wir wissen, besichtigte er oft Fabriken, und einen weiteren deutlichen Hinweis für sein Interesse an den entstehenden industriellen Umwälzungen in Frankreich haben wir in der Tatsache, daß er unter den ersten Mitgliedern der Association Polytechnique war, einer Vereinigung von Absolventen der École Polytechnique, die 1830 sofort nach der Juli-Revolution gegründet worden war, um die arbeitende Bevölkerung durch öffentliche Vorträge wissenschaftlich und technisch zu bilden.[94] Auf der ersten im August 1830 veröffentlichten Mitgliederliste[95] erscheint Sadis Name, und obwohl wir über das Ausmaß seiner Aktivitäten innerhalb der Gesellschaft nicht informiert sind, ist es vorstellbar, daß er hier Emile Clapeyron kennenlernte, dessen Beitrag *„Mémoire sur la puissance motrice de la chaleur"* aus dem Jahr 1834 viel dazu beitrug, die *„Réflexions"* in den vierziger Jahren wieder an die Öffentlichkeit zu bringen. Obwohl er kein Mitglied der Association Polytechnique war, legte Clapeyron (er absolvierte die École Polytechnique kurz nach Carnot[96]) zusammen mit Gabriel Lamé am 20. Juni 1832 der Gesellschaft

---

92 Er wird beschrieben als: „Giraudeau, ancien negociant, tient cabinet d'affaires contentieuses, se charge d'arbitrages, de liquidations commerciales, administratives et autres, 64 r. Ste.-Anne". In: Henri Dulac, *Almanach des 25000 adresses des principaux habitans de Paris pour l'année 1828.* Paris 1828. S. 268.

93 Fourcy, *Histoire de l'Ecole Polytechnique*, wie Anm. 33, S. 445.

94 Über die Geschichte der Association Polytechnique vgl.: *Histoire de l'Association Polytechnique et de développement de l'instruction populaire en France ... 1830–1880.* Paris 1880.

95 Carnots Name erscheint mit der Zusatzbezeichnung „ex-ingénieur militaire" in einer achtseitigen Broschüre, in welcher die Association auf sich aufmerksam machen möchte. Das Heftchen wurde von den Organisatoren Aymé Dubois, Blanc, Auguste Comte und Victor-Arsène Lechevalier herausgegeben. Die Mitgliederliste in der Broschüre erscheint unter dem Stand vom 19. August 1830. Benutzt wurde ein Exemplar der Bibliothek der Ecole Polytechnique (Signatur X^2.b.95). Carnots Name ist in später veröffentlichten Listen vom 5. Oktober 1830 und Juli 1832 ebenfalls aufgeführt. Auch diese Listen befinden sich in der genannten Bibliothek.

96 Clapeyron trat 1816 in die Ecole Polytechnique ein und absolvierte seine Abschlußprüfung im Jahr 1818. Danach ging er noch in demselben Jahr auf die Ecole des Mines.

eine Arbeit vor[97], zu einem Zeitpunkt, an dem Sadi noch durchaus in der Lage gewesen sein konnte, der Sitzung beizuwohnen (nach der Aussage von Hippolyte erkrankte Sadi erst gegen Ende Juni).
Seiner Veranlagung gemäß war Carnot kein Mensch, der nach einem Amt strebte, und sicherlich beteiligte er sich nicht an der Verwaltung der Association Polytechnique. Wie während seines ganzen Lebens war er auch jetzt darauf bedacht, seine Privatsphäre abzusichern. So scheint er sich vom Kreis der Saint-Simonisten ferngehalten zu haben, in dem Hippolyte gegen Ende der zwanziger Jahre eine wachsende Rolle spielte, und als nach der Juli-Revolution von 1830 sein Name zur Nominierung als Kandidat für die „Chambre des Pairs" diskutiert wurde, gab er (wie Hippolyte) dazu nicht die Erlaubnis.[98] Stattdessen scheint er sich wieder der Wissenschaft zugewendet zu haben, besonders zu Experimenten, die Hippolyte etwas ungenau

---

97 Eine Zusammenfassung der Arbeit mit dem Titel „*Mémoire sur les chemins de fer considérés sous le point de vue de la défense du territoire*" erschien in: *Association Polytechnique. Compte rendu trimestriel. Juillet 1832.* Paris 1832. S. 35–46.

Es ist auch vorstellbar, daß Sadi mit Clapeyron durch die Vermittlung von Hippolyte bekannt wurde. Vgl.: Hippolyte Carnot, „*Sur le Saint-Simonisme*". In: *Séances et travaux de l'Académie des Sciences Morales et Politiques* 47e année, Neue Folge 28 (1887), 122–155, hier S. 128 und S. 144 Anm. Hier berichtet Hippolyte über sein Zusammentreffen mit Clapeyron im Haus von Prosper Enfantin, der zu dieser Zeit der Mittelpunkt des Saint-Simonistenkreises war, dem auch Clapeyron und Hippolyte angehörten. Er bestätigt auch, daß sie sich als Autoren der Zeitung „*Le Globe*" kannten, die in der Zeit, als sie den Ideen Saint-Simons anhing, von Michel Chevalier (seit 1831) herausgegeben wurde. Tatsächlich aber ist der Beleg etwas unbefriedigend, da, wie Hippolyte selbst betont, die Erinnerungen ungefähr fünfzig Jahre nach den Ereignissen verfaßt wurden. Besonders erscheint in dem Bericht über die Treffen in Enfantins Haus einiges verwirrend, da Hippolyte sich wahrscheinlich auf die Zusammenkünfte der Jahre 1826–1828 bezieht, während derer Clapeyron immer noch als Ingenieur in Rußland war, wo er seit 1820 gearbeitet hatte. Jedoch entzweiten sich Hippolyte und Enfantin nicht vor November 1831, so daß es durchaus denkbar ist, daß sich Hippolyte und Clapeyron nach dessen Rückkehr nach Frankreich kurz nach der Julirevolution von 1830 im Kreis um Enfantin begegnet sind. Über den Kreis der Saint-Simonisten vgl. z. B.: Georges Weill, *L'école Saint-Simonienne. Son histoire, son influence jusqu'à nos jours.* Paris 1896.

Birembaut allerdings bezweifelt, daß Sadi vor seinem Tod Clapeyron getroffen haben kann. Vgl.: Arthur Birembaut, „*La découverte des Réflexions par Clapeyron*". In: *Sadi Carnot et l'essor de la thermodynamique,* wie Anm. 11, S. 191–193.

98 Hippolyte Carnot, „*Notice biographique sur Sadi Carnot*". In: „*Réflexions*" [3], S. 78; auch in: *Biographie et manuscrit* [21], S. 19. Es konnte kein Beleg zur Stützung von Hippolytes Behauptung gefunden werden, daß einige Leute aus der Umgebung von Louis Philippe an Sadi herantraten, um die Möglichkeit zu erörtern, ob er oder Hippolyte als die Söhne eines ehemaligen Konventsmitgliedes in die „Chambre des Pairs" gewählt werden könnten. Trotzdem wird die Behauptung wiederholt in: Charles Rémond, *Histoire d'un siècle et d'une famille. Les trois républiques et les trois Carnot.* Paris 1889. S. 259–260. Und: André Fridberg, *Sadi Carnot, physicien et les „Carnot" dans l'histoire.* Paris 1978. S. 245.

beschrieben hat als „des recherches approfondies sur les propriétés physiques des gaz et des vapeurs et notamment sur les tensions élastiques".[99] Ein Vergleich von Hippolytes Erinnerungen mit den uns erhaltenen Manuskripten über Physik legt die Vermutung nahe, daß die Experimente sich hauptsächlich mit Dampfdrücken befaßten, möglicherweise auch mit einer Untersuchung der Gesetze von Clément und Desormes. Aber die Versuchsergebnisse, mit deren Aufzeichnung Sadi offensichtlich begonnen hatte, wurden nie vollständig ausgewertet und sind heute verloren.

Die Renaissance der „Réflexions"

Carnot sollte nichts mehr von der Berühmtheit erfahren, die auf sein Werk zukam. Wie uns Hippolyte berichtet erkrankte er im Juni 1832, wahrscheinlich an Scharlach. Gegen Ende Juli hatte er sich ein wenig erholt, aber nach einem Rückfall wurde er am 3. August aus seiner Pariser Wohnung in der Rue de l'Est 5a (wo er über ein Jahr gelebt hatte) in die exklusive Privatklinik des Nervenarztes Jean-Etienne-Dominique Esquirol nach Ivry gebracht.[100] Der Bericht der Klinik spricht lediglich von „manie", an der Sadi bei seiner Einlieferung litt, und dies ist wahrscheinlich das Symptom, das Hippolyte als eine Art Nervenfieber bezeichnete.[101] Aber welche Krankheit er auch immer bei seiner Ankunft in der Klinik von Esquirol gehabt haben mag, die Ursache seines Todes am 24. August 1832 in Ivry wurde mit Cholera angegeben. Man könnte zu der Annahme verleitet werden, Sadi sei in seinem geschwächten Zustand ein Opfer der Epidemie geworden, die 1832 in Frankreich wütete, nachdem sie sich während zehn Jahren unaufhaltsam von Südasien her ausgebreitet hatte; jedoch behauptet Arthur Birembaut, daß die Cholera im August Ivry noch nicht erreicht hatte, und der Tod Sadis deshalb andere, nicht bekannte Ursachen habe.[102]

99 Hippolyte Carnot, „*Notice biographique sur Sadi Carnot*". In: „*Réflexions*" [3], S. 79; und *Biographie et manuscrit* [21], S. 20.

100 Über Sadis Aufnahme in die Klinik von Esquirol und die ziemlich merkwürdigen Umstände seines Todes vgl.: Birembaut, „*À propos des notices biographiques sur Sadi Carnot*". Wie in Anm. 28, S. 369–370. Und: Birembaut, „*Sadi Carnot en son temps*". Wie in Anm. 91, S. 74–78. Der betreffende Eintrag in den Klinikakten lautet:

„Mr. Carnot, Lazare Sadi. 38 [ans]. ex ingénieur militaire. [né à] Paris, Seine. [domicile] Rue de l'Est n° 5. son frère rue des Sts. Peres n° 26. manie. [etré le] 3 août 1832. guéri de sa manie mort le 24 août 1832 choléra".

101 Hippolyte Carnot, „*Notice biographique sur Sadi Carnot*". In: „*Réflexions*" [3], S. 79; und *Biographie et manuscrit* [21], S. 21.

102 Birembaut, „*À propos des notices biographiques sur Sadi Carnot*". Wie in Anm. 28, S. 370. Und: Birembaut, „*Sadi Carnot en son temps*". Wie in Anm. 91, S. 77.

Sadis Tod blieb nicht unbeachtet. Einige Zeitungen berichteten darüber, sehr wahrscheinlich aufgrund von Hippolytes Initiative.[103] Darunter waren zwei gehaltvollere Nachrufe: einer von Adolphe Gondinet, auch ein Mitglied der Association Polytechnique, der andere von Sadis engstem Freund Claude-Pierre Robelin, der wahrscheinlich in seiner Todesstunde bei Sadi war.[104] Trotzdem hatte man Sadi sehr schnell vergessen, und als William Thomson 1845 in Paris ein Exemplar der „*Réflexions*" erwerben wollte, konnte er keinen Buchhändler finden, der wenigstens schon von dem Buch gehört hatte.[105] Mit den Arbeiten von Lazare und Hippolyte (der inzwischen in antiroyalistischen Kreisen bekannt geworden war) war man vertraut; Sadis Werk aber war vollkommen unbekannt und wahrscheinlich wäre es dies auch noch für längere Zeit geblieben, wäre nicht 1834 in dem *Journal de l'École Polytechnique* Emile Clapeyrons „*Mémoire sur la puissance motrice de la chaleur*" erschienen.[106] Vor allem diese Arbeit war dafür verantwortlich, daß den „*Reflexions*" am Ende der vierziger Jahre plötzlich solche Anerkennung zuteil wurde.

In dieser Arbeit bestätigt und erweitert Clapeyron die Ergebnisse Carnots in analytischer Form und veranschaulicht die Argumentation durch das inzwischen vertraut gewordene Indikatordiagramm (das Carnot noch nicht verwendet hatte) Wie bei Carnot liegt der Diskussion Clapeyrons zugrunde, daß die Wärme erhalten bleibt und daß der Wärmeinhalt Q eines Gases oder Dampfes eine Zustandsfunktion ist. Angenommen, Q sei nur eine Funktion des Druckes P und des Volumens V, dann kann die aufgenommene Wärmemenge bei einem isothermen Prozeß für ein ideales Gas, für das

$$PV = A\,(267 + t) \quad .$$

gilt[13], beschrieben werden durch

$$\mathrm{d}Q = \left[\left(\frac{\partial Q}{\partial V}\right)_P - \frac{P}{V}\left(\frac{\partial Q}{\partial P}\right)_V\right]\mathrm{d}V.$$

---

103 Vgl. Zum Beispiel: *Moniteur universel,* 27. August 1832; *La Quotidienne,* 26. August 1832; *Courier d'Europe,* 26. August 1832; *Le Bonhomme Richard,* 28. August 1832; *Allgemeine Zeitung* [Augsburg], 1. September 1832. Eine Meldung von sechs Zeilen erschien dazu in: *Annales de chimie et de physique* **52** (1833), 211.

104 Der Nachruf von Gondinet findet sich in: *Association Polytechnique. Compte rendu trimestriel. Juillet 1833.* S. 46–47. Der Nachruf von Robelin in: *Revue encyclopédique* **55** (1832), 528–530. Die *Revue encyclopédique* war zu dieser Zeit eine Zeitschrift der Saint-Simonisten und wurde von Hippolyte herausgegeben. Birembaut bezweifelt, daß Robelin wirklich als „l'ami de plus intime de Sadi" (der Satz steht in „*Notice biographique*" von Hippolyte) bezeichnet werden kann, und er stellt sogar Robelin als Verfasser des Nachrufs in Frage. Vgl.: Birembaut, „*À propos des notices biographiques de Sadi Carnot*". In: Wie Anm. 28, S. 356–358.

105 William Thomson (Lord Kelvin), „*On the dissipation of energy*". In: *Fortnightly review* **51** (1892), 2. Folge, 313–321, hier S. 315–316, Anm. Die Begebenheit wird berichtet in: Silvanus P. Thompson, *The life of William Thomson, Baron Kelvin of Largs.* 2 Bände, London 1910. Band 1, S. 132–133.

106 Clapeyron, „*Mémoire sur la puissance motrice de la chaleur*", wie Anm. 71.

Natürlich beschreibt dieser Ausdruck ebenfalls die in einem infinitesimalen Carnot-Prozeß umgewandelte Wärmemenge, wobei eine bewegende Kraft von dem Betrag $(dP)_V \cdot dV (= R\frac{dt}{V}\, dV)$ erzeugt wird. Nun muß nach Carnots Argumentation[107] die für jede umgewandelte Wärmeeinheit gewonnene bewegende Kraft, in diesem Fall

$$\frac{R \cdot dt}{V\left(\frac{\partial Q}{\partial V}\right)_P - P\left(\frac{\partial Q}{\partial P}\right)_V},$$

ein Produkt sein aus dt und einer allgemeinen Funktion von t (oder dem Produkt PV). So erhalten wir die Differentialgleichung

$$V\left(\frac{\partial Q}{\partial V}\right)_P - P\left(\frac{\partial Q}{\partial P}\right)_V = F(P \cdot V).$$

Eine Lösung bietet der Ansatz

$$Q = R(B - C \ln P), \tag{2}$$

wobei B und C nur Funktionen von t sind, unabhängig von der Natur des Gases. (Daß Gl. (2) eine Lösung von Gl. (1) darstellt, kann durch Einsetzen gezeigt werden.) Nun folgt:

$$\frac{R \cdot dt}{V\left(\frac{\partial Q}{\partial V}\right)_P - P\left(\frac{\partial Q}{\partial P}\right)_V} = \frac{dt}{C}. \tag{3}$$

C ist also eine Größe von grundlegender Bedeutung, was Clapeyron vollkommen klar war.

Das Ergebnis (2) war schon Carnot bekannt, wenn es auch in den „*Réflexions*" in Abhängigkeit von V und nicht von P angegeben wird.[108] Clapeyron jedoch geht über Carnot hinaus, indem er dasselbe Prinzip auf ein System anwendet, das aus Wasser und Dampf im Gleichgewichtszustand besteht, um die Abhängigkeit des Dampfdrucks von der Temperatur zu finden; das Ergebnis ist die berühmte Gleichung von Clapeyron bzw. Clausius-Clapeyron.[109] Wenn auch in den „*Réflexions*" eine ziemlich analoge Betrachtung für den Fall von Dampf durchgeführt wird, weicht die Behandlung des Problems in Clapeyrons Arbeit von 1834 erheblich davon ab.

---

107 „*Réflexions*" [1], S. 73–79 Anm.

108 „*Réflexions*" [1], S. 77 f.

109 Clapeyron, „*Mémoire sur la puissance motrice de la chaleur*", wie Anm. 71, S. 173. Die Gleichung hat die Form

$$k = (1 - \frac{\delta}{\rho}) \frac{dP}{dt} \cdot C.$$

Dabei ist k die latente Wärme für eine Volumeneinheit Dampf, und δ, ρ sind die Dichten von Dampf beziehungsweise Flüssigkeit. P ist der Dampfdruck bei der Temperatur t.

Während Carnot seine Theorie nur dazu benutzt, um eine nicht einmal numerisch zufriedenstellende Bestätigung seiner Behauptung zu erhalten[110], geht Clapeyron von der Gültigkeit der Theorie Carnots aus und stellt seine Gleichung in einer allgemeinen Form auf als ein Theorem von universeller Geltung. Clapeyron war offensichtlich höchst befriedigt, als er zeigen konnte, daß seine Gleichung, die die Größe C aus Formel (2) und (3) enthält, ziemlich gut durch das Experiment bestätigt wurde. So konnte er insbesondere einige bekannte (wenn auch nicht ganz verläßliche) experimentelle Ergebnisse zur Berechnung von C bei verschiedenen Temperaturen benutzen und eine Zunahme von C mit steigender Temperatur feststellen.[111] Er bestätigte damit Carnots Schluß, daß das „Hinunterfallen" der Wärme mit zunehmender Temperatur für die Dampfmaschine ineffektiver wurde, aber in der Erforschung des funktionalen Zusammenhanges von C und T machte er nur wenig Fortschritte.[112] Ungeachtet ihrer entscheidenden Rolle bei der Wiederentdeckung von Carnot in den vierziger Jahren, zeigte die Arbeit Clapeyrons kaum eine unmittelbare Wirkung, wenn sie auch 1837 ins Englische und 1843 (unvollständig) ins Deutsche übersetzt worden war.[113] William Thomson, der eben erst seine Studien in Cambridge abgeschlossen hatte und bald (im erstaunlich jungen Alter von 22 Jahren) den Lehrstuhl für Naturphilosophie in Glasgow übernehmen sollte, blieb es vorbehalten, die fundamentale Bedeutung der Arbeit Clapeyrons zu erkennen. Viereinhalb Monate lang, während derer er 1845 im Laboratorium von Victor Regnault am Collège de France in Paris Experimentalphysik studierte, beschäftigte er sich mit der Arbeit[114], aber erst in einer Publikation aus dem Jahr 1848[115] verwendete er ihre Grundaussagen.

---

110 *„Réflexions"* [1], S. 82–88.

111 Clapeyron, *Mémoire sur la puissance motrice de la chaleur.* Wie Anm. 71, S. 180–185. Die Gedankenführung beruht auf den fehlerhaften Ergebnissen von Delaroche und Bérard über den Zusammenhang von spezifischer Wärme und Dichte; vgl. Anm. 46 der „Anmerkungen zum Text der *‚Betrachtungen'*".

112 Über die Beschaffenheit der Funktion C vgl. Anm. 70 der „Anmerkungen zum Text der *‚Betrachtungen'*".

113 Die Übersetzungen erschienen in: Richard Taylor (Hrsg.), *Scientific memoirs, selected from the transactions of foreign academies of science and learned societies and from foreign journals.* Band 1 (1837), S. 347–376. Als Zusammenfassung in: *Annalen der Physik und Chemie,* 2. Folge, **59** (1843) (Gesamtfolge Band **135**), 446–451. In Frankreich scheint die unmittelbare Reaktion darauf beschränkt gewesen zu sein auf einen kurzen Kommentar des Ingenieurs Antoine Vène in seinem Buch *Précis théorique et pratique sur les forces industrielles et notamment sur les machines à vapeur* (Paris 1837); vgl. Redondi, *L'accueil des idées de Sadi Carnot*, wie Anm. 60, S. 111–114.

114 S. P. Thompson, *Life of William Thomson*, wie Anm. 105, Band 1, S. 132.

115 William Thomson, *On an absolute thermometric scale founded on Carnot's theory of the motive power of heat, and calculated from Regnault's observations.* In: *Mathematical and physical papers by Sir William Thomson.* 6 Bände, Cambridge 1882–1911. Band 1, S. 100–106. Auch in: *Philosophical magazine*, 3rd ser. 33 (1848), S. 313–317.

Zur Zeit der Abfassung dieser Veröffentlichung hatte Thomson die „*Réflexions*" noch nicht zu Gesicht bekommen. Er konnte aber aus Clapeyrons Beitrag so viel herauslesen, um damit Carnots Bemühungen um die Definition einer absoluten, von den individuellen Eigenschaften irgendwelcher Substanzen unabhängigen Temperaturskala wirkungsvoll anzuwenden. Hatte schon Victor Regnault gezeigt, daß die mit allen verschiedenen Gasthermometern (mit wenigen Ausnahmen wie z.B. schweflige Säure) gemessenen Temperaturen fast exakt übereinstimmten[116], so erkannte Thomson die Definition einer grundlegenden Skala durch die Bevorzugung eines bestimmten Gases vor allen anderen als einen willkürlichen Akt. Die Temperatur wurde durch Thomsons neue Skala dadurch festgelegt, daß in einem idealen Carnotschen Kreisprozeß eine vorgegebene Wärmemenge beim „Fallen" zwischen gleichen Temperaturintervallen immer denselben Betrag an bewegender Kraft erzeugte, ohne Rücksicht auf die Natur der Arbeitssubstanz und auf die Temperatur, bei der das „Fallen" abläuft. Allem Anschein nach hatte Thomson sein Ziel erreicht. Denn so weit seine Definition der Temperatur unauflösbar mit einer konsistenten und umfassenden Theorie verbunden war, konnte die neue Skala als absolut bezeichnet werden. So lange Carnots Theorie als gultig akzeptiert wurde, konnten keine zukünftigen Verfeinerungen, wie zum Beispiel die Zustandsgleichungen verschiedener Gase, den absoluten Charakter möglicherweise in Frage stellen.

Besonders interessant war nun der Vergleich der neuen absoluten Skala mit der herkömmlichen Skala der Gasthermometer, und Thomson führte nun mit Hilfe der Gleichung von Clapeyron diesen Vergleich durch. Er zeigte, daß bezogen auf die Skala der Gasthermometer die Gradeinteilung seiner absoluten Skala (die den Wert für C in Clapeyrons Gleichung als konstant annahm) mit abnehmender Temperatur stetig zusammenrückte. In einer Fußnote äußerte er sich befriedigt über dieses Ergebnis, da, wie er festgestellt hatte, der absolute Nullpunkt beim Gasthermometer niemals erreicht werden konnte, so daß es vernünftig erschien, diesem Wert auf seiner absoluten Skala den Wert $-\infty$ zuzuordnen.[117]

Schon zu der Zeit, als er seine Publikation aus dem Jahr 1848 verfaßte, war sich Thomson des Problems, das ihn für die nächsten zwei Jahre vollkommen beanspruchen sollte, nur allzu bewußt. Er bezog sich in seiner Arbeit auf kurz zuvor von seinem Freund James Prescott Joule in Salford bei Manchester ausgeführte Experimente, die zeigten, daß ein vorgegebener Betrag von mechanischer Arbeit – im Versuch verifiziert durch ein Schaufelrad, das sich in einem mit Wasser gefüllten Kalorimeter drehte – immer dieselbe Wärmemenge erzeugte, nachgewiesen durch eine Temperaturerhöhung des Wassers.[118] Die Demonstration des umgekehrten Effekts –

116 Henri-Victor Regnault, „*Relation des expériences entreprises par ordre de Monsieur le Ministre des Travaux Publics, et sur la proposition de la Commission Centrale des Machines à Vapeur, pour déterminer les principales lois et les données numériques qui entrent dans le calcul des machines à vapeur*". In: *Mémoires de l'Académie Royale des Sciences de l'Institut de France,* 21 (1847), 168–190.

117 Thomson, *Mathematical and physical papers*, wie Anm. 115, Band 1, S. 104 f.

118 Ebd., S. 102 f.

die Verwandlung von Wärme in Arbeit – stand immer noch aus, aber seit er 1847 von Joules Experimenten erfahren hatte[119], bekam Thomson ernsthafte Zweifel an der Unzerstörbarkeit des Wärmestoffes. Für ihn ließ sich das Problem nicht behandeln. Wie konnte er Carnot, dessen Theorie auf der Erhaltung des Wärmestoffes basierte, und Joule, der für die gegenseitige Umwandlungsfähigkeit von Wärme und Arbeit plädierte, gleichzeitig akzeptieren? Für sich betrachtet, schienen die beiden Positionen äußerst plausibel, und neue experimentelle Hinweise, die in den Jahren 1848 und 1849 zugänglich wurden, verschärften das Problem nur noch.

Ein neuer Beleg zugunsten Carnots war besonders eindrucksvoll. Er erschien in einer Arbeit, die William Thomsons Bruder James (der spätere Professor für Bauingenieurwesen in Belfast und Glasgow) der Royal Society in Edinburgh am 2. Januar 1849 vortrug.[120] Offensichtlich hatten William und James Thomson die Möglichkeit einer Verletzung von Carnots Theorie erörtert, wenn man in einer imaginären Wärmekraftmaschine eine Mischung von Eis und Wasser bei der Temperatur 0 °C als Arbeitssubstanz verwendet. Wie allgemein bekannt war, würde sich das Wasser beim Gefrieren ausdehnen, so daß der abwechselnde Vorgang des Erstarrens und Schmelzens im Prinzip zur Erzeugung von bewegender Kraft ausgenutzt werden konnte. Das Problem in bezug auf Carnots Theorie bestand nun darin, daß die Umwandlungsvorgänge offensichtlich konstant bei der Temperatur von 0 °C ablaufen würden und so kein „Hinunterfallen" der Wärme stattfinden konnte, auch wenn dabei mechanische Arbeit produziert wurde. James Thomsons Antwort auf diesen Angriff auf Carnots Theorie war erregend und einfach zugleich: Wie er zeigte, wurde Carnots Prinzip nicht verletzt, wenn man bei einer Erhöhung des Druckes eine Schmelzpunkterniedrigung bei Eis postulierte. Dieser unerwartete Effekt war vollkommen unbekannt, aber wie William beinahe unverzüglich im Experiment nachwies, stellte sich nicht nur eine Schmelzpunkterniedrigung ein, sondern die Größe des Effekts (0,0075 °C für eine Druckerhöhung um 1 Atmosphäre) entsprach fast genau der von James vor-

---

119 Thomson traf Joule zum ersten mal in Oxford, nachdem er auf eine vor der British Association for the Advancement of Science vorgestellte Arbeit aufmerksam geworden war. In dieser Arbeit beschrieb Joule seine jüngsten Experimente mit dem Schaufelrad. Die Arbeit *„On the mechanical equivalent of heat, as determined by the heat evolved by the friction of fluids"* ist abgedruckt in: *The scientific papers of James Prescott Joule.* 2 Bände, London 1887. Band 1, S. 277–281. Auch in: *Philosophical magazine*, 3. Folge, **31** (1847), 173–176. Auf Deutsch ist sie erschienen unter dem Titel *„Über das mechanische Äquivalent der Wärme, bestimmt durch die Wärme-Erregung bei Reibung von Flüssigkeiten".* In: *Annalen der Physik und Chemie,* 2. Folge, **73** (1848) (Gesamtfolge Band **149**), 479–484. Frühere Berichte über Joules verschiedenartige Experimente über die Umwandlung von mechanischer Arbeit in Wärme gehen bis auf das Jahr 1843 zurück; vgl.: Joule, *Scientific papers,* Band 1, S. 109–159, 171–189 und 202–205.

120 James Thomson, *„Theoretical considerations on the effect of pressure in lowering the freezing point of water".* In: Thomson, *Mathematical and physical papers.* Wie Anm. 115, Band 1, S. 156–164. Auch in: *Transactions of the Royal Society of Edinburgh* **16** (1849), 575–580.

hergesagten.[121] Natürlich bedeutete dieses Ergebnis einen Triumpf für Carnots Theorie. Jedoch, da Joules experimentelle Ergebnisse zur gleichen Zeit immer mehr überzeugten,[122] trug es dazu bei, William Thomsons Dilemma zu verschärfen.

Der weitere Verlauf der Geschichte zwang jedoch niemanden, sich entweder für Carnot oder für Joule zu entscheiden. Beinahe gleichzeitig und ganz unabhängig voneinander erkannten Thomson und der deutsche Physiker Rudolf Clausius eine Kompromißlösung. Clausius war es aber, der seine Gedanken zuerst publizierte. In einer zu Beginn des Jahres 1850[123] verfaßten Arbeit zeigte Clausius, wie auf Carnots Annahme der Erhaltung der Wärme verzichtet werden konnte. In Clausius' Version des Carnotschen Kreisprozesses wurde bei der tieferen Temperatur weniger Wärme abgegeben, als bei der höheren Temperatur aufgenommen wurde, und die Differenz der beiden Wärmemengen erwies sich als proportional zu der bei dem Kreisprozeß erzeugten mechanischen Arbeit. Kurz gesagt, mußte bei der Erzeugung von Arbeit Wärme verbraucht werden, so wie Joule behauptet hatte; aber es war ebenfalls nicht weniger wichtig, daß Wärme von einem heißeren zu einem kälteren Körper übergehen mußte, wie es Carnot glaubte. Auf diese Weise begründete Clausius die gegenseitige Verträglichkeit der beiden Prinzipien, die wir jetzt als den Ersten und den Zweiten Hauptsatz der Thermodynamik ansehen. Es scheint sinnvoll, den Beginn der Geschichte der Thermodynamik hier anzusetzen, oder auch vielleicht erst im Jahr 1851, als Thomson öffentlich den von Clausius im Vorjahr vorgeschlagenen Kompromiß bekräftigte.[124] Nun war der Weg frei für einige der größten Errungenschaften auf diesem Fachgebiet, so besonders für die Entwicklung des Entropiebegriffs; die Debatte über die genaue Formulierung des Zweiten Hauptsatzes sollte sich noch in unregelmäßiger Folge über viele Jahre erstrecken. Dennoch ist es angemessen, hier

---

121 William Thomson, *„The effect of pressure in lowering the freezing point of water experimentally demonstrated"*. In: Thomson, *Mathematical and physical papers*, wie Anm. 115, Band 1, S. 165–169. Auch in: *Philosophical magazine*, 3. Folge, **37** (1850), 123–127. Ins Deutsche übersetzt als: *„Die Wirkung des Drucks, den Gefrierpunkt des Wassers zu erniedrigen, experimentell bewiesen"*. In: *Annalen der Physik und Chemie*, 2. Folge, **81** (1850) (Gesamtfolge Band **157**), S. 163–168.

122 Joule präsentierte seine klassiche Arbeit *„On the mechanical equivalent of heat"* der Royal Society in London im Juni 1849. In ihr gab er einen vollständigen Bericht über seine Versuche mit dem Schaufelrad und den endgültigen Wert für das mechanische Wärmeäquivalent (772 ft lb pro B. Th. U. entsprechend 4,30 Joule pro Kalorie). Vgl.: Joule, *Scientific papers*, wie Anm. 119, Bd. 1, S. 298–328. Auch in: *Philosophical transactions of the Royal Society of London*, **101**, Teil I (1850), 61–82.

123 Rudolf J. E. Clausius, *„Über die bewegende Kraft der Wärme und die Gesetze, welche sich daraus für die Wärmelehre selbst ableiten lassen"*. In: *Annalen der Physik und Chemie*, 2. Folge, **79** (1850) (Gesamtfolge Bd. **155**), S. 368–397 und 500–524. Auch in: *Philosophical magazine, 4. Folge,* **2** (1851), 1–21 und 102–119.

124 William Thomson, *„On the dynamical theory of heat, with numerical results deduced from Mr. Joule's equivalent of a thermal unit, and M. Regnault's observations on steam"*. In: Thomson, *Mathematical and physical papers*, wie Anm. 115, Band 1, S. 174–210, hier S. 181. Auch in: *Philosophical magazine*, 4. Folge, **4** (1852), 8–21, 105–117, 168–176 und 424–434.

die Beschäftigung mit Carnot enden zu lassen. Seine Bedeutung für die Folgezeit war gesichert. Trotz der ausführlichen Würdigung durch Clausius, Thomson und andere seit ungefähr 1850 sollte es aber noch weitere zwanzig Jahre dauern, bis der Text der „*Réflexions*“ wieder zugänglich gemacht wurde (im Jahr 1872).[125]
Noch seltsamer erscheint es, daß Hippolyte Carnot die wissenschaftlichen Manuskripte Sadis erst 1878 der Académie des Sciences vorlegte, nachdem sie schon seit 46 Jahren in seinem Besitz gewesen waren. Diese Manuskripte ließen zum erstenmal erkennen, in welch erstaunlich scharfsichtiger Weise Sadi seine eigenen Ideen vor seinem Tod noch verbessert hatte.[126] Wenn auch nur von fragmentarischem Charakter, so zeigen sie doch, wie Sadi um 1832 sich schon zur Erkenntnis des erst wieder nach dem Treffen zwischen W. Thomson und Joule im Jahr 1847 dem ersten bewußt gewordenen Dilemmas vorgetastet hatte, für dessen Auflösung dann Clausius und Thomson höchste Anerkennung ernteten. Das Manuskript der „*Réflexions*“, das Hippolyte auch 1878 der Académie vorlegte, ist ebenfalls von großem Interesse.[127] Die Abweichungen gegenüber dem gedruckten Text vermitteln uns eindringlich die Zweifel an den grundlegenden Aussagen, die den Autor schon beim Schreiben seines Buches bedrängten.
Eine so verspätete Würdigung der breiten Auswirkung von Carnots unermeßlicher Leistung ist sowohl überraschend wie auch bedauerlich. Natürlich enthalten die „*Réflexions*“ Irrtümer und „Lücken“, die sie in mancher Hinsicht zu einem fehlerhaften Meisterwerk machen[128]; sie sind eine unvollständige Arbeit, belastet mit ungelösten Problemen. Aber gerade diese Unzulänglichkeiten strahlen die Spontaneität eines jungen Autors aus, der mit einer Entdeckung ringt, deren Größe er kaum vollständig erfaßt haben kann. In diesem Licht müssen die „*Réflexions*“ als eines der aufregendsten wissenschaftlichen Werke angesehen werden, das jemals geschrieben worden ist.

---

125 „*Réflexions*“ [2].

126 Die Manuskripte sind vollständig wiedergegeben in Anhang II dieser Ausgabe. In der französischen Originalsprache und mit einem Kommentar versehen sind sie aufgenommen in Anhang A_2 der „*Réflexions*“ [8], S. 237–271. Frühere Fassungen ohne Kommentar findet man in: Sadi Carnot, *Biographie et manuscrit*, wie Anm. 1. Und in: „*Réflexions*“ [6]. Eine unvollständige Transkription befindet sich in: „*Réflexions*“ [3].

127 Die zahlreichen Unterschiede zwischen dem Manuskript und der publizierten Fassung der „*Réflexions*“ sind zusammengestellt in: „*Réflexions*“ [8].

128 Die Mängel in Carnots Analyse (und in den Arbeiten der nachfolgenden Thermodynamiker) sind ein immer wiederkehrendes Thema in den Arbeiten von C. A. Truesdell, für den sich Carnot präsentiert als „a muddy author who deserves muddy critics“. Vgl. hierzu besonders: C. A. Truesdell, *The tragicomical history of thermodynamics 1822–1854*. New York, Heidelberg, Berlin 1980. Jedoch sollten alle Arbeiten Truesdells (vgl. Bibliographie, Abschnitt B, Teil e) zusammen gelesen werden mit dem kritischen Aufsatz von Philip Lervig, „*What is heat? C. Truesdell's view of thermodynamics. A critical discussion*“. In: *Centaurus* **26** (1982), 85–122. Nach Lervigs Ansicht besitzt die Arbeit von Carnot logische Konsistenz und Strenge, wenn sie auch in einer Form dargestellt ist, die sehr verschieden ist von der Art der modernen Thermodynamik nach Clausius und Thomson.

Sadi Carnot
Portrait von Despois, 1930
(Abgedruckt in *Sadi Carnot. Biographie et manuscrit publiés sous le haut patronage de l'Académie des Sciences avec une introduction de M. Emile Picard.* Paris: Gauthier-Villars 1927. Das Original dieses Portraits gilt als verloren.)

Editorischer Hinweis

Bei dieser Neuausgabe handelt es sich um die von Wilhelm Ostwald übersetzte und herausgegebene Fassung, erschienen als Band 37 der Reihe „Ostwalds Klassiker der exakten Wissenschaften" im Verlag von Wilhelm Engelmann, Leipzig 1892.
Die im Text in eckigen Klammern eingefügten Zahlen weisen auf die Paginierung der französischen Originalausgabe der „Réflexions" von 1824 hin; der Übersichtlichkeit halber sind die Seitenzahlen der französischen Originalausgabe auch am Rande des Textes angegeben.
Anmerkungen des Autors sind durch Sterne gekennzeichnet und als Fußnoten wiedergegeben; kommentierende Anmerkungen zum Text – sie wurden von R. Fox verfaßt – sind durchnumeriert und dem Text der *„Betrachtungen"* nachgestellt. Um das Originaldruckbild erhalten zu können, wird jeweils das Wort, an welchem jeweils die Anmerkung verankert ist, am Rande des Textes angegeben.

Betrachtungen

über die

BEWEGENDE KRAFT DES FEUERS

und

die zur Entwickelung dieser Kraft geeigneten Maschinen

von

S. CARNOT,

früherem Schüler der École Polytechnique

(1824).

Uebersetzt

von

W. Ostwald.

Betrachtungen über die bewegende Kraft des Feuers. Feuers.[1]

Jedermann weiss, dass die Wärme die Ursache der Bewegung sein kann, dass sie sogar eine bedeutende bewegende Kraft besitzt: die heute so verbreiteten Dampfmaschinen beweisen dies für jedermann sichtbar. sichtbar.[2]

Der Wärme müssen die grossen Bewegungen zugeschrieben werden, welche uns auf der Erdoberfläche ins Auge fallen; sie verursacht die Strömungen der Atmosphäre, den Aufstieg der Wolken, den Fall des Regens und der anderen Meteore, die Wasserströme, welche die Oberfläche des Erdballes furchen und von denen der Mensch einen kleinen Theil für seinen Gebrauch nutzbar zu machen gewusst hat; auch Erdbeben und vulkanische Ausbrüche haben gleichfalls die Wärme zur Ursache.

Aus diesem ungeheuren Reservoir können wir die für unsere Bedürfnisse erforderliche bewegende Kraft schöpfen; [2] indem [2]
die Natur uns allerorten Brennmaterial liefert, hat sie uns die Möglichkeit gegeben, stets und überall Wärme und die aus dieser folgende bewegende Kraft zu erzeugen. Der Zweck der Wärmemaschinen ist, diese Kraft zu entwickeln und sie unserem Gebrauch anzupassen.

Das Studium dieser Maschinen ist vom höchsten Interesse, denn ihre Wichtigkeit ist ungeheuer, und ihre Anwendung steigert sich von Tag zu Tag. Sie scheinen bestimmt zu sein, eine grosse Umwälzung in der Culturwelt zu bewirken. Schon beutet die Wärmemaschine unsere Minen aus, bewegt unsere Schiffe, vertieft unsere Häfen und Flüsse, schmiedet das Eisen, gestaltet das Holz, mahlt das Getreide, spinnt und webt unsere Stoffe, schleppt die schwersten Lasten u. s. w. Sie scheint eines Tages der allgemeine Motor werden zu sollen, welcher den Vorzug über die Kräfte der Thiere, den Fall des Wassers und die Ströme der Luft erhält. Dem erstgenannten Motor gegenüber hat sie den Vorzug der Wohlfeilheit, den anderen gegenüber den unschätzbaren Vorzug, immer und überall anwendbar zu sein und niemals ihre Arbeit zu unterbrechen.

Werden einst die Verbesserungen der Wärmemaschine weit genug gediehen sein, um sie wenig kostspielig in der Anlage und bezüglich des Brennmaterials zu machen, so wird sie der
[3] Industrie [3] einen Aufschwung ermöglichen, dessen ganze Ausdehnung schwer vorauszusehen ist.

Denn es wird nicht nur für die jetzt gebräuchlichen Motoren ein kraftvoller und bequemer Motor eintreten, den man überall erlangen und hinschaffen kann, sondern derselbe wird den Gewerben, in denen er angewendet wird, eine rapide Entwickelung verschaffen, ja er kann ganz neue Gewerbe entstehen lassen.

Der ausgezeichnetste Dienst, welchen die Wärmemaschine England geleistet hat, ist zweifelsohne die Wiederbelebung der Ausbeutung seiner Steinkohlenbergwerke, welche dahinsiechte und infolge der stets wachsenden Schwierigkeiten der Wasserhaltung und -Förderung unterzugehen drohte *). In zweiter Linie müssen die der Eisenindustrie geleisteten Dienste erwähnt werden, sowohl bezüglich des reichlichen Ersatzes des Holzes, das
[4] soeben [4] anfing, sich zu erschöpfen, wie auch bezüglich der Kraftmaschinen aller Art, deren Anwendung die Wärmemaschine erleichtert oder ermöglicht hat.

Eisen und Feuer sind bekanntlich die Nahrung und Stütze der mechanischen Gewerbe. In England ist vielleicht keine einzige Fabrik, deren Bestehen nicht auf den Gebrauch dieser Agentien begründet wäre, und in welcher sie nicht reichlichst zur Verwendung kämen. Entzöge man England heute seine Dampfmaschinen, so raubte man ihm Kohle und Eisen, man

---

*) Man darf behaupten, dass seit der Erfindung der Wärmemaschinen sich die Förderung der Steinkohle in England verzehnfacht hat. Ungefähr das Gleiche gilt für die Gewinnung des Kupfers,
Eisens.[3] Zinns und Eisens. Die vor einem halben Jahrhundert durch die Wärmemaschine auf die Minen Englands hervorgebrachte Wirkung wiederholt sich heute an den Gold- und Silberminen der neuen Welt, deren Ausbeutung von Tag zu Tag sich namentlich infolge der ungenügenden Beschaffenheit der Wasserhaltungs- und Förderungsmaschinen verminderte.

hemmte alle Quellen seines Reichthums und vernichtete alle Mittel seiner Entwickelung; es hiesse dies, diese colossale Macht vernichten. Die Zerstörung seiner Marine, welche es als seinen vernichten.[4]
sichersten Schutz betrachtet, würde für England vielleicht weniger tödtlich sein.

Die schnelle und sichere Schifffahrt mittelst der Dampfschiffe kann als eine völlig neue, durch die Wärmemaschinen bedingte Kunst angesehen werden. Bereits hat dieselbe über die Meeresarme, die grossen Flüsse des alten und neuen Continents die Einrichtung schneller und regelmässiger Verbindungen ermöglicht. Sie hat das Durchmessen noch wilder Gebiete ermöglicht, in die man früher kaum hat eindringen können; sie hat gestattet, die Früchte der Cultur an Orte des Erdballes zu tragen, wo sie sonst noch [5] viele Jahre hätten auf sich warten lassen. [5]
Die Dampfschifffahrt nähert in gewissem Sinne die fernsten Nationen einander. Sie verbindet die Völker der Erde, als bewohnten sie dasselbe Land. Ist in der That die Verminderung der Dauer, der Anstrengungen, der Unsicherheit und Gefahren der Reisen nicht gleichbedeutend mit einer bedeutenden Verkürzung der Entfernungen?*) Entfernungen?*)[5]

Die Entdeckung der Wärmemaschinen dankt ihre Entstehung wie die meisten menschlichen Erfindungen unförmlichen Vorversuchen, welche verschiedenen Männern zugeschrieben worden sind, und deren wahren Urheber man nicht kennt. Auch besteht der wesentliche Theil der Entdeckung nicht sowohl in diesen ersten Versuchen als in den folgeweisen Verbesserungen, welche die Wärmemaschinen in den Zustand gebracht haben, in welchem wir sie heute sehen. Zwischen den ersten Vorrichtungen, mittelst deren man die Ausdehnungskraft des [6] Dam- [6]
pfes entwickelt hat, und den gegenwärtigen Maschinen besteht vielleicht ein nicht geringerer Unterschied, wie zwischen dem ersten Floss, welches die Menschen gebaut haben, und einem Dreidecker.

Wenn die Ehre einer Entdeckung derjenigen Nation zukommt, bei welcher sie ihr Wachsthum und ihre Entwickelung

---

*) Wir sagen Verminderung der Gefahren des Reisens: denn wenn auch die Anwendung einer Wärmemaschine auf einem Schiffe einige, übrigens sehr übertriebene Gefahren mit sich bringt, so sind bringt,[6]
diese mehr als aufgewogen durch die Möglichkeit, sich stets auf einem regelmässig befahrenen und wohlbekannten Wege zu halten und der Wirkung des Windes zu widerstehen, wenn diese das Schiff gegen Küsten, Untiefen und Klippen treiben.

erfahren hat, so kann hier diese Ehre England nicht versagt
werden:[7] werden: *Savery*, *Newcomen*, *Smeathon*, der berühmte *Watt*,
Woolf, *Trevetick* und einige andere englische Techniker sind
die eigentlichen Schöpfer der Wärmemaschine; aus ihren Händen
hat sie die folgeweisen Stufen ihrer Vervollkommnung erlangt.
Es ist übrigens naturgemäss, dass eine Erfindung dort
entsteht und namentlich sich entwickelt, wo das Bedürfniss nach
ihr sich am zwingendsten geltend macht.

Trotz der mannigfaltigen Arbeiten über die Wärmemaschinen,
trotz des befriedigenden Zustandes, zu dem sie gegenwärtig gelangt
sind, ist ihre Theorie doch sehr wenig fortgeschritten, und
die Versuche zu ihrer Verbesserung sind fast nur vom Zufall
geleitet.

Man hat oft die Frage erwogen, ob die bewegende Kraft*)
[7] der Wärme [7] beschränkt ist, oder unendlich; ob die möglichen
Verbesserungen eine angebbare Grenze haben, welche durch
irgendwelche Mittel zu überschreiten durch die Natur der Sache
unmöglich gemacht ist, oder ob im Gegentheile die Verbesserungen
sind.[8] rungen einer unbegrenzten Ausdehnung fähig sind. Auch hat
man seit langem nach Agentien gesucht, und sucht sie noch
heute, welche dem Wasserdampf zum Zwecke der Entwickelung
Feuers[9] der bewegenden Kraft des Feuers vorzuziehen sind, und sich
beispielsweise gefragt, ob nicht die Luft in dieser Beziehung
grosse Vortheile biete. Wir beabsichtigen, diese Fragen hier
einer eingehenden Betrachtung zu unterziehen.

Das Phänomen der Erzeugung von Bewegung durch Wärme
ist nicht unter einem hinlänglich allgemeinen Gesichtspunkt
betrachtet worden. Man hat es nur an Maschinen untersucht,
deren Wirkungsweise ihm nicht die ganze Entwickelung gestattet
hat, deren es fähig ist. An derartigen Maschinen zeigt sich das
Phänomen sozusagen verstümmelt und unvollständig, so dass
es schwierig wird, seine Grundlagen zu erkennen und seine
Gesetze zu studiren.

[8] [8] Um das Princip der Erzeugung von Bewegung durch
Wärme in seiner ganzen Allgemeinheit zu betrachten, muss man
es sich unabhängig von jedem Mechanismus und jedem beson-

---

*) Wir brauchen hier den Ausdruck bewegende Kraft, um die
nutzbare Wirkung zu bezeichnen, welche ein Motor hervorbringen
kann. Diese Wirkung kann stets der Hebung eines Gewichtes auf
eine bestimmte Höhe gleichgesetzt werden, und hat, wie bekannt,
das Produkt aus dem Gewicht und der Höhe, auf die dieses erhoben
Maass.[10] ist, zum Maass.

deren Agens vorstellen; man muss Ueberlegungen durchführen, welche ihre Anwendung nicht nur auf Dampfmaschinen*) haben, sondern auf jede denkbare Wärmemaschine, welches auch der angewandte Stoff sei, und in welcher Art man auf ihn einwirkt.

Die Maschinen, welche ihre Bewegung nicht von der Wärme empfangen, wie die, deren Antrieb die Kraft der Menschen oder Thiere, der Fall des Wassers, die Strömung der Luft etc., ist, können bis in ihre kleinsten Einzelheiten mittelst der theoretischen Mechanik studirt werden. Alle Fälle sind vorgesehen, alle möglichen Bewegungen sind allgemeinen festbegründeten Principien unterworfen, welche unter allen Umständen Anwendung finden. Das ist das Kennzeichen einer vollständigen Theorie. Offenbar fehlt eine ähnliche Theorie bei den Wärmemaschinen. Man wird sie erst besitzen, wenn die Gesetze der maschinen.[11]
Physik genügend ausgedehnt und verallgemeinert sind, um [9] [9]
von vornherein alle Wirkungen festzustellen, welche die Wärme ausübt, wenn sie sich in bestimmter Weise an einem beliebigen Körper bethätigt.

Wir setzen bei dem Folgenden eine wenigstens annähernde Kenntniss der verschiedenen Theile voraus, aus denen eine gewöhnliche Dampfmaschine besteht. Daher erachten wir es als überflüssig, hier auseinanderzusetzen, was eine Feuerung, ein Dampfkessel, ein Dampfcylinder, ein Kolben, ein Condensator u. s. w. ist.

Die Erzeugung von Bewegung ist bei den Dampfmaschinen stets an einen Umstand geknüpft, auf welchen wir die Aufmerksamkeit lenken müssen. Dieser Umstand ist die Wiederher- müssen.[12]
stellung des Gleichgewichts des Wärmestoffs, d. h. ein Ueber- Wärmestoffs,[13]
gang von einem Körper mit mehr oder weniger erhöhter Temperatur auf einen anderen, wo sie niedriger ist. Was geschieht denn thatsächlich in einer in Thätigkeit befindlichen Dampfmaschine? Der in der Feuerung durch die Verbrennung entwickelte Wärmestoff durchdringt die Wände des Kessels, und erzeugt den Dampf, indem er sich sozusagen demselben einverleibt. Dieser nimmt ihn mit sich, führt ihn zum Cylinder, wo er irgend einen Dienst thut, und von dort in den Condensator, wo er sich in Berührung mit dem dort vorhandenen kalten Wasser

*) Wir unterscheiden hier die Dampfmaschine von der Wärmemaschine im Allgemeinen; letztere kann von jedem beliebigen Agens, Wasserdampf oder jedem anderen, Gebrauch machen, um die bewegende Kraft der Wärme zu gewinnen.

verflüssigt. In letzter Linie bemächtigt sich daher das kalte Wasser des Condensators des durch die Verbrennung entwickel-
[10] ten Wärmestoffs. [10] Es erwärmt sich durch Vermittelung des Dampfes, wie wenn es unmittelbar über die Feuerung gebracht worden wäre. Der Dampf ist hier nur ein Mittel, den Wärmestoff fort zu schaffen; er thut dasselbe, wie bei der Erwärmung der Bäder durch Dampf, nur dass in unserem Falle die Bewegung nutzbar gemacht wird.

Bei den geschilderten Vorgängen erkennt man leicht die Herstellung des Gleichgewichts des Wärmestoffs, seinen Uebergang von einem mehr oder weniger erhitzten Körper auf einen kälteren. Der erste dieser Körper ist hier die in der Feuerung verbrannte Luft, der zweite ist das Condensationswasser. Die Herstellung des Gleichgewichts erfolgt zwischen beiden wenn auch nicht vollständig, so doch theilweise: denn einerseits entweicht die verbrannte Luft, nachdem sie den Dampfkessel umspült und das Ihrige gethan hat, bei einer Temperatur, die weit unterhalb der ist, die sie durch die Verbrennung erlangt hatte, andererseits tritt das Wasser des Condensators, nachdem es den Dampf verflüssigt hat, aus der Maschine mit einer höheren Temperatur, als die war, welche es mitgebracht hatte.

Die Erzeugung von bewegender Kraft ist daher bei den Dampfmaschinen nicht sowohl auf einen wirklichen Verbrauch
zurückzuführen,[14] des Wärmestoffs zurückzuführen, *sondern auf seinen Ueber-*
[11] *gang von einem heissen Körper zu einem* [11] *kalten*, d. h. auf die Herstellung seines Gleichgewichtes, welches durch irgend eine Ursache, eine chemische Wirkung, wie die Verbrennung, oder irgend eine andere, gestört worden war. Wir werden bald sehen, dass dieses Princip auf alle Maschinen Anwendung findet, welche durch die Wärme in Bewegung gesetzt werden.

Nach diesem Princip genügt es zur Gewinnung bewegender Kraft nicht, Wärme hervorzubringen: man muss sich auch Kälte verschaffen; ohne sie wäre die Wärme unnütz. In der That, wären um die Feuerung nur Körper vorhanden, welche ebenso heiss sind, wie diese, wie könnte man die Verdichtung des Dampfes erlangen? wo würde man ihn hinbefördern, nachdem er einmal entstanden ist? Man darf nicht glauben, dass man ihn, wie dies bei gewissen Maschinen geschieht*), in die Luft

---

Druck[15] *) Gewisse Maschinen mit hohem Druck entladen den Dampf in die Luft statt in einen Condensator; man verwendet sie insbesondere

treiben könnte: die Luft würde ihn nicht aufnehmen. Sie nimmt ihn unter den gegenwärtigen Verhältnissen nur auf, weil sie ihm gegenüber wie ein ungeheurer Condensator wirkt, weil sie sich bei niedrigerer Temperatur [12] befindet; sonst wäre sie [12] bald gesättigt, oder vielmehr, sie wäre es von vornherein*).

Ueberall, wo ein Temperaturunterschied besteht, und wo daher die Wiederherstellung des Gleichgewichts des Wärmestoffs eintreten kann, kann auch die Erzeugung von bewegender Kraft stattfinden. Der Wasserdampf ist ein Mittel zur Erlangung dieser Kraft, aber er ist nicht das einzige; alle Stoffe der Natur können zu diesem Zwecke benutzt werden; [13] alle sind fähig, [13] Volumänderungen, folgeweise Zusammenziehungen und Ausdehnungen durch den Wechsel der Wärme und Kälte zu erfahren; alle sind fähig, bei ihren Volumänderungen bestimmte Widerstände zu überwinden, und auf diese Weise bewegende Kraft zu entwickeln. Ein fester Körper, beispielsweise ein metallener Stab vermehrt und vermindert seine Länge, wenn er abwechselnd erwärmt und abgekühlt wird, und vermag Körper zu bewegen, die an seinen Enden befestigt sind. Eine abwechselnd erwärmte und abgekühlte Flüssigkeit vermehrt und vermindert ihr Volum, und kann mehr oder weniger erhebliche Hindernisse überwinden, die sich ihrer Ausdehnung entgegenstellen. stellen.[16] Eine gasförmige Flüssigkeit kann durch Temperaturänderungen erhebliche Aenderungen des Volums erfahren, wenn sie sich in einem ausdehnbaren Raume befindet, wie in einem

---

an Orten, wo es schwierig ist, sich eine zur Condensation genügende Menge kalten Wassers zu verschaffen.

*) Das Vorhandensein des Wassers in flüssigem Zustande, welches hier nothwendig anzunehmen ist, da sonst die Dampfmaschine nicht betrieben werden könnte, setzt das Bestehen eines genügenden Druckes voraus, um das Wasser an der Verdampfung zu hindern, und daher eines Druckes, der dem Dampfdrucke des Wassers bei dieser Temperatur gleich oder überlegen ist. Wäre dieser Druck seitens der Luft nicht vorhanden, so würde sich sofort Wasserdampf in genügender Menge entwickeln, um ihn seinerseits auszuüben, und um den Dampf der Maschine in die neue Atmosphäre auszustossen, müsste stets dieser Druck überwunden werden. Dies wäre aber offenbar gleichwerthig mit der Ueberwindung des Druckes, welcher dem Dampf bei seiner Condensation in der gebräuchlichen Weise verbleibt.

Bestände auf der Erdoberfläche eine hohe Temperatur, wie sie unzweifelhaft im Inneren der Erde besteht, so würde alles Wasser des Weltmeeres in Gestalt von Dampf sich in der Atmosphäre befinden, und kein Tropfen wäre als flüssiges Wasser vorhanden.

mit einem Kolben versehenen Cylinder, kann sie sehr ausgedehnte Bewegungen hervorbringen. Die Dämpfe aller Stoffe, welche in den Gaszustand übergehen können, des Alcohols, Quecksilbers, Schwefels, etc. könnten denselben Dienst thun, wie der Wasserdampf. Dieser bringt, wenn er abwechselnd erhitzt und abgekühlt wird, bewegende Kraft nach Art der permanenten Gase hervor, d. h. ohne jemals in den flüssigen Zustand überzugehen. Die Mehrzahl dieser Mittel ist vorgeschlagen;
[14] mehrere sind selbst [14] versucht worden, wenn auch bisher ohne erheblichen Erfolg.

Wir haben gezeigt, dass bei den Dampfmaschinen die bewegende Kraft von der Wiederherstellung des Gleichgewichts des Wärmestoffs herrührt; dies gilt nicht nur für die Dampfmaschine, sondern auch für jede Wärmemaschine, d. h. für jede Maschine, deren treibende Kraft der Wärmestoff ist. Die Wärme kann offenbar die Bewegung nur dadurch hervorrufen, dass sie Aenderungen des Volums oder der Gestalt in den Körpern erzeugt; diese Aenderungen rühren nicht von der Constanz der Temperatur, sondern im Gegentheil von Abwechselungen der Wärme und Kälte her; denn um einen Körper zu erwärmen, braucht man einen anderen, der wärmer ist als er, und um ihn abzukühlen, einen kälteren Körper. Man entnimmt nothwendigerweise Wärmestoff dem ersten Körper, um ihn mittelst der Zwischensubstanz auf den zweiten zu übertragen. Das bedeutet die Wiederherstellung, oder wenigstens eine theilweise Wiederherstellung des Gleichgewichts des Wärmestoffs.

Es drängt sich hier die gleich interessante wie wichtige Frage auf: Ist die bewegende Kraft der Wärme der Grösse nach unveränderlich oder wechselt sie mit dem Agens, dessen man sich
[15] bedient, um sie zu erlangen, mit der Zwischensubstanz, [15] die man als der Wirkung der Wärme unterworfen wählt?

Es ist klar, dass diese Frage nur in Bezug auf eine gegebene Menge von Wärmestoff gestellt werden kann*), wobei der Temperaturunterschied gleichfalls gegeben ist. Man verfügt bei-

---

*) Wir halten es für überflüssig, hier auseinanderzusetzen, was eine Wärmemenge oder Menge von Wärmestoff ist (wir brauchen
Unterscheidung),[17] beide Ausdrücke ohne Unterscheidung), oder zu beschreiben, wie man sie mittelst des Calorimeters misst. Auch werden wir nicht auseinandersetzen, was latente Wärme Temperaturgrad, specifische Wärme etc. ist; der Leser muss mit diesen Ausdrücken durch das Studium elementarer Lehrbücher der Physik oder Chemie vertraut sein.

spielsweise über einen Körper A, der bei der Temperatur 100°, und einen anderen, der bei der Temperatur 0° erhalten wird, und es wird gefragt, welche Menge bewegender Kraft durch den Uebergang einer gegebenen Menge Wärmestoff (z. B. derjenigen, welche zum Schmelzen eines Kilogramms Eis erforderlich ist) von dem ersten Körper auf den zweiten erzeugt wird; es wird gefragt, ob diese Menge bewegender Kraft nothwendig beschränkt ist, ob sie mit dem Stoffe wechselt, welcher zu ihrer Erzeugung angewendet wird, ob der Wasserdampf in dieser Beziehung mehr oder weniger Vortheile bietet, als der Dampf
[16] des Alcohols, des Quecksilbers, als ein permanentes Gas [16]
oder irgend ein anderer Stoff.

Wir werden versuchen, diese Fragen unter Anwendung der vorher festgestellten Sätze zu beantworten.

Vorher ist bereits die selbstverständliche, oder wenigstens beim Nachdenken über die von der Wärme verursachten Volumänderungen einleuchtende Thatsache erwähnt worden: *Ueberall, wo ein Temperaturunterschied besteht, kann die Erzeugung von bewegender Kraft stattfinden*. Umgekehrt ist es stets möglich, wo man solche Kraft anwenden kann, Temperaturunterschiede entstehen zu lassen, eine Störung des Gleichgewichtes des Wärmestoffs zu verursachen. Der Stoss, die Reibung der Körper, sind sie thatsächlich nicht Mittel, ihre Temperatur zu erhöhen, sie auf einen Grad zu bringen, der höher als der der Umgebung, und folglich eine Störung des Gleichgewichts des Wärmestoffs dort hervorzubringen, wo bis dahin solches Gleichgewicht bestand? Es ist eine experimentelle Thatsache, dass die Temperatur der Gase durch Verdichten höher und durch Verdünnen niedriger wird. Es ist dies ein sicheres Mittel, an demselben Object die Temperatur der Körper zu ändern und das Gleichgewicht des Wärmestoffs zu stören, so
oft als man will. Wird der [17] Wasserdampf auf eine Weise [17]
benutzt, die der in den Dampfmaschinen gebräuchlichen entgegengesetzt ist, so kann man ihn gleichfalls als ein Mittel ansehen, das Gleichgewicht des Wärmestoffs zu stören. Um sich davon zu überzeugen, genügt es aufmerksam die Art und Weise zu betrachten, wie sich die bewegende Kraft durch die Wirkung der Wärme auf den Wasserdampf entwickelt. Wir denken uns zwei Körper A und B, welche beide auf constanter Temperatur erhalten werden, wobei die von A höher ist, als die von B: diese zwei Körper, denen man Wärme zu- oder abführen kann, ohne ihre Temperatur zu ändern, dienen als zwei unbegrenzte

Reservoirs von Wärmestoff. Wir nennen den ersten die Heizung und den zweiten den Kühler.

Will man bewegende Kraft durch die Ueberführung einer gewissen Menge Wärme aus A nach B erzeugen, so kann man verfahren:[18] folgendermaassen verfahren:

1. Dem Körper A wird Wärmestoff entzogen, um mittelst desselben Dampf zu erzeugen, d. h. man lässt diesen Körper die Thätigkeit des Heizraums oder vielmehr des Metalles ausüben, aus welchem bei den gewöhnlichen Maschinen der Kessel besteht; wir setzen dabei voraus, dass der Dampf gerade bei der Temperatur des Körpers A entsteht.

2. Nachdem der Dampf in einen ausdehnbaren Behälter, [18] wie ein Cylinder nebst [18] Kolben, eingetreten ist, wird das Volum dieses Behälters vergrössert, und daher auch das des Dampfes. Bei dieser Verdünnung wird der Dampf freiwillig seine Temperatur erniedrigen, wie dies bei allen elastischen Flüssigkeiten stattfindet: wir nehmen an, dass die Ausdehnung so weit getrieben wird, bis die Temperatur des Dampfes der des Körpers B genau gleich geworden ist.

3. Der Dampf wird verdichtet, indem man ihn mit dem Körper B in Berührung setzt und gleichzeitig auf ihn einen constanten Druck ausübt, bis er vollkommen flüssig geworden ist. Der Körper B spielt hier die Rolle des Injectionswassers bei den gewöhnlichen Maschinen, nur mit dem Unterschiede, dass er den Dampf verdichtet, ohne sich mit ihm zu mischen, und ohne selbst eine Temperaturänderung zu erfahren*).

---

*) Man wird vielleicht erstaunt sein, dass der Körper B bei derselben Temperatur, wie sie der Dampf hat, diesen verdichten kann: dies ist zweifellos streng genommen nicht möglich; da aber die kleinste Temperaturverschiedenheit die Condensation hervorrufen wird, so reicht dies aus, um die Richtigkeit unserer Betrachtung zu bewähren. Ganz ähnlich genügt es in der Differentialrechnung, dass man sich die vernachlässigten Grössen als ins Unendlichkleine abnehmend im Verhältniss zu den in den Gleichungen beibehaltenen Grössen denken kann, um die Gewissheit eines endgiltigen Resultats zu erhalten.

Der Körper B verdichtet den Dampf, ohne seinerseits seine Temperatur zu ändern: dies folgt aus unserer Voraussetzung. Denn wir haben angenommen, dass dieser Körper bei constanter Temperatur erhalten wird. Man entzieht ihm den Wärmestoff in dem Maasse, wie der Dampf ihn ihm zuführt. In diesem Falle befindet sich das Metall des Condensators, wenn die Condensation des Dampfes durch äusserliche Zuführung kalten Wassers erfolgt, wie das früher bei mehreren Maschinen geübt wurde. Ebenso kann das Wasser in einer Stauung

[19] Die beschriebenen Vorgänge können in einem Sinne, wie im entgegengesetzten ausgeführt werden. Nichts hindert uns, den Dampf mittelst Wärmestoff aus dem Körper B und bei seiner Temperatur zu bilden, ihn so zusammenzudrücken, dass er die Temperatur des Körpers A erlangt, und ihn schliesslich unter Berührung mit dem Körper A zu condensiren, indem man die Zusammendrückung bis zur vollkommenen Verflüssigung fortsetzt. [19]

Durch unsere ersten Operationen fand gleichzeitig Erzeugung von bewegender Kraft und Ueberführung des Wärmestoffs von Körper A zum Körper B statt; [20] durch die umgekehrten [20]
Operationen ergibt sich gleichzeitig ein Verbrauch von bewegender Kraft und die Rückkehr des Wärmestoffes aus dem Körper B in den Körper A. Hat man aber beide Male mit der gleichen Dampfmenge gearbeitet und hat keinerlei Verlust, weder an Wärmestoff, noch an bewegender Kraft stattgefunden, so wird die Menge der im ersten Falle erzeugten bewegenden Kraft der gleich sein, welche im zweiten Falle verbraucht wurde, und die Menge des im ersten Falle von A nach B übergegangenen Wärmestoffs wird der Menge gleich sein, welche im zweiten Falle von B nach A zurückkehrt, so dass man eine unbegrenzte Anzahl von Malen abwechselnde Operationen dieser Art wiederholen kann, ohne dass schliesslich weder bewegende Kraft hervorgebracht, noch Wärmestoff von einem Körper zum anderen übergegangen ist.

Wenn nun Hilfsmittel zur Benutzung der Wärme existirten, welche den von uns gebrauchten vorzuziehen wären, d. h. wenn es möglich wäre, durch irgend welche Methoden den Wärmestoff zur Hervorbringung einer grösseren Menge von bewegender Kraft zu veranlassen, als wir es durch unsere erste Reihe von Operationen bewirkt haben, so würde es genügen, von dieser bewegenden Kraft einen Theil zu benutzen, um auf die beschriebene Weise den Wärmestoff vom Körper B in den Körper A,

---

auf constanter Höhe erhalten werden, wenn es auf einer Seite in dem Maasse abläuft, wie es auf der anderen eintritt.

Man könnte sich sogar vorstellen, dass die Körper A und B sich von selbst auf constanter Temperatur erhalten, wenngleich sie gewisse Wärmemengen verlieren oder aufnehmen. Wenn beispielsweise der Körper A eine Dampfmasse bei ihrem Verflüssigungspunkte wäre, und der Körper B eine Eismasse beim Schmelzpunkte, so würden diese Körper bekanntlich Wärmestoff liefern oder aufnehmen können, ohne ihren Temperaturgrad zu ändern.

vom Kühler zur Feuerung, steigen zu lassen, um die Dinge auf ihren früheren Zustand zu bringen, und sich dadurch in den
[21] Stand zu setzen, [21] eine der ersten ganz ähnliche Operation wieder zu beginnen und so fort: das wäre nicht nur ein perpetuum mobile, sondern auch eine unbegrenzte Erschaffung von bewegender Kraft ohne Verbrauch von Wärmestoff oder irgend eines anderen Agens . Eine solche Erschaffung steht in völligem Gegensatze zu den gegenwärtig angenommenen Ideen, zu den Gesetzen der Mechanik und einer gesunden Physik; sie ist
unzulässig*).19 daher unzulässig*). Man muss somit schliessen, dass das [22]
[22] Maximum an bewegender Kraft, welches sich aus der Anwendung des Dampfes ergiebt, gleichzeitig das Maximum der bewegenden Kraft ist, welches sich

---

*) Man wird vielleicht hiergegen einwenden, dass, wenn auch das perpetuum mobile als unmöglich für mechanische Wirkungen allein nachgewiesen ist, es möglicherweise dies nicht ist, wenn man die Wirkung der Wärme oder der Elektricität benutzt; aber kann man sich für die Erscheinungen der Wärme oder der Elektricität eine andere Ursache denken, als irgend welche Bewegungen der Körper, und müssen diese nicht den Gesetzen der Mechanik unterworfen sein? Weiss man es denn übrigens nicht a posteriori, dass alle Versuche, das perpetuum mobile durch irgend beliebige Mittel hervorzubringen, unfruchtbar geblieben sind? Dass man niemals dazu gelangt, ein wirkliches perpetuum mobile herzustellen, d. h. eine Bewegung, welche sich unaufhörlich ohne Aenderung der benutzten Körper fortsetzt?

Man hat gelegentlich den elektromotorischen Apparat (die *Volta*sche Säule) als fähig angesehen, ein perpetuum mobile hervorzubrin-
gen,20 gen; man hat diese Idee durch die Herstellung trockener Säulen auszuführen gesucht, die man als unveränderlich ansah. Was man aber auch gethan haben mag, schliesslich hat der Apparat stets [22] merkliche Zerstörung erfahren, wenn man seine Wirkung über eine gewisse Zeit mit einiger Energie unterhalten hat.

Der allgemeine und philosophische Begriff des »perpetuum mobile« enthält nicht nur die Vorstellung einer Bewegung, welche sich nach einem ersten Anstoss ins Unbegrenzte fortsetzt, sondern die der Wirkung irgend einer Vorrichtung oder Zusammenstellung, welche fähig ist, in unbegrenzter Menge bewegende Kraft zu schaffen, fähig, sämmtliche Körper der Natur, wenn sie sich in Ruhe befänden, nach einander in Bewegung zu setzen und damit das Princip der Trägheit zu vernichten, fähig endlich, aus sich selbst die Kräfte zu schöpfen, um das ganze Weltall in Bewegung zu setzen, darin zu unterhalten und unausgesetzt zu beschleunigen. Dies wäre eine wirkliche Erschaffung von bewegender Kraft. Wäre eine solche möglich, so wäre es überflüssig, die bewegende Kraft in den Strömungen des Wassers und der Luft, in den Brennmaterialien zu suchen; wir hätten eine unversiegbare Quelle derselben, aus der wir nach Belieben schöpfen könnten.

durch jedes beliebige Mittel erzielen lässt. Wir werden übrigens bald einen zweiten, strengeren Beweis dieses Satzes geben. Dieser soll nur als eine Andeutung angesehen werden (vgl. S. 18). lässt.[21]

Man ist berechtigt, uns bezüglich des eben ausgesprochenen Satzes folgende Frage vorzulegen: welchen Sinn hat hier das Wort [23] Maximum? woran kann man erkennen, dass das Maximum erreicht ist? woran erkennt man, dass der Dampf so zweckmässig als möglich zur Gewinnung von bewegender Kraft benutzt worden ist? [23]

Da jede Wiederherstellung des Gleichgewichts des Wärmestoffes die Ursache der Erzeugung von bewegender Kraft sein kann, so muss jede Wiederherstellung des Gleichgewichts, welche sich ohne Hervorbringung solcher Kraft vollzieht, als ein wirklicher Verlust anzusehen sein: somit wird man bemerken, wenn man etwas darüber nachdenkt, dass jede Temperaturänderung, welche nicht durch eine Volumänderung der Körper verursacht ist, nichts sein kann, als eine unnütze Wiederherstellung des Gleichgewichts des Wärmestoffes*). Die nothwendige Bedingung des Maximums ist daher, dass an den zur Gewinnung von bewegender Kraft aus Wärme benutzten Körpern keine Temperaturänderung stattfindet, welche nicht durch eine Volumänderung bedingt ist. [24] Umgekehrt wird stets, wenn diese Bedingung erfüllt ist, das Maximum erreicht sein. ist.[22] [24]

Dieser Grundsatz soll bei der Construction von Wärmemaschinen niemals aus dem Auge verloren werden; denn er ist ihre wesentliche Grundlage. Kann man ihn nicht streng einhalten, so soll man sich wenigtens so wenig als möglich von ihm entfernen.

Jede Temperaturänderung, welche weder durch eine Volumänderung, noch eine chemische Wirkung (welche wir hier vorläufig ausschliessen wollen) bewirkt ist, rührt nothwendig von dem unmittelbaren Uebergang des Wärmestoffes von einem mehr

---

*) Wir setzen hier voraus, dass keine chemische Wirkung zwischen den Körpern stattfindet, welche zur Gewinnung von bewegender Kraft aus Wärme benutzt werden. Der chemische Vorgang in der Feuerung ist sozusagen ein vorläufiger Vorgang, welcher nicht zur unmittelbaren Erzeugung bewegender Kraft benutzt wird, sondern um das Gleichgewicht des Wärmestoffes zu stören und einen Temperaturunterschied hervorzubringen, aus welchem alsdann die Bewegung hervorgeht.

oder weniger erhitzten Körper auf einen kälteren her. Dieser Uebergang findet hauptsächlich bei der Berührung zwischen Körpern von verschiedener Temperatur statt: es muss daher eine derartige Berührung so viel als möglich vermieden werden. Sie kann ohne Zweifel vollständig nicht vermieden werden, man muss sie aber wenigstens derart stattfinden lassen, dass die in Berührung gebrachten Körper nur wenig verschiedener Temperatur sind.

Wenn wir soeben bei unserem Beweise vorausgesetzt haben, dass der Wärmestoff des Körpers *A* zur Dampfbildung verwendet worden ist, so kann man den Dampf als bei der Temperatur des Körpers *A* selbst entstanden ansehen: somit fand die Berührung nur zwischen Körpern von gleicher Temperatur statt; die darauf im Dampf erfolgende Temperaturänderung war durch die Aus-
[25] dehnung, [25] also durch eine Volumänderung hervorgebracht; schliesslich fand auch die Condensation statt, ohne dass sich Körper von verschiedener Temperatur berührten. Sie vollzog sich unter Ausübung eines constanten Druckes auf den mit dem Körper *B* in Berührung stehenden Dampf, dessen Temperatur gleich der des Körpers war. Somit waren die Bedingungen des Maximums erfüllt. Thatsächlich können die Dinge nicht genau so verlaufen, wie wir vorausgesetzt haben. Um den Uebergang des Wärmestoffes von einem Körper auf den anderen zu verursachen, muss in ersterem ein Temperaturüberschuss vorhanden sein; dieser Ueberschuss kann aber so klein sein, wie man will; man kann ihn theoretisch gleich Null setzen, ohne dass dadurch die Betrachtungen etwas von ihrer Strenge einbüssten.

Man kann unserer Beweisführung aber einen reelleren Einwand entgegenstellen, nämlich folgenden:

Wenn man dem Körper *A* Wärmestoff entzieht, um Dampf zu erhalten, und wenn alsdann der Dampf durch seine Berührung mit dem Körper *B* verdichtet wird, so befindet sich das angewendete Wasser, welches ursprünglich bei der Temperatur des Körpers *A* angenommen wurde, am Schluss des Vorganges bei der Temperatur des Körpers *B*; es ist abgekühlt. Will man eine der ersten ähnliche Operation wieder beginnen und eine
[26] neue Menge bewegender Kraft [26] mit demselben Apparat, demselben Dampf entwickeln, so muss man zuerst die Dinge in ihren ursprünglichen Zustand zurückführen und dem Wasser den Temperaturgrad ertheilen, welchen es ursprünglich besass. Unzweifelhaft könnte dies durch unmittelbare Berührung mit dem Körper *A* ausgeführt werden; dadurch aber entsteht eine

Berührung zwischen Körpern von verschiedener Temperatur und somit ein Verlust an bewegender Kraft*): es würde unmöglich werden, die umgekehrte Operation auszuführen, d. h. dem Körper *A* den zur Temperaturerhöhung der Flüssigkeit verbrauchten Wärmestoff zurückzustellen.

[27] Diese Schwierigkeit kann gehoben werden, wenn man den Temperaturunterschied zwischen den Körpern *A* und *B* unbegrenzt klein voraussetzt; die zur Wiedererwärmung der Flüssigkeit auf ihre erste Temperatur erforderliche Wärme wird dadurch gleichfalls unbegrenzt klein und kann im Verhältniss zu der, welche zur Dampfbildung erforderlich ist, und welche stets eine endliche Grösse ist, vernachlässigt werden. [27]

Ist der Satz übrigens für den Fall erwiesen, dass der Temperaturunterschied zwischen den beiden Körpern unbegrenzt klein ist, so kann er leicht auf den allgemeinen Fall ausgedehnt werden. Denn wenn es sich um die Erzeugung von bewegender Kraft durch den Uebergang des Wärmestoffes vom Körper *A* auf den Körper *Z* handelt, wobei die Temperatur des letzteren von der des ersten sehr verschieden sei, so kann man sich eine Reihe von Körpern *B*, *C*, *D* etc. von zwischenliegenden Temperaturen denken, die so gewählt sind, dass die Unterschiede von *A* und *B*, *B* und *C*, u. s. w. alle unbegrenzt klein sind. Die von *A* ausgegebene Wärme würde nicht nach *Z* gelangen, ohne vorher durch die Körper *B*, *C*, *D* etc. gegangen zu sein und bei jedem Uebergange das Maximum von bewegender Kraft entwickelt zu haben. Hier würden die umgekehrten Operationen alle möglich sein, und die Schlussweise von S. 13 wird streng anwendbar.

[28] Nach den bisher festgestellten Begriffen kann man sehr angemessen die bewegende Kraft der Wärme mit der des fallenden [28]

---

*) Diese Art Verlust tritt bei allen Dampfmaschinen ein, denn das zur Speisung des Kessels benutzte Wasser ist in der That stets kälter, als das Wasser darin, und somit findet eine ungenutzte Wiederherstellung des Gleichgewichts des Wärmestoffes statt. Man kann sich leicht a posteriori davon überzeugen, dass dieser Ausgleich einen Verlust an bewegender Kraft bedingt, wenn man sich überlegt, dass es möglich gewesen wäre, das Speisewasser vorher zu erwärmen, indem man es als Kühlwasser in einer kleinen Nebenmaschine verwerthet, in der man Dampf aus dem grossen Kessel benutzen würde und in der die Condensation bei einer Temperatur zwischen der des Dampfkessels und des Hauptcondensators stattfände. Die von dieser kleinen Maschine gelieferte Kraft würde keinen Aufwand von Wärme kosten, weil alle, welche gebraucht worden wäre, mit dem Condensationswasser in den Kessel zurückgekehrt wäre. *)23

Wassers vergleichen: beide haben ein Maximum, welches man nicht überschreiten kann, welches auch einerseits die Maschine sei, welche die Wirkung des Wassers empfängt, und welches andererseits der Stoff sei, welcher die Wirkung der Wärme empfängt. Die bewegende Kraft des fallenden Wassers
ab,[24] hängt von seiner Höhe und der Menge der Flüssigkeit ab; die bewegende Kraft der Wärme hängt gleichfalls von der Menge des angewendeten Wärmestoffes ab, und dem, was man seine Fallhöhe*) nennen könnte, und was wir in der That so nennen wollen, nämlich dem Temperaturunterschied der Körper, zwischen denen der Austausch des Wärmestoffes stattfindet. Beim Fall des Wassers ist die bewegende Kraft in aller Strenge dem Höhenunterschied zwischen dem oberen und unteren Becken proportional. Bei dem Fall der Wärme nimmt zweifellos die bewegende Kraft mit dem Temperaturunterschiede zwischen
[29] dem warmen und dem kalten Körper zu; wir [29] wissen aber nicht, ob sie diesem Unterschiede proportional ist. Wir wissen beispielsweise nicht, ob der Fall des Wärmestoffes von 100° auf 80° mehr oder weniger bewegende Kraft liefert, als der Fall
0°.[25] desselben Wärmestoffes von 50° auf 0°. Es ist dies eine Frage, welche wir später zu untersuchen vorhaben.

Wir werden hier einen zweiten Beweis des auf S. 14 ausgesprochenen fundamentalen Satzes geben und diesen in einer allgemeineren Form als bisher aussprechen.

Wird ein Gas schnell zusammengedrückt, so erhebt sich seine Temperatur; sie fällt umgekehrt, wenn es schnell ausgedehnt wird. Es ist dies eine der best erwiesenen Erfahrungsthatsachen;
Beweises**).[26] wir nehmen sie zur Grundlage unseres Beweises**).

---

*) Der hier behandelte Gegenstand ist vollkommen neu und wir sind daher genöthigt, noch unbegreifliche und vielleicht nicht mit aller wünschenswerthen Klarheit ausgestattete Ausdrücke zu gebrauchen.

**) Die Erfahrungsthatsachen, welche am besten die Temperaturänderung der Gase durch Zusammendrückung und Ausdehnung erweisen, sind die folgenden:

1. Das Fallen eines im Recipienten einer Luftpumpe befind-
auspumpt.[27] lichen Thermometers, wenn man die Luft auspumpt. An dem Thermometer von *Breguet* ist diese Erniedrigung sehr merklich; sie kann 40 bis 50 Grad übersteigen. Der Nebel, welcher sich bei dieser Gelegenheit bildet, scheint [30] der Verdichtung des Wasserdampfes vermöge der Abkühlung der Luft zuzuschreiben zu sein.

2. Die Entzündung des Zunders in den sogenannten pneumatischen Feuerzeugen, welche bekanntlich kleine Pumpenstiefel sind, in denen
unterwirft.[28] man die Luft einer plötzlichen Zusammenpressung unterwirft.

Wenn man, nachdem ein Gas durch Zusammendrückung seine Temperatur [30] erhöht hat, es auf [31] seine ursprüng- [30], [31]
liche Temperatur zurückführen will, ohne sein Volum von neuem zu ändern, so muss man ihm Wärmestoff entziehen. Dieser Wärmestoff könnte auch in dem Maasse fortgeführt werden, wie die Compression vor sich geht, so dass die Temperatur des Gases constant bleibt. Ebenso kann man bei der Ausdehnung eines Gases seine Temperaturerniedrigung vermeiden, indem man ihm eine bestimmte Menge Wärmestoff zuführt. Wir werden den

---

3. Das Fallen eines Thermometers in einem Raume, aus welchem man die vorher verdichtete Luft durch einen Hahn entweichen lässt. lässt.[29]

4. Die Ergebnisse der Versuche über die Geschwindigkeit des Schalls. Hr. *de Laplace* hat gezeigt, dass man, um diese Ergebnisse mit der Theorie und der Rechnung in Einklang zu bringen, die Erwärmung der Luft durch eine plötzliche Verdichtung annehmen muss. muss.[30]

Die einzige Thatsache, welche diesen entgegengestellt werden könnte, ist ein von *Gay-Lussac* und *Welter* angestellter und in den *Annales de chimie et de physique* beschriebener Versuch. Nachdem in einem grossen, mit verdichteter Luft angefüllten Gefäss eine kleine Oeffnung angebracht worden war, liess ein Thermometer, dessen Kugel in den ausströmenden Luftstrahl gehalten wurde, keine merkliche Erniedrigung seiner Temperatur erkennen. erkennen.[31]

Man kann diese Thatsache auf zweierlei Art erklären. 1) Es entwickelt möglicherweise die Reibung der Luft gegen die Ränder der Oeffnung Wärme in erheblicher Menge; 2) die zur unmittelbaren Menge.[32]
Berührung mit der Thermometerkugel gelangende Luft nimmt möglicherweise durch den Stoss gegen diese Kugel, oder vielmehr durch die Wirkung der Ablenkung, zu welcher die Kugel sie zwingt, eine Dichte an, welche der im Recipienten vorhanden gewesenen gleich ist, ähnlich [31] wie das Wasser eines Stromes sich an einem festen Widerstande über die Oberfläche erhebt.

Die durch Volumänderung in den Gasen hervorgebrachte Aenderung der Temperatur kann wegen der vielen Folgen, die sie mit sich bringt, als eine der wichtigsten Thatsachen der Physik angesehen werden, und gleichzeitig als eine der schwierigsten, was ihre Erklärung und ihre Messung durch scharfe Versuche anlangt. Unter mehrfachen Umständen scheint sie ganz besondere Anomalien zu bieten.

Ist nicht auch der Abkühlung der Luft durch Ausdehnung die Kälte in den oberen Regionen der Atmosphäre zuzuschreiben? Die zuzuschreiben?[33]
bisher zur Erklärung dieser Kälte gegebenen Gründe sind völlig unzureichend: man hat gesagt, dass die Luft in den oberen Regionen, indem sie wenig von der Erde reflectirte Wärme erhält, und selbst in den Himmelsraum ausstrahlt, Wärmestoff verlieren müsse, und dass dies die Ursache ihrer Abkühlung sei; diese Erklärung wird aber hinfällig, wenn man bemerkt, dass bei gleicher Höhe die Kälte ebenso stark oder stärker auf Hochebenen herrscht, wie auf dem Gipfel der Berge, oder in den Theilen der Atmosphäre, die vom Erdboden ganz entfernt sind.

[32] [32] bei solchen Gelegenheiten, wo er keinerlei Temperaturänderungen hervorbringt, verbrauchten Wärmestoff als Wärmestoff der Volumänderung bezeichnen. Diese Bezeichnung soll nicht besagen, dass der Wärmestoff dem Volum gehört, denn er gehört dem Volum ebenso wenig, wie dem Druck und könnte ebenso gut Wärmestoff der Druckänderung genannt werden. Wir wissen nicht, welchen Gesetzen er bezüglich der Volumänderungen folgt; es ist möglich, dass seine Menge mit der Natur des Gases, seiner Dichtigkeit, seiner Temperatur sich ändert. Die Erfahrung hat uns noch nichts über diesen Gegenstand gelehrt, sie hat uns nur gelehrt, dass dieser Wärmestoff sich in grösserer oder geringerer Menge durch die Compression der elastischen Flüssigkeiten entwickelt.

Nachdem diese vorläufigen Punkte festgestellt worden sind, denken wir uns eine elastische Flüssigkeit, z. B. atmosphärische Luft in einem cylindrischen Gefäss *abcd*, Fig. 1, mit einer beweglichen Scheidewand oder einem Kolben *cd* enthalten; wir denken uns ferner zwei Körper *A* und *B*, von denen jeder bei einer constanten Temperatur erhalten wird, wobei die von *A* höher sei, als die von *B*; wir stellen uns nun die nachstehend beschrie-
vor.35 bene Reihe von Operationen vor[5]).

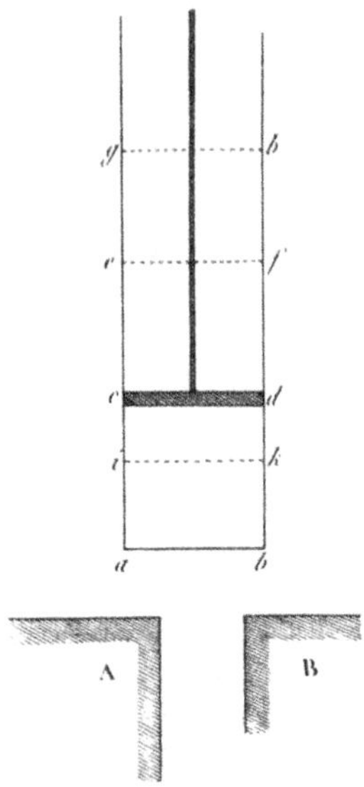

Fig. 1.

1. Berührung des Körpers *A* mit der im Raume *a b c d* enthaltenen Luft, oder mit der Wandung dieses
[33] [33] Raumes, von welcher wir annehmen, dass sie die Wärme leicht durchlässt. Die Luft befindet sich vermöge dieser Berührung bei der Temperatur des Körpers *A*; *cd* sei die augenblickliche Stellung des Kolbens.

2. Der Kolben erhebt sich stetig und nimmt die Stellung *ef* ein. Zwischen dem Körper *A* und der Luft bleibt fortwährend Berührung bestehen, wodurch die Luft während der Ausdehnung bei constanter Temperatur erhalten wird. Der Körper *A* liefert den nöthigen Wärmestoff, um die Temperatur constant zu halten.

3. Der Körper A wird entfernt und die Luft befindet sich nicht mehr in Berührung mit einem Körper, welcher ihr Wärmestoff liefern kann; der Kolben setzt indessen seine Bewegung fort und geht aus der Stellung ef in die Stellung gh. Die Luft wird verdünnt, ohne Wärmestoff aufzunehmen, und ihre Temperatur sinkt. Wir nehmen an, dass sie bis zu der des Körpers B sinkt; in diesem Augenblick bleibt der Kolben stehen und befindet sich in gh.

4. Die Luft wird nun in Berührung mit dem Körper B gesetzt; sie wird durch Senkung des Kolbens weiter comprimirt, indem man ihn aus der Stellung gh in die Stellung cd bringt. Dabei bleibt die Luft aber bei constanter Temperatur, weil sie den Körper B berührt, dem sie ihren Wärmestoff abgiebt.

5. Nachdem der Körper B entfernt ist, setzt man die [**34**] [34]
Compression der Luft fort, welche in ihrem isolirten Zustande eine Temperaturerhöhung erfährt: die Compression wird fortgesetzt, bis die Luft die Temperatur des Körpers A angenommen hat. Der Kolben bewegt sich während dieser Zeit aus der Stellung cd in die Stellung ik ( ).

6. Die Luft wird mit dem Körper A in Berührung gebracht; der Kolben kehrt aus der Lage ik in die Lage ef zurück; die Temperatur bleibt unverändert.

7. Die unter 3. beschriebene Periode wiederholt sich, sodann die Perioden 4, 5, 6, 3, 4, 5, 6, 3, 4, 5 u. s. w.

Bei diesen verschiedenen Operationen erfährt der Kolben einen grösseren oder geringeren Druck von Seiten der im Cylinder eingeschlossenen Luft; die elastische Kraft dieser Luft ändert sich theils infolge der Volumänderungen, theils infolge der Temperaturänderungen; man muss aber darauf achten, dass bei gleichem Volum, d. h. bei gleicher Lage des Kolbens die Temperatur während der Ausdehnungsbewegung höher ist, als bei der Compressionsbewegung. Daher ist während der ersteren die elastische Kraft der Luft grösser, und somit die durch die Ausdehnungsbewegung hervorgebrachte bewegende Kraft beträchtlicher [**35**] als die, welche zur Erzeugung der Compressions- [35]
bewegung verbraucht worden ist. Man erhält also einen Ueberschuss an bewegender Kraft, welchen man zu beliebigen Zwecken verwerthen kann. Die Luft hat uns als Wärmemaschine gedient; wir haben sie sogar auf die möglichst vortheilhafte Weise benutzt, weil keine unbenutzte Wiederherstellung des Gleichgewichts des Wärmestoffes stattgefunden hat.

Alle oben beschriebenen Vorgänge können in einem Sinne

ebenso wie in umgekehrter Ordnung hervorgebracht werden. Denken wir uns nach der sechsten Periode, d. h. nachdem der Kolben in die Stellung cf gelangt ist, man ihn in die Stellung ik zurückgehen lässt, während man gleichzeitig die Luft in Berührung mit dem Körper A erhält: der während der sechsten Periode von diesem gelieferte Wärmestoff kehrt zu seiner Quelle, d. h. zum Körper A zurück und die Sachen befinden sich in dem Zustande, wie am Ende der fünften Periode. Entfernt man nun den Körper A und bewegt man den Kolben von ef nach cd, so wird die Temperatur der Luft um eben so viele Grade sinken, wie sie in der fünften Periode gestiegen war, und wird gleich der des Körpers B werden. Man kann offenbar eine Reihe von Operationen erfolgen lassen, welche alle die Umkehrung der
[36] oben beschriebenen sind: es genügt, sich unter [36] dieselben Umstände zu versetzen, und für jede Periode eine Ausdehnungsbewegung statt einer Compressionsbewegung auszuführen, und umgekehrt.

Das Ergebniss der erstgenannten Operationen war die Erzeugung einer gewissen Menge bewegender Kraft und die Uebertragung von Wärmestoff aus dem Körper A in den Körper B; das Ergebniss der umgekehrten Operationen ist der Verbrauch der erzeugten bewegenden Kraft und die Rückführung des Wärmestoffs von B nach A: so dass die beiden Arten von Operationen einander aufheben, einander sozusagen neutralisiren.

Die Unmöglichkeit, den Wärmestoff eine grössere Menge bewegender Kraft erzeugen zu lassen, als die, welche wir durch die erste Reihe von Operationen erlangt haben, ist nunmehr leicht nachzuweisen. Der Beweis erfolgt durch eine Betrachtung, die der auf S. 13 benutzten vollkommen ähnlich ist. Die Betrachtung ist hier noch um einen Grad exakter, denn die Luft, deren wir uns zur Erzeugung von bewegender Kraft bedienen, ist am Ende jedes Kreises von Operationen genau auf den Zustand zurückgeführt, in welchem sie sich ursprünglich befand, während für den Wasserdampf nicht ganz das Gleiche
[37] [37] stattfand, wie wir bemerkt haben*).

haben*).36

*) Wir nehmen implicite bei unserer Beweisführung an, dass, wenn ein Körper beliebige Aenderungen erfahren hat und nach einer Anzahl von Umwandlungen in seinen ursprünglichen Zustand, bezüglich seiner Dichte, seiner Temperatur, seines Aggregatzustandes, zurückgeführt worden ist, dass der Körper alsdann wieder dieselbe Wärmemenge enthält, welche er ursprünglich enthielt, dass mit

Wir haben die atmosphärische Luft als Instrument zur Erzeugung der bewegenden Kraft der Wärme gewählt, doch ist es einleuchtend, dass die Ueberlegungen für jeden anderen gasförmigen Stoff dieselben geblieben wären, ja selbst für jeden anderen Körper, welcher seine Temperatur durch aufeinander folgende Ausdehnungen und Zusammendrückungen ändern kann, wodurch sämmtliche Körper der Natur, oder [38] wenigstens [38]
sämmtliche, welche zur Gewinnung der bewegenden Kraft der Wärme dienen können, einbegriffen sind. Somit sind wir zu dem folgenden allgemeinen Satze geführt:

Die bewegende Kraft der Wärme ist unabhängig von dem Agens, welches zu ihrer Gewinnung benutzt wird, und ihre Menge wird einzig durch die Temperaturen der Körper bestimmt, zwischen denen in letzter Linie die Ueberführung des Wärmestoffes stattfindet.

Es ist hierbei vorausgesetzt, dass jede der Methoden, die bewegende Kraft zu gewinnen, die Vollkommenheit erreicht, deren sie fähig ist. Diese Bedingung ist erfüllt, wenn, wie oben erwähnt, keine anderen Temperaturänderungen in den Körpern stattfinden, als solche, die durch Volumänderungen hervorgerufen worden, oder, was dasselbe in anderer Ausdrucksform ist, wenn niemals eine Berührung zwischen Körpern von merklich verschiedener Temperatur stattfindet.

Im Uebrigen ergeben sich die verschiedenen Methoden zur Gewinnung der bewegenden Kraft sowohl durch die Anwendung verschiedener Stoffe, wie durch die Anwendung eines und desselben Stoffes bei verschiedenen Zuständen, z. B. eines Gases bei zwei verschiedenen Dichtigkeiten.

Dies führt uns naturgemäss zu interessanten Untersuchungen über die gasförmigen Flüssigkeiten [39], welche uns späterhin [39]
neue Ergebnisse über die bewegende Kraft der Wärme liefern werden, und wir werden die Hülfsmittel mittheilen, in einzelnen

---

anderen Worten die während der verschiedenen Umwandlungen absorbirten und entwickelten Wärmemengen sich vollständig compensiren. Diese Thatsache ist nie in Zweifel gezogen worden; sie ist zunächst ohne Ueberlegung angenommen, und späterhin durch zahlreiche calorimetrische Versuche bestätigt worden. Sie leugnen heisst die ganze Theorie der Wärme umstürzen, deren Grundlage sie ist. Uebrigens haben, beiläufig gesagt, die hauptsächlichen Grundlagen, auf denen die Theorie der Wärme beruht, eine aufmerksamere Untersuchung nöthig. Mehrere Erfahrungsthatsachen scheinen nach dem gegenwärtigen Zustande der Theorie fast unerklärlich zu sein. sein.[37]

besonderen Fällen den oben ausgesprochenen grundlegenden Satz zu bewahrheiten*).

Man wird leicht bemerken, dass unsere Beweisführung vereinfacht worden wäre, wenn die Temperaturen der Körper A und B als einander sehr nahe angesehen worden wären. Da alsdann die Bewegungen des Kolbens während der Perioden 3 und 5 sehr wenig ausgedehnt gewesen wären, hätten diese Perioden ohne merklichen Einfluss auf die Hervorbringung der bewegenden Kraft unterdrückt werden können. Eine sehr kleine Volumänderung genügt in der That zu einer sehr kleinen Temperaturänderung, und diese kleine Volumänderung kann neben der der Perioden 4 und 6, deren Grösse unbeschränkt ist, vernachlässigt werden.

Unterdrückt man die Perioden 3 und 5 in der Reihe der oben beschriebenen Operationen, so geht diese in die folgenden über:

[40] 1. Berührung des in $abcd$ (Fig. 2) enthaltenen Gases [40] mit dem Körper A, Uebergang des Kolbens aus cd in ef;

2. Entfernung vom Körper A, Berührung des in $abef$ enthaltenen Gases mit dem Körper B, Rückkehr des Kolbens von ef nach cd;

3. Entfernung des Körpers B, Berührung des Gases mit dem Körper A, Uebergang des Kolbens von cd nach ef, d. h. Wiederholung der ersten Periode und so fort.

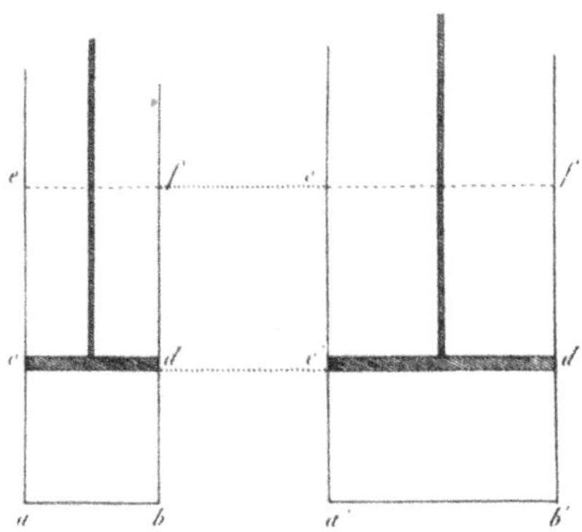

Fig. 2 und 3.

Die aus den Operationen 1. und 2. sich ergebende bewegende Kraft ist offenbar gleich dem Unterschiede zwischen der, welche bei der Ausdehnung des Gases, indem es sich bei der Temperatur des Körpers A befindet, entwickelt wird, und der, welche zur Compression des Gases verbraucht wird, während es sich bei der Temperatur des Körpers B befindet.

*) Wir setzen in Folgendem voraus, dass der Leser mit den letzten Fortschritten der heutigen Physik, was die gasförmigen Stoffe und die Wärme anlangt, vertraut ist.

Nehmen wir an, dass die Operationen 1. und 2. mit zwei
Gasen von chemisch verschiedener Natur, aber unter gleichem
Druck, beispielsweise dem der Atmosphäre ausgeführt würden:
beide Gase würden sich unter den gleichen Umständen voll-
kommen gleich verhalten, d. h. ihre ursprünglich gleichen Aus-
dehnungskräfte werden immer gleich bleiben, welches auch die
Aenderungen des Volums und der Temperatur sein mögen,
vorausgesetzt, dass diese Aenderungen beiderseits die gleichen
sind. Dies folgt offenbar aus dem Gesetz [41] von *Mariotte* und [41]
dem von Hrn. *Gay-Lussac* und *Dalton*, welche allen elastischen *Dalton*,[38]
Flüssigkeiten gemein sind, und vermöge deren bei allen zwischen
dem Volum, der Expansivkraft und der Temperatur die gleichen
Beziehungen bestehen.

Da zwei verschiedene Gase von gleicher Temperatur und
gleichem Druck sich unter gleichen Umständen übereinstimmend
verhalten müssen, wenn man sie die oben beschriebenen Opera-
tionen durchmachen lässt, so müssen sie auch gleiche Mengen
bewegender Kraft entstehen lassen. Dieses aber setzt nach dem
von uns festgestellten grundlegenden Satze den Gebrauch
gleicher Mengen von Wärmestoff voraus, d. h. es setzt voraus,
dass die Menge des von A nach B gehenden Wärmestoffes die
gleiche ist, ob man mit dem ersten Gase arbeitet oder mit dem
anderen.

Die Menge des Wärmestoffes, welche vom Körper A auf den
Körper B übergeht, ist offenbar dieselbe, welche von dem Gas
bei seiner Volumvergrösserung aufgenommen wird, oder welche
es später durch die Compression ausgiebt. Wir werden somit
zur Aufstellung des folgenden Satzes geführt:

*Geht ein Gas ohne Temperaturänderung von
einem bestimmten Volum und Druck auf ein anderes
gleichfalls bestimmtes Volum und einen anderen
Druck über,* [42] *so ist die Menge des aufgenommenen* [42]
*oder abgegebenen Wärmestoffes stets die gleiche,
welches Gas auch dem Versuche unterzogen wer-
den mag.* mag.[39]

Es sei z. B. ein Liter Luft bei der Temperatur von 100° und
unter dem Druck einer Atmosphäre gegeben: verdoppelt man
das Volum der Luft, und will man sie bei der Temperatur von
100° erhalten, so muss man ihr eine bestimmte Wärmemenge
zuführen. Nun wird diese Wärmemenge aber genau die gleiche
sein, wenn man, statt mit Luft zu arbeiten, mit Kohlensäuregas,
Stickstoff, Wasserstoff, Wasserdampf, Alkoholdampf arbeitet,

d. h. das Volum eines Liters dieser Gase bei 100° und dem atmosphärischen Druck verdoppelt.

Eben dasselbe würde gelten, nur in umgekehrtem Sinne, wenn man, statt das Volum des Gases zu verdoppeln, es durch Zusammendrückung auf die Hälfte bringt.

Die Wärmemenge, welche die elastischen Flüssigkeiten bei ihren Volumänderungen entwickeln oder verschlucken, ist niemals durch irgend einen directen Versuch gemessen worden, welcher jedenfalls sehr grosse Schwierigkeiten machen würde. Wohl aber ist eine Angabe vorhanden, welche für uns fast gleichwerthig ist. diese Angabe wird von der Theorie des
[43] Schalles geliefert, und verdient ein grosses [43] Vertrauen wegen der Strenge der Betrachtungen, durch welche man sie hat feststellen können. Sie besteht in folgendem:

Die atmosphärische Luft muss sich um 1° C. erwärmen, wenn sie durch eine plötzliche Zusammendrückung eine Volum-
erfährt*).[40] verminderung von $\frac{1}{116}$ erfährt*).

Da die Versuche über die Geschwindigkeit des Schalles in der Luft unter dem Drucke von 760 mm Quecksilber und bei einer Temperatur von 6° gemacht worden sind, so kann sich unsere Angabe nur auf diese Umstände beziehen. Der Erleichterung wegen beziehen wir sie indessen auf die wenig abweichende Temperatur von 0°

Die um $\frac{1}{116}$ zusammengepresste und dadurch um 1° erwärmte Luft ist nur durch ihre Dichte von der unmittelbar auf 1° erwärmten Luft verschieden. Wird das ursprüngliche Volum gleich V gesetzt, so reducirt die Zusammendrückung um $\frac{1}{116}$
V.[41] dasselbe auf $V - \frac{1}{116} V$.

[44] [44] Die directe Erwärmung unter constantem Druck muss nach der Regel von Hrn. *Gay-Lussac* das Volum der Luft um $\frac{1}{267}$ des Volums bei 0° vermehren: die Luft ist demnach einerseits auf das Volum $V - \frac{1}{116} V$ reducirt, andererseits auf $V + \frac{1}{267} V$ gebracht.

Der Unterschied zwischen den Wärmemengen, welche die Luft in einem und dem anderen Falle enthält, ist offenbar die Wärme, welche zu seiner unmittelbaren Temperaturerhöhung

---

*) Hr. *Poisson*, dem wir diese Angabe verdanken, hat gezeigt, dass sie recht gut mit dem Ergebniss eines Versuches der Herren *Clément* und *Desormes* über den Wiedereintritt der Luft in den leeren Raum, oder vielmehr in etwas verdünnte Luft übereinstimmt. Sie stimmt auch einigermaassen mit einem gewissen, von *Gay-Lussac* und *Welter* (vgl. die Anmerkung S. 35), gefundenen Resultat.

um 1° erforderlich ist; somit ist die Wärmemenge, welche die Luft beim Uebergang vom Volum $V - \frac{1}{116} V$ auf das Volum $V + \frac{1}{267} V$ verschlucken wurde, der gleich, welche zu ihrer Temperaturerhohung um 1° erforderlich ist.

Stellen wir uns jetzt vor, dass wir die Luft, statt sie bei der Erwärmung um 1° sich frei ausdehnen zu lassen, in eine starre Hülle einschliessen, und sie in diesem Zustande die Temperatur von 1° annehmen lassen. Die so um 1° erwärmte Luft ist von der um $\frac{1}{116}$ verdichteten nur um ihr um $\frac{1}{116}$ grösseres Volum verschieden. Somit ist die Wärmemenge, welche das Gas durch eine Volumverminderung von $\frac{1}{116}$ abgiebt, gleich der, welche sie zur Erwärmung um 1° C. bei constantem Volum verbrauchen würde. Da die Differenzen zwischen den Volumen [45] [45]
$V - \frac{1}{116} V$ und V, sowie zwischen V und $V + \frac{1}{267} V$ relativ zu den Volumen selbst klein sind, darf man die Wärmemengen, welche von der Luft beim Uebergang von dem ersten dieser Volume zum zweiten, sowie vom ersten zum dritten aufgenommen werden, als nahezu den Volumänderungen selbst proportional betrachten; es ergiebt sich daher die folgende Beziehung:

Die Wärmemenge, welche zur Erwärmung der Luft um 1° bei constantem Druck erforderlich ist, steht zu der, welche zur Erwärmung derselben Luft um 1° bei constantem Volum erforderlich ist, im Verhältniss der Zahlen

$$\frac{1}{116} + \frac{1}{267} \text{ zu } \frac{1}{116}$$

oder, wenn man beiderseits mit 116×267 multiplicirt, im Verhältniss der Zahlen $267 + 116$ zu 267.

Dies ist somit das Verhältuiss, welches zwischen der Capacität der Luft für Wärme bei constantem Druck, und seiner Capacität bei constantem Volum besteht. Setzt man die erste dieser Capacitäten gleich Eins, so wird die andere gleich der Zahl $\frac{267}{267 + 116}$ oder nahezu gleich 0.700; der Unterschied $1 - 0.700$, oder 0.300 stellt offenbar die Menge der Wärme dar, welche zur Hervorbringung der [46] Volumvermehrung der Luft erforderlich ist, wenn sie um 1° bei constantem Druck erwärmt wird.

Nach dem Gesetz von Hrn. *Gay-Lussac* und *Dalton* würde diese Volumvermehrung die gleiche für alle anderen Gase sein; nach dem auf S. 25 bewiesenen Satze ist die durch gleiche Volumvergrösserungen verschluckte Wärme die gleiche für alle elastischen Flüssigkeiten: wir werden somit zu folgendem Satze geführt.

Der Unterschied zwischen der specifischen Wärme bei constantem Druck und der pecifischen Wärme bei Gase.[42] constantem Volum ist dieselbe für alle Gase.

Es ist hierbei zu bemerken, dass alle Gase unter gleichem Druck, beispielsweise dem der Atmosphäre vorausgesetzt sind, und dass im Uebrigen ihre specifischen Wärmen mit Bezug auf das Volum gemessen sind.

Es ist nunmehr nichts leichter, als eine Tabelle der specifischen Wärmen der Gase bei constantem Volum zu entwerfen, soweit wir von ihrer specifischen Wärme bei constantem Druck Kenntniss haben. Wir theilen hier diese Tabelle mit, deren erste Spalte das Ergebniss der Versuche von Hrrn. *Delaroche* und *Bérard*[43] *Bérard* über die specifische Wärme der Gase bei [47] dem Druck [47] der Atmosphäre enthält, und deren zweite Spalte aus den Zahlen der ersten, vermindert um 0.300 gebildet wird.

Gase.[44] Tabelle der specifischen Wärme der Gase.

Name des Gases	Spec. Wärme bei const. Druck	Spec. Wärme bei const. Volum
Atmosphärische Luft	1.000	0.700
Wasserstoffgas	0.903	0.603
Kohlensäure	1.258	0.958
Sauerstoff	0.976	0.676
Stickstoff	1.000	0.700
Stickstoffoxydul	1.350	1.050
Oelbildendes Gas	1.553	1.253
Kohlenoxyd	1.034	0.734

Die Zahlen der ersten und zweiten Spalte sind hier auf dieselbe Einheit, die specifische Wärme der Luft unter constantem Druck bezogen .

[48] Da der Unterschied zwischen den Zahlen der ersten Spalte und den entsprechenden der zweiten constant ist, so muss das Verhältniss zwischen ihnen verschieden sein; somit gilt: das Verhältniss zwischen der specifischen Wärme bei constantem Druck und der specifischen Wärme bei constantem Volum ändert übergeht.[45] sich, wenn man von einem Gas zum anderen übergeht.

Wir haben gesehen, dass die Luft, wenn sie eine plötzliche Verdichtung um $\frac{1}{116}$ ihres Volums erfährt, sich um 1° erwärmt. Auch die anderen Gase müssen durch eine gleiche Compression sich erwärmen, aber nicht in gleichem Maasse: sie müssen im umgekehrten Verhältniss ihrer specifischen Wärmen bei constantem Volum ihre Temperatur erhöhen. Denn da nach der Annahme die Volumverminderung stets den gleichen Werth hat, so müssen auch die durch diese Verminderung hervorgebrachten Wärmemengen stets gleich sein, und müssen demnach Temperaturerhöhungen bewirken, welche nur von der specifischen Wärme, welche das Gas nach seiner Zusammendrückung hat, abhängen und sich offenbar umgekehrt wie die specifischen Wärmen verhalten. Es ist demnach leicht, eine Tabelle der Temperaturerhöhungen zu entwerfen, welche die verschiedenen Gase durch eine Compression um $\frac{1}{116}$ erfahren. Wir erhalten: [49] [49]

Tabelle der Temperaturerhöhungen der Gase durch die Wirkung der Compression.

Name der Gase	Temperaturerhöhung durch eine Volumverminderung um $\frac{1}{116}$
Atmosphärische Luft	1.000°
Wasserstoffgas	1.160
Kohlensäure	0.730
Sauerstoff	1.035
Stickstoff	1.000
Stickoxydul	0.667
Oelbildendes Gas	0.558
Kohlenoxyd	0.955

Eine neue Zusammendrückung um $\frac{1}{116}$ (des veränderten Volums) würde, wie wir bald sehen werden, die Temperatur dieser Gase um einen Betrag erhöhen, welcher dem ersten sehr nahe gleich wäre; für die dritte, vierte, zehnte ähnliche Zusammendrückung würde dies aber nicht mehr gelten. Die Capacität der Gase für die Wärme ändert sich mit dem Volum; es ist sehr wahrscheinlich, dass sie sich auch mit der Temperatur ändert. Volum;[46]

[50] Wir wollen nunmehr aus dem S. 23 ausgesprochenen allgemeinen Satze ein zweites Theorem ableiten, welches eine Ergänzung des soeben bewiesenen ist. [50]

Wir denken uns, dass das im cylindrischen Raum *abcd* enthaltene Gas (Fig. 2) in den Raum *a' b' c' d'* (Fig. 3) von gleicher Höhe aber anderer, und zwar grösserer Grundfläche übergeführt würde: das Gas vermehrt sein Volum und vermindert seine Dichte und elastische Kraft im umgekehrten Verhältniss der beiden Volume $abcd$ und $a'b'c'd'$. Was den gesammten Druck anlangt, welcher auf jeden Kolben cd, $c'd'$ ausgeübt wird, so wird er beiderseits derselbe sein, weil die Flächeninhalte der Kolben sich unmittelbar wie die Volume verhalten.

Wir nehmen nun an, dass man an dem in $a'b'c'd'$ enthaltenen Gas die auf S. 24 beschriebenen Operationen ausführt, wie sie für das in $abcd$ enthaltene Gas ausgeführt worden waren, d. h. wir nehmen an, dass wir dem Kolben $c'd'$ Bewegungen ertheilen, deren Weite denen des Kolbens cd gleich ist, indem man ihn folgeweise die Stellungen $c'd'$, entsprechend cd und $e'f'$, entsprechend ef ertheilt, wobei man gleichzeitig das Gas mittelst der Körper A und B dieselben Temperaturänderungen erleiden lässt, wie als es in $abcd$ eingeschlossen war: alsdann wird die ganze auf den Kolben ausgeübte Kraft in beiden Fällen stets
[51] [**51**] für entsprechende Augenblicke die gleiche sein. Dies folgt allein aus dem Gesetz von *Mariotte* *): denn da in der That die Dichten beider Gase bei analogen Lagen des Kolbens stets in demselben Verhältniss stehen, und die Temperaturen beiderseits stets die gleichen sind, so bewahren die auf die beiden Kolben ausgeübten Gesammtdrucke stets das gleiche Verhältniss untereinander. Ist dies Verhältniss in einem beliebigen Augenblick das der Gleichheit, so werden die Drucke stets gleich sein.

[52] Da weiterhin die Bewegungen der beiden [**52**] Kolben durch gleiche Strecken gehen, so wird die bewegende Kraft offenbar beiderseits die gleiche sein: woraus man nach dem Satz auf S. 23 schliessen kann, dass die beiderseits gebrauchten Wärmemengen dieselben sind, d. h. dass in beiden Fällen vom Körper A nach dem Körper B die gleiche Wärmemenge übergeht.

---

*) Das Gesetz von *Mariotte*, auf welches wir uns hier zum Behufe unseres Beweises stützen, ist eines der bestbewiesenen physikalischen Gesetze. Es hat mehreren durch die Erfahrung bestätigten Theorien als Grundlage gedient, wodurch umgekehrt wieder die Gesetze bewiesen sind, auf denen sie beruhen. Man kann weiter als eine werthvolle Bestätigung der Gesetze von *Mariotte*, sowie von Hrn. *Gay-Lussac* und *Dalton* für ein grosses Temperaturgebiet die Versuche von *Dulong* und *Petit* anführen (Ann. de phys. et de chim. 7, 122. 1818). Auch lassen sich die neueren Versuche von Hrn. *Davy*
anführen.[47] und *Faraday* anführen.

Die hier abgeleiteten Sätze werden vielleicht nicht genau sein, wenn man sie ausserhalb bestimmter Grenzen der Dichte oder der Temperatur anwendet; sie dürfen nur innerhalb des Gebietes als richtig angesehen werden, für welches die Gesetze von *Mariotte* und Hrn. *Gay-Lussac* und *Dalton* ihrerseits als gültig erwiesen sind.

Die dem Körper A entzogene und dem Körper B abgegebene Wärme ist nun nichts, als die durch die Verdünnung des Gases aufgenommene und in der Folge durch die Compression entbundene Wärme. Wir werden somit zur Aufstellung des folgenden Satzes geführt:

Wenn eine elastische Flüssigkeit ohne Temperaturänderung vom Volum U zu dem Volum V übergeht, und eine gleiche Gewichtsmenge desselben Gases geht bei derselben Temperatur vom Volum U' zu dem Volum V' über, so sind, wenn U' und V' in demselben Verhältniss stehen, wie U und V, die in beiden Fällen aufgenommenen oder abgegebenen Wärmemengen dieselben. dieselben.[48]

Dieser Satz kann in anderer Weise wie folgt ausgesprochen werden:

Aendert ein Gas ohne Temperaturänderung sein Volum, so stehen die aufgenommenen oder abgegebenen Wärmemengen in arithmetischer Reihe, wenn die [53] Zu- oder Abnahmen des Volums in geometrischer Reihe stehen. [53]

Comprimirt man ein Liter Luft, welche bei der Temperatur von 10° erhalten wird, bis auf $\frac{1}{2}$ Liter, so entwickelt sich eine gewisse Wärmemenge. Diese Menge wird stets dieselbe sein, wenn man weiter das Volum von $\frac{1}{2}$ Liter auf $\frac{1}{4}$ Liter, von $\frac{1}{4}$ Liter auf $\frac{1}{8}$ Liter und so fort reducirt.

Wenn man, statt die Luft zusammenzudrücken, sie folgeweise auf 2 Liter, 4 Liter, 8 Liter bringt, so muss man ihr stets gleiche Wärmemengen zuführen, um die Temperatur auf gleicher Höhe zu erhalten .

Dies giebt leicht Rechenschaft von der erhöhten Temperatur, auf welche die Luft durch eine schnelle Zusammenpressung gelangt. Es ist bekannt, dass diese Temperatur genügt, um Zunder zu entzünden, und sogar um die Luft leuchtend zu machen. machen.[49] Nimmt man für den Augenblick an, dass die specifische Wärme der Luft ungeachtet der Aenderungen des Volums und der Temperatur constant sei, so wird die Temperatur in arithmetischer Reihe wachsen, wenn das Volum in geometrischer Reihe verkleinert wird. Gehen wir hiervon aus und nehmen an, dass ein Grad Temperaturerhöhung einer Zusammendrückung um $\frac{1}{116}$ entspricht, so gelangt man leicht zu dem Schlusse, dass die auf [54] $\frac{1}{14}$ ihres ursprünglichen Volums gebrachte Luft eine [54]

Temperaturerhöhung von 300° erfährt, was zur Entzündung des
ausreicht*).50 Zunders ausreicht*).

[55] [55] Die Temperaturerhöhung muss offenbar noch erheblicher werden, wenn die Capacität der Luft für die Wärme in dem Maasse kleiner wird, wie das Volum abnimmt: dies ist aber wahrscheinlich und scheint sogar aus den Versuchen von Hrrn. *Delaroche* und *Bérard* über die specifische Wärme der
folgen.52 Luft bei verschiedenen Dichtigkeiten zu folgen. (Siehe die Abhandlung in den Annales de chimie, 85, 72 und 224.)

Die beiden auf S. 25 und 31 ausgesprochenen Lehrsätze genügen, um die bei den Volumänderungen der elastischen Flüssigkeiten aufgenommenen oder abgegebenen Wärmemengen miteinander zu vergleichen, welches auch die Dichtigkeit und die chemische Natur derselben sei, vorausgesetzt, dass sie bei einer bestimmten unveränderlichen Temperatur genommen und erhalten werden, aber die Lehrsätze liefern kein Mittel, die Wärmemengen miteinander zu vergleichen, welche von elastischen Flüssigkeiten, welche Volumänderungen erfahren, bei verschiedenen Temperaturen entwickelt oder aufgenommen werden. So wissen wir nicht, welches Verhältniss zwischen der Wärme, welche ein Liter Luft beim Zusammendrücken auf die Hälfte des Volums bei 0° entwickelt und der besteht, welche dasselbe Liter Luft bei derselben Volumverminderung auf die Hälfte bei
entwickelt.53 100° entwickelt. Die Kenntniss dieses Verhältnisses ist mit der

---

*)51 *) Wird das Volum um $\frac{1}{116}$ verkleinert, d. h. geht es auf $\frac{115}{116}$ seines Anfangswerthes herab, so steigt die Temperatur um 1°.

Eine weitere Verkleinerung um $\frac{1}{116}$ bringt das Volum auf $(\frac{115}{116})^2$, und die Temperatur muss um einen weiteren Grad steigen.

Nach x ähnlichen Volumverminderungen wird das Volum $(\frac{115}{116})^x$ und die Temperatur steigt um x Grade.

Setzt man $(\frac{115}{116})^x = \frac{1}{14}$ und nimmt man beiderseits die Logarithmen, so folgt

$$x = 300^\circ$$

ungefähr.

Setzt man $(\frac{115}{116})^x = \frac{1}{2}$, so findet man

$$x = 80^\circ$$

woraus hervorgeht, dass die Luft sich bei der Compression auf die Hälfte ihres Volums sich um 80° erwärmt.

Alles dies ist von der Annahme abhängig, dass die specifische Wärme der Luft sich trotz der Volumverminderung nicht ändert; wenn man aber nach den weiter unten (S. 34 und 36) dargelegten Gründen annimmt, dass die auf die Hälfte ihres Volums gebrachte Luft ihre specifische Wärme im Verhältniss 700 zu 616 vermindert, so muss die Zahl 80° mit $\frac{700}{616}$ multiplicirt werden, wodurch sie auf 90° steigt.

der [56] specifischen Wärme der Gase bei verschiedenen Temperaturen und mit einigen anderen Daten verknüpft, welche die Physik uns noch geliefert hat. [56] raturen[54]

Unser zweites Theorem giebt uns ein Mittel, zu erfahren, nach welchem Gesetz die specifische Wärme der Gase sich mit ihrer Dichte ändert.

Wir nehmen an, dass die auf S. 24 beschriebenen Operationen, statt zwischen zwei Körpern A und B von unendlich wenig verschiedener Temperatur abzulaufen, zwischen zwei Körpern vor sich gehen, deren Temperaturen um eine endliche Grösse, etwa 1°, verschieden sind. sind.[55] Bei einem geschlossenen Kreise von Operationen liefert der Körper A der elastischen Flüssigkeit eine bestimmte Wärmemenge, welche in zwei Theile zerlegt werden kann: 1. die, welche zur Constanterhaltung der Temperatur des Gases während der Ausdehnung erforderlich ist; 2. die, welche zur Erwärmung des Gases von der Temperatur des Körpers B auf die des Körpers A nöthig ist, wenn man es auf sein früheres Volum bringt und alsdann in Berührung mit dem Körper A setzt. Nennen wir die erste dieser Wärmemengen a und die zweite b, so ist der gesammte vom Körper A gelieferte Wärmestoff durch $a + b$ gegeben.

Der vom Gase auf den Körper B übertragene Wärmestoff lässt sich gleichfalls in zwei Theile sondern: einen, b' von der Abkühlung des Gases durch den Körper B, den anderen a', welchen das Gas durch die Wirkung [57] seiner Volumabnahme [57] hergiebt. Die Summe beider Grössen ist $a' + b'$; sie muss gleich $a + b$ sein, weil nach einem vollständigen Kreise von Operationen das Gas genau in seinen ursprünglichen Zustand zurückgeführt ist. Es hat alle Wärme abgeben müssen, welche ihm vorher geliefert worden war . Wir haben daher

$$a + b = a' + b'$$

oder

$$a - a' = b' - b \, .$$

Nun sind nach dem Satze von S. 31 die Grössen a und a' unabhängig von der Dichte des Gases, falls nur seine Gewichtsmenge dieselbe bleibt und die Volumänderungen dem ursprünglichen Volum proportional sind. Die Differenz $a - a'$ muss denselben Bedingungen entsprechen, und somit auch die Differenz $b' - b$, welche ihr gleich ist. Nun ist aber b' der zur Erwärmung des in $abcd$ (Fig. 2) eingeschlossenen Gases erforderliche Wärmestoff; b' ist der Wärmestoff, welchen das Gas verliert, wenn es, in *abef* eingeschlossen, sich um einen Grad abkühlt: diese Grössen können als Maass der specifischen Wärmen gelten. Wir sind somit dahin gelangt, den folgenden Satz auszusprechen:

Die in einem Gase durch eine Volumänderung hervorgebrachte Aenderung der specifischen Wärme hängt ausschliesslich nur vom Verhältniss des ur-
ab.[56] sprünglichen Volums zum geänderten ab. Das heisst,
[58] dass der Unterschied der specifischen Wärme [58] nicht von der absoluten Grösse der Volume abhängt, sondern nur von ihrem Verhältniss.

Dieser Satz kann auch in folgender Form ausgesprochen werden:

Vermehrt ein Gas sein Volum in geometrischer Reihe, so wächst seine specifische Wärme in arithmetischer Reihe.

Ist also a die specifische Wärme der Luft bei einer gegebenen Dichte, $a + h$ ihre specifische Wärme bei einer halb so grossen Dichte, so wird sie für eine Dichte gleich einem Viertel $a + 2h$, für eine Dichte gleich einem Achtel $a + 3h$ betragen und so fort.

Die specifischen Wärmen sind hier auf das Gewicht bezogen. Sie gelten für constantes Volum; jedoch folgen sie, wie man sieht, denselben Gesetzen wie die specifischen Wärmen für constanten Druck.

Und auf welche Ursache ist in der That der Unterschied zwischen den specifischen Wärmen bei constantem Volum und bei constantem Druck zurückzuführen? Auf den Wärmestoff, welcher im zweiten Falle zur Vermehrung des Volums erforder-
Mariotte'schen[57] lich ist. Nun muss nach dem *Mariotte*'schen Gesetze die Volumvermehrung eines Gases für eine gegebene Temperaturveränderung ein bestimmter Bruchtheil des ursprünglichen Volums sein, welcher vom Druck unabhängig ist. Nach dem auf S. 31 ausgesprochenen Theorem ist, wenn das Verhältniss zwi-
[59] schen dem ursprünglichen Volum [59] und dem veränderten gegeben ist, hierdurch die zur Volumvermehrung erforderliche Wärme bestimmt. Sie hängt ausschliesslich von diesem Verhältniss und der Gewichtsmenge des Gases ab. Man muss daher schliessen:

Der Unterschied zwischen der specifischen Wärme bei constantem Druck und der specifischen Wärme bei constantem Volum ist stets derselbe, unabhängig von der Dichtigkeit des Gases, wenn die Gewichtsmenge desselben die gleiche bleibt. bleibt.[58]

Diese specifischen Wärmen nehmen beide zu, wenn die Dichtigkeit des Gases abnimmt; ihr Unterschied bleibt aber unverändert*). verändert*).[59]

[60] Da der Unterschied der beiden Wärmecapacitäten constant ist, so muss, wenn eine in arithmetischer Reihe wächst, die andere einer ähnlichen Reihe folgen; unser Gesetz ist somit auch auf die specifischen Wärmen bei constantem Druck anwendbar.

Wir haben stillschweigend die Vermehrung der specifischen Wärme mit der des Volums angenommen. Diese Vermehrung folgt aus den Versuchen von Hrn. *Delaroche* und *Bérard*, denn *Bérard*,[60]
diese Physiker haben in der That 0.967 für die specifische Wärme der Luft unter dem Drucke von 1 m Quecksilber gefunden (vgl. die erwähnte Abhandlung), indem sie als Einheit die specifische Wärme des gleichen Gewichtes Luft unter dem Druck von 0.760 m angenommen haben.

Nach dem Gesetz, welchem die specifischen Wärmen bezüglich des Druckes folgen, reicht es aus [61], wenn sie für zwei [61]
bestimmte Fälle gemessen sind, um sie für alle möglichen Fälle zu berechnen: auf diese Weise ist auf Grundlage des oben erwähnten Ergebnisses des Experiments von Hrn. *Delaroche* und

---

*) Hr. *Gay-Lussac* und *Welter* haben durch unmittelbare Versuche (erwähnt in der Mecanique céleste und in den Annales de physique et de chimie, juillet 1822, S. 267) gefunden, dass das Verhältniss zwischen der specifischen Wärme bei constantem Druck und der specifischen Wärme bei constantem Volum sehr wenig sich mit der Dichte des Gases ändert. Nach dem oben Dargelegten muss der Unterschied constant bleiben, und nicht das Verhältniss. Da übrigens die specifische Wärme der Gase für ein gegebenes Gewicht nur sehr wenig sich mit der Dichte ändert, so ist es einleuchtend, dass das Verhältniss seinerseits nur kleine Aenderungen erfährt.

Das Verhältniss zwischen der specifischen Wärme der atmosphärischen Luft bei constantem Druck und constantem Volum ist nach *Gay-Lussac* und *Welter* 1·3748, welche Zahl sehr nahe constant für alle Drucke [60] und selbst für alle Temperaturen gefunden wurde. Durch andere Betrachtungen sind wir zu der Zahl $\frac{267+116}{267} = 1 \cdot 44$ gelangt, welche um $\frac{1}{20}$ davon verschieden ist, und wir haben uns dieser Zahl bedient, um eine Tabelle der specifischen Wärmen bei constantem Volum zu entwerfen: man darf daher diese Tabelle nicht als sehr genau ansehen, und ebensowenig die Tabelle auf S. 36. Diese Tabellen sind wesentlich dazu bestimmt, die Gesetze anschaulich zu machen, denen die luftförmigen Flüssigkeiten folgen.

Bérard die nachstehende Tabelle der specifischen Wärme der
worden.[61] Luft unter verschiedenen Drucken berechnet worden.

Druck in Atmosphären	Spec. Wärme, die der Luft unter Atmosphärendruck = 1 gesetzt	Druck in Atmosphären	Spec. Wärme, die der Luft unter Atmosphärendruck = 1 gesetzt
$\frac{1}{1024}$	1.840	1	1.000
$\frac{1}{512}$	1.756	2	0.916
$\frac{1}{256}$	1.672	4	0.832
$\frac{1}{128}$	1.588	8	0.748
$\frac{1}{64}$	1.504	16	0.664
$\frac{1}{32}$	1.420	32	0.580
$\frac{1}{16}$	1.336	64	0.496
$\frac{1}{8}$	1.256	128	0.412
$\frac{1}{4}$	1.165	256	0.328
$\frac{1}{2}$	1.084	512	0.244
1	1.000	1024	0.160

[62] [62] Die erste Spalte ist, wie man sieht, eine geometrische Reihe, und die zweite eine arithmetische Reihe.

Wir haben die Tabelle bis auf extreme Verdichtungen und Verdünnungen ausgedehnt. Es ist anzunehmen, dass die Luft, bevor sie eine Dichte annähme, die um das 1024fache ihre gewöhnliche übertrifft, d. h. bevor sie dichter würde, als das Wasser, sich vorher verflüssigen würde. Die specifischen Wärmen würden Null, und selbst negativ werden, wenn man die Tabelle über das letzte Glied hinaus verlängert. Wir glauben übrigens, dass die Zahlen der zweiten Spalte in zu schneller Progression abnehmen. Die Versuche, welche unserer Rechnung zu Grunde gelegt sind, erstrecken sich über ein zu enges Gebiet, als dass man eine grosse Genauigkeit der erhaltenen Zahlen, insbesondere bei den extremen Werthen, erwarten dürfte.

Da wir nunmehr einerseits das Gesetz kennen, nach welchem sich die Wärme bei der Compression entwickelt, und andererseits das, nach welchem die specifische Wärme sich mit dem Volum ändert, wird es uns leicht sein, die Temperaturerhöhungen eines Gases zu berechnen, welches man zusammen-
kann.[62] drückt, ohne dass es Wärmestoff verlieren kann. Man kann nämlich die Wirkung der Compression in zwei aufeinander
[63] folgende Operationen zerlegt denken: [63] 1. Compression bei constanter Temperatur, 2. Zuführung der entwickelten Wärme.

Die Temperatur steigt infolge der zweiten Operation im umgekehrten Verhältniss der specifischen Wärme, welche das Gas nach seiner Compression besitzt, und welche wir mittelst des oben bewiesenen Gesetzes berechnen können. Die bei der Compression entwickelte Wärme muss nach dem Theorem auf S. 31 durch einen Ausdruck von der Form $s = A + B \log v$ dargestellt werden, wo s diese Wärme, v das Volum des Gases nach der Compression und A und B willkürliche Constanten sind, deren Werth vom ursprünglichen Volum des Gases, seinem Druck und den gewählten Einheiten abhängt.

Die specifische Wärme, welche sich mit dem Volum nach dem oben bewiesenen Gesetz ändert, muss durch einen Ausdruck von der Gestalt $z = A' + B' \log v$ dargestellt werden, wo die willkürlichen Constanten A' und B' von A und B verschieden sind.

Die Temperaturzunahme, welche das Gas durch die Wirkung des Druckes erfährt, ist proportional dem Verhältniss $\frac{s}{z}$, oder dem Verhältniss $\frac{A + B \log v}{A' + B' \log v}$. Sie kann auch durch dies Verhältniss selbst dargestellt werden; nennt man dieses t, so hat man demnach $t = \frac{A + B \log v}{A' + B' \log v}$. Ist das ursprüngliche Volum des Gases [64] gleich 1 und die ursprüngliche Temperatur 0°, so ist gleichzeitig $t = 0$, $\log v = 0$, woraus $A = 0$. Alsdann bedeutet t nicht nur die Temperaturzunahme, sondern unmittelbar die Temperatur oberhalb des Nullpunktes selbst. [64]

Die eben gegebene Formel darf nicht als für sehr grosse Volumänderungen der Gase gültig angesehen werden. Wir haben die Erhöhung der Temperatur umgekehrt proportional der specifischen Wärme angenommen, was implicite die Constanz der specifischen Wärmen bei allen Temperaturen voraussetzt. Beträchtliche Volumänderungen bringen beträchtliche Temperaturänderungen des Gases mit sich, und nichts beweist uns die Constanz der specifischen Wärmen bei verschiedenen Temperaturen, namentlich solchen, die von einander sehr weit entfernt sind. Diese Constanz ist nur eine Hypothese, die für Gase nach der Analogie angenommen wird, nachdem sie einigermaassen für feste und flüssige Körper innerhalb eines bestimmten Umfanges der Thermometerskale bewährt worden ist, deren Ungenauigkeit aber, falls man sie auf Temperaturen weit über 100° anwenden

wollte, durch die Versuche von *Dulong* und *Petit* erwiesen
ist*).63 ist*).
[65] [65] Nach einem von Hrn. *Clément* und *Désormes* [66] auf
Grund unmittelbarer Versuche festgestellten Gesetz enthält der
Wasserdampf in gleichem Gewicht stets dieselbe Wärmemenge,
bei welchem Druck er auch gebildet sein mag, oder, was auf
dasselbe herauskommt, wenn Wasserdampf ohne Wärmeverlust
mechanisch zusammengepresst oder ausgedehnt wird, so wird
der Dampf sich stets in gesättigtem Zustande befinden, wenn er
hatte.64 sich ursprünglich in diesem Zustande befunden hatte. Der
Wasserdampf in diesem Zustande muss demnach als ein permanentes Gas angesehen werden und allen Gesetzen desselben
folgen. Folglich muss die Formel

$$t = \frac{A + B \log v}{A' + B' \log v}$$

---

*) Ein Grund, die Constanz der specifischen Wärmen der Körper bei verschiedenen [65] Temperaturen a priori anzunehmen, d. h. anzunehmen, dass gleiche Wärmemengen gleiche Temperaturerhöhungen der Körper hervorbringen, ist nicht ersichtlich, selbst wenn dieser Körper weder seinen Zustand noch seine Dichte änderte, wie z. B. eine elastische Flüssigkeit in einer starren Hülle. Unmittelbare Versuche an festen und flüssigen Körpern hatten erwiesen, dass zwischen 0° und 100° gleiche Wärmemengen sehr annähernd gleiche Temperaturerhöhungen hervorbringen, aber die neuesten Versuche von Hrn. *Dulong* und *Petit* (Ann. de chim. et de phys. févr., mars, avr. 1818) haben gezeigt, dass diese Beziehung bei erheblich über 100° gelegenen Temperaturen nicht mehr gilt, gleichgültig, ob diese Temperaturen mit dem Quecksilber- oder mit dem Luftthermometer gemessen werden.

Die specifischen Wärmen bleiben nicht nur nicht gleich bei verschiedenen Temperaturen, sondern sie bleiben ausserdem nicht in demselben Verhältniss, so dass keine Thermometerscala die gleichzeitige Constanz sämmtlicher specifischen Wärmen ergeben kann. Es wäre interessant gewesen, festzustellen, ob dieselben Unregelmässigkeiten auch bei gasförmigen Stoffen bestehen bleiben, doch bieten hier die Versuche fast unübersteigliche Schwierigkeiten.

Die Unregelmässigkeiten der specifischen Wärmen der festen Körper können nach unserer Meinung der latenten, zum Zweck einer beginnenden Schmelzung, einer Erweichung, welche sich bei der Mehrzahl [66] dieser Körper lange vor der vollständigen Schmelzung bemerklich macht, verbrauchten Wärme zugeschrieben werden. Man kann diese Vermuthung durch die folgende Bemerkung stützen: nach den Versuchen von Hrn. *Dulonq* und *Petit* selbst ist die Zunahme der specifischen Wärme mit der Temperatur schneller bei festen, als bei flüssigen Körpern, obwohl diese eine grössere Ausdehnung zeigen. Die eben dargelegte Ursache der Unregelmässigkeiten würde, wenn sie thatsächlich besteht, bei Gasen verschwinden.

auf ihn gleich anwendbar sein, und sich mit der Tabelle der Spannungen, welche aus den unmittelbaren Versuchen des Hrn. *Dalton* folgt, im Einklang befinden.

Man kann sich vergewissern, dass unsere Formel bei einer passenden Bestimmung der Constanten in sehr angenäherter Weise die Ergebnisse der Versuche wiedergiebt. Die [67] kleinen [67]
Abweichungen, welche man dabei antrifft, überschreiten nicht diejenigen, welche vernünftigerweise den Fehlern der Beobachtung zugeschrieben werden können*).

---

*) Um die willkürlichen Constanten A, B, A', B' nach Werthen aus der Tabelle des Hrn. *Dalton* zu bestimmen, muss man mit der Berechnung des Volums des Dampfes nach seinem Druck und seiner Temperatur beginnen, was leicht mittelst der Gesetze von *Mariotte* und von Hrn. *Gay-Lussac* ausführbar ist, indem die Gewichtsmenge des Dampfes als unveränderlich angenommen wird.

Das Volum ist gegeben durch die Gleichung

$$v = c\,\frac{267 + t}{p}$$

wo v das Volum, t die Temperatur, p der Druck und c eine Constante ist, welche vom Gewicht des Dampfes und von den gewählten Einheiten abhängt.

Folgendes ist die Tabelle der von einem Gramm Dampf bei verschiedenen Temperaturen und dementsprechend verschiedenen Drucken eingenommenen Volume.

t oder Temperatur in Centigraden	p oder Spannung des Dampfes in Millimetern Quecksilber	v oder Volum eines Gramms Dampf in Litern
0°	5.060	185
20°	17.32	58.2
40°	53.00	20.4
60°	144.6	7.96
80°	352.1	3.47
100°	760.0	1.70

Die beiden ersten Spalten dieser Tabelle sind [68] dem Traité de Physique von Hrn. *Biot* (I, 272 und 531) entnommen. Die dritte ist entnommen.[65]
mittelst der obigen Formel und nach dem Erfahrungsresultat berechnet worden, dass das unter Atmosphärendruck verdampfte Wasser einen 1700fach grösseren Raum einnimmt, als im flüssigen Zustande.

Benutzt man die drei ersten Zahlen der ersten und die entsprechenden der dritten Columne, so kann man leicht die Constanten unserer Gleichung

$$t = \frac{A + B \log v}{A' + B' \log v}$$

bestimmen. Wir gehen nicht auf die Einzelheiten der erforderlichen Rechnungen ein; es genügt die Angabe, dass die folgenden Werthe

[68] [68] Wir kommen hier auf unseren Hauptgegenstand, von dem wir uns schon zu sehr entfernt hatten, die bewegende Kraft der Wärme, zurück.

Wir haben gezeigt, dass die Menge der bewegenden Kraft
[69] [69], welche durch den Transport des Wärmestoffes von einem Körper zum anderen entwickelt wird, ausschliesslich von den Temperaturen dieser Körper abhängt, aber wir haben die Beziehung zwischen diesen Temperaturen und der Menge der bewegenden Kraft nicht angegeben. Es erscheint zunächst ziemlich naturgemäss, anzunehmen, dass für gleiche Temperaturunterschiede die Mengen der bewegenden Kraft gleich sind, dass z. B. der Uebergang einer gegebenen Menge Wärmestoff von einem bei 100° erhaltenen Körper A auf einen bei 50° befindlichen Körper B ebensoviel bewegende Kraft entstehen lasse, wie der Uebergang desselben Wärmestoffs von einem auf 50° erhaltenen Körper B auf einen bei 0° erhaltenen Körper C. Ein derartiges Gesetz wäre zweifellos sehr merkwürdig, doch sind genügende Gründe nicht ersichtlich, um es a priori anzunehmen. Wir wollen durch strenge Ueberlegungen seine Realität untersuchen. Nehmen wir an, die auf S. 24 beschriebenen Operationen würden folgeweise an zwei Mengen atmosphärischer Luft ausgeführt, welche nach Gewicht und Volum gleich sind, aber sich bei verschiedenen Temperaturen befinden; setzen wir ausserdem die Temperaturunterschiede dieser Körper A
[70] und B beiderseits gleich, so dass dieselben beispielsweise [70] in einem dieser Fälle die Temperaturen 100° und 100° — h° (wo h° unendlich klein ist), und im anderen die Temperaturen 1° und 1° — h° haben. Die Menge der hervorgebrachten bewegenden Kraft ist in jedem Falle die Differenz zwischen der, welche das Gas durch seine Ausdehnung liefert, und der, die es

---

$$A = 2268 \qquad A' = 19.64$$
$$B = -1000 \qquad B' = 3.30$$

ziemlich gut den vorgeschriebenen Bedingungen genügen, so dass die Gleichung

$$t = \frac{2268 - 1000 \log v}{19 \cdot 64 + 3 \cdot 30 \log v}$$

in sehr angenäherter Weise die Beziehung darstellt, welche zwischen
besteht.66 dem Volum des Dampfes und seiner Temperatur besteht.

Man wird hier bemerken, dass die Grösse B' positiv und sehr klein ist, was zu Gunsten des Satzes spricht, dass die specifische Wärme eines elastischen Fluidums mit dem Volum wächst, aber in
Maasse.67 sehr langsamem Maasse.

für die Rückkehr auf sein ursprüngliches Volum verbraucht. Diese Differenz ist hier aber, wie man sich durch eine einfache Ueberlegung überzeugen kann, deren Einzelheiten mitzutheilen wir für unnöthig halten, in beiden Fällen die gleiche: somit ist auch die hervorgebrachte bewegende Kraft dieselbe.

Vergleichen wir nun die Wärmemengen untereinander, welche in beiden Fällen gebraucht werden. Im ersten Falle ist die gebrauchte Wärmemenge die, welche der Körper *A* der Luft liefern muss, um sie bei der Temperatur 100° während ihrer Ausdehnung zu erhalten; im zweiten Falle ist es die Wärmemenge, welche derselbe Körper ihr liefern muss, um ihre Temperatur bei 1° während einer vollkommen ähnlichen Volumänderung zu erhalten. Wären diese beiden Wärmemengen einander gleich, so würde daraus das oben vermuthete Gesetz folgen. Nun beweist aber nichts, dass dem so sei; es wird sogar gezeigt werden, dass diese Wärmemengen ungleich sind.

Die Luft, von der wir zunächst annehmen, dass sie [71] das Volum *abcd* (Fig. 2) einnimmt, und sich bei der Temperatur 1° befindet, kann auf das Volum *abef* und die Temperatur von 100° durch zwei verschiedene Mittel geführt werden. [71]

1. Man kann sie zunächst erwärmen, ohne ihr Volum zu ändern, und sie sodann ausdehnen, indem man ihre Temperatur constant erhält.

2. Man kann mit der Ausdehnung beginnen, indem man die Temperatur constant erhält, und sie erwärmen, nachdem sie das neue Volum angenommen hat.

Seien a und b die Wärmemengen, welche bei der ersten der beiden Operationen gebraucht worden sind, und b' und a' die nach einander gebrauchten Wärmemengen bei der zweiten; da das Schlussresultat der beiden Operationen dasselbe ist [13]), so müssen die beiderseits gebrauchten Wärmemengen gleich sein: wir haben demnach

$$a + b = a' + b'$$

woraus

$$a' - a = b - b'.$$

a' ist die zur Erwärmung des Gases von 1° bis 100° erforderliche Wärmemenge, wenn es den Raum *abef* einnimmt.

a ist die zur Erwärmung des Gases von 1° bis 100° erforderliche Wärmemenge, wenn es den Raum *abcd* einnimmt.

Die Dichte der Luft ist im ersten [72] Falle geringer, als im zweiten, und nach den bereits (S. 35) erwähnten Versuchen [72] von Hrn. *Delaroche* und *Bérard* muss ihre Wärmecapacität etwas grösser sein.

Da also a' grösser ist als a, so muss b grösser sein als b'. Folglich gilt, wenn wir diesen Satz verallgemeinern:

Die von einer Volumänderung eines Gases herrührende Wärmemenge ist um so grösser, je höher die Temperatur ist.

Daher ist beispielsweise mehr Wärmestoff erforderlich, um die Temperatur einer gewissen Luftmenge bei 100° zu erhalten, während man ihr Volum verdoppelt, als die Temperatur derselben Luft bei 1° zu erhalten, wenn sie genau dieselbe Ausdehnung erfährt.

Diese ungleichen Wärmemengen würden aber, wie wir gesehen haben, gleiche Mengen bewegender Kraft für gleichen Abfall des Wärmestoffes bei verschiedenen Temperaturen hervorbringen; hieraus kann man den folgenden Schluss ziehen:

Der Fall des Wärmestoffes bringt bei niedrigeren Graden der Temperatur mehr bewegende Kraft her-
Graden.68 vor, als bei höheren Graden.

[73] So wird eine gegebene Wärmemenge mehr [73] bewegende Kraft entwickeln, wenn sie von einem auf 1° erhaltenen Körper zu einem auf 0° erhaltenen übergeht, als wenn beide Körper die Temperaturen 101° und 100° besessen hätten.

Uebrigens muss der Unterschied sehr klein sein; er wäre gleich Null, wenn die Capacität der Luft für Wärme bei verschiedenem Volum constant bliebe. Nach den Versuchen von Hrn. *Delaroche* und *Bérard* ändert sich diese Capacität wenig, selbst so wenig, dass die Unterschiede streng genommen den Beobachtungsfehlern oder irgend welchen unberücksichtigt gebliebenen Umständen zugeschrieben werden könnten.

Wir sind ausser Stande, mit Hülfe der Angaben allein, welche wir gegenwärtig besitzen, das Gesetz zu bestimmen, nach welchem die bewegende Kraft der Wärme bei den verschiedenen Graden der Thermometerskale sich ändert. Dieses Gesetz ist mit dem der Aenderungen der specifischen Wärme der Gase bei verschiedenen Temperaturen verknüpft, und diese hat die Erfahrung uns noch nicht mit ausreichender Genauigkeit kennen
gelehrt*).69 gelehrt*).

---

*) Nimmt man die Constanz der specifischen Wärme eines Gases bei constantem Volum, aber wechselnder Temperatur an, so führt uns die Analyse auf eine Beziehung zwischen der bewegenden Kraft und

[74] Wir werden nun auf absolute Weise die bewegende Kraft der Wärme zu bestimmen suchen, und um unseren Haupt- [74]

---

dem Temperaturgrade. [74] Wir werden zeigen, auf welche Weise, und dies wird uns ausserdem Gelegenheit geben, zu zeigen, wie einige der oben ausgesprochenen Sätze in algebraischer Form auszudrücken sind. sind.[70]

Es sei r die Menge der bewegenden Kraft, welche durch die Ausdehnung einer gegebenen Menge Luft hervorgebracht wird, indem sie von dem Volum eines Liters auf das Volum von v Litern bei constanter Temperatur übergeht; vermehrt sich v um die unendlich kleine Grösse dv, so nimmt r um dr zu, welche Grösse nach der Natur der bewegenden Kraft gleich der Volumzunahme dv multiplicirt mit der Expansivkraft ist, welche alsdann das elastische Fluidum besitzt. Ist p diese Expansivkraft, so gilt die Gleichung

$$dr = p\,dv. \tag{1}$$

Die constante Temperatur, bei welcher die Ausdehnung erfolgt, sei t; nennt man q die elastische Kraft der Luft, welche das Volum von einem Liter bei derselben Temperatur einnimmt, so hat man nach dem *Mariotte*'schen Gesetz

$$v : 1 = q : p, \text{ woraus } p = \frac{q}{v}.$$

Ist nun P die elastische Kraft derselben Luft, stets bei dem Volum 1, aber bei der Temperatur 0°, so hat man nach der Regel von Hrn. *Gay-Lussac*

$$q = P + P\frac{t}{276} = \frac{P}{276}(276 + t),$$

woraus

$$\frac{q}{v} = p = \frac{P}{276}\,\frac{276 + t}{v}.$$

[75] Bezeichnen wir zur Abkürzung die Grösse $\frac{P}{276}$ mit N, so wird die Gleichung

$$p = N\frac{t + 276}{v},$$

woraus nach der Gleichung (1) sich ergiebt

$$dr = N\frac{t + 276}{v}dv.$$

Integriren wir beiderseits, indem wir t als constant ansehen, so erhalten wir

$$r = N(t + 276)\log v + C.$$

Setzen wir $r = 0$, wenn $v = 1$, so wird $C = 0$, und

$$r = N(t + 276)\log v. \tag{2}$$

Dies ist die bewegende Kraft, welche durch die Ausdehnung der Luft bei der Temperatur t vom Volum 1 auf das Volum v hervorgebracht wird.

[75] satz zu verificiren, [75] nämlich zu beweisen, dass das zur Er-
[76] zeugung der bewegenden Kraft erforderliche Agens wirklich [76]

Führt man statt bei der Temperatur t vollkommen dieselben Operationen bei der Temperatur $t + dt$ aus, so ist die entwickelte bewegende Kraft

$$r + \delta r = N(t + dt + 276) \log v \, .$$

Wird die Gleichung (2) abgezogen, so folgt

$$\delta r = N \log v \, dt \, . \tag{3}$$

Ist e die Wärmemenge, welche zur Constanthaltung der Temperatur eines Gases bei seiner Dilatation erforderlich ist, so ist, nach den Ueberlegungen auf S. 24, δr die durch den Fall der Wärmemenge e von der Temperatur $t + dt$ auf t entwickelte bewegende Kraft. Nennen wir u die durch den Fall der Wärmeeinheit von der Temperatur t^0 auf die Temperatur 0^0 entwickelte bewegende Kraft, so kann sie, da nach dem auf S. 23 aufgestellten Princip die Grösse u einzig
[76] [76] von t abhängt, gleich einer Function Ft gesetzt werden, woraus folgt $u = Ft$.

Wächst t auf $t + dt$, so wächst u auf $u + du$, woraus

$$u + du = F(t + dt).$$

Zieht man die vorige Gleichung ab, so folgt

$$du = F(t + dt) - Ft = F't \cdot dt \, .$$

Dies ist offenbar die Menge bewegender Kraft, welche durch den Fall der Wärmeeinheit von der Temperatur $t + dt$ auf t hervorgebracht wird.

Wäre die Wärmemenge e statt der Einheit gewesen, so hätte die von ihr hervorgebrachte Kraft den Werth gehabt

$$e\,du = e\,F't \cdot dt \, . \tag{4}$$

Nun ist aber $e\,du$ dasselbe, wie δr, denn beide sind gleich der durch den Fall der Wärmemenge e von der Temperatur $t + dt$ auf t hervorgebrachte Kraft; somit ist

$$e\,du = \delta r$$

und wegen der Gleichungen (3), (4)

$$e\,F't \cdot dt = N \log v \cdot dt$$

oder nach Division mit $F't \cdot dt$

$$e = \frac{N}{F't} \log v = T \log v \, ,$$

indem wir mit T den Bruch $\frac{N}{F't}$ bezeichnen, welcher eine Function der Temperatur allein ist.

Die Gleichung $e = T \log v$ ist der analytische Ausdruck des S. 31 ausgesprochenen Gesetzes; sie gilt für alle Gase, da die angewendeten Gesetze allen Gasen gemeinsam sind.

ohne Einfluss auf die Menge dieser Kraft ist, werden wir dazu folgeweise verschiedene wählen, [77] atmosphärische Luft, [77]
Wasserdampf, Alkoholdampf.

---

[77] Bezeichnet man mit s die Wärmemenge, welche erforderlich ist, um die Luft, mit welcher wir operirt haben, vom Volum 1 und der Temperatur 0° auf das Volum v und die Temperatur t zu bringen, so ist der Unterschied zwischen s und e gleich der Wärmemenge, welche zur Erwärmung der Luft von 0° auf t^0 beim Volum 1 erforderlich ist. Diese Grösse ist allein von t abhängig; wir nennen sie U; sie wird irgend eine Function von t sein: es ist

$$s = e + U = T \log v + U.$$

Wird diese Gleichung nach t allein differenzirt, und sind T' und U' die Differentialcoefficienten von T und U, so folgt

$$\frac{ds}{dt} = T' \log v + U',$$

wo $\frac{ds}{dt}$ nichts als die specifische Wärme des Gases bei constantem Volum ist, und unsere Gleichung (5) ist der analytische Ausdruck des auf S. 34 ausgesprochenen Gesetzes.

Setzt man die specifische Wärme als constant bei allen Temperaturen voraus (welche Hypothese oben, S. 38, erörtert wurde), so ist die Grösse $\frac{ds}{dt}$ unabhängig von t; um daher der Gleichung (5) für zwei verschiedene Werthe von v zu genügen, müssen T' und U' unabhängig von T sein, und wir haben $T' = C$, gleich einer Constanten. Wird T' und C mit dt multiplicirt, und beiderseits das Integral genommen, so findet man

$$T = Ct + C_1;$$

da aber $T = \frac{N}{F't}$, so folgt

$$F't = \frac{N}{T} = \frac{N}{Ct + C_1};$$

[78] wird beiderseits mit dt multiplicirt, und integrirt, so folgt

$$Ft = \frac{N}{C} \log (Ct + C_1) + C_2$$

oder, indem man die willkürlichen Constanten ändert, und bemerkt, dass $Ft = 0$, wenn $t = 0°$ ist,

$$Ft = A \log \left(1 + \frac{t}{B}\right). \tag{6}$$

Auf diese Weise wäre die Function Ft bestimmt, und man wäre somit in Stand gesetzt, die bewegende Kraft für jeden beliebigen Fall der Wärme zu bestimmen. Indessen ist der letzte Schluss an die Hypothese von der Constanz der specifischen Wärme der Gase bei con-

[78] [78] Nehmen wir an, dass zunächst atmosphärische Luft
[79] benutzt werde, [79] so wird die Operation nach der auf S. 24 angegebenen Methode durchgeführt. Wir machen dabei die folgenden Voraussetzungen.

Die Luft befindet sich unter Atmosphärendruck; die Temperatur des Körpers A ist ein Tausendstel Grad oberhalb 0°, die des Körpers B ist 0°. Die Differenz ist, wie man sieht, sehr klein, was hier ein wesentlicher Umstand ist.

Die Volumzunahme, welche der Luft bei unserer Operation ertheilt wird, wird $\frac{1}{116} + \frac{1}{267}$ des ursprünglichen Volums sein; dies ist, absolut gesprochen, eine sehr kleine Zunahme, sie ist aber gross im Verhältniss zu dem Temperaturunterschied zwi-
B. 71 schen den Körpern A und B.

Die durch die Gesammtheit der beiden auf S. 24 beschriebenen Operationen entwickelte bewegende Kraft ist sehr nahe proportional der Volumzunahme und dem Unterschiede

---

stantem Volum geknüpft, deren Richtigkeit die Erfahrung noch nicht hinlänglich bestätigt hat. Bis auf neue Nachweise kann unsere Gleichung (6) nur innerhalb eines mittleren Gebietes der Temperaturscala als giltig angesehen werden.

In der Gleichung (5) stellt, wie wir bemerkt haben, das erste Glied die specifische Wärme des Gases bei dem Volum v dar. Da die Erfahrung gezeigt hat, dass diese Wärme sich trotz bedeutender Volumänderungen sehr wenig ändert, so muss der Coefficient T' von $\log v$ eine sehr kleine Grösse sein. Setzt man ihn gleich Null und multiplicirt man mit dt die Gleichung

$$T' = 0,$$

so findet man durch Integration

$$T = C, \text{ gleich einer Constanten.}$$

Nun ist

$$T = \frac{N}{F't},$$

daher

$$F't = \frac{N}{T} = \frac{N}{C} = A,$$

[79] woraus sich schliesslich durch eine zweite Integration ergiebt

$$Ft = At + B.$$

Da für $t = 0$ auch $Ft = 0$, so folgt

$$Ft = At,$$

d. h., dass die bewegende Kraft genau proportional dem Fall des Wärmestoffes wäre. Dies ist die analytische Uebersetzung des auf S. 40 und 41 Gesagten.

zwischen den beiden Drucken der Luft, wenn sie sich bei den Temperaturen 0°001 und 0° befindet.

[80] Dieser Unterschied ist nach der Regel von Hrn. *Gay-Lussac* gleich $\frac{1}{267}$ Tausendstel der elastischen Kraft des Gases, [80]
oder sehr nahe $\frac{1}{267}$ Tausendstel vom Druck einer Atmosphäre.

Der Atmosphärendruck hält einer Wasserhöhe von 10.40 m das Gleichgewicht; $\frac{1}{267}$ Tausendstel dieses Druckes sind gleichwerthig $\frac{1}{267000} \times 10.40$ m Wasserhöhe.

Was die Volumzunahme anlangt, so ist sie nach der Voraussetzung $\frac{1}{116} + \frac{1}{267}$ des ursprünglichen Volums, d. h. des Volums, welches ein Kilogramm Luft bei 0° einnimmt, welches Volum sich aus dem specifischen Gewicht der Luft gleich 0.77 cbm ergiebt; somit drückt das Product

$$\left(\frac{1}{116} + \frac{1}{267}\right) 0.77 \; \frac{1}{267000} \cdot 10.40$$

die entwickelte bewegende Kraft aus. Diese Kraft ist hier in Kubikmetern Wasser, erhoben auf ein Meter Höhe, ausgedrückt. ausgedrückt.[72]

Führt man die angedeuteten Multiplicationen aus, so ergiebt sich der Werth des Products gleich 0.000 000 372.

Wir versuchen nunmehr die Wärmemenge zu ermitteln, welche zur Erlangung dieses Resultates erforderlich war, d. h. die vom Körper *A* auf den Körper *B* übergegangene Wärmemenge.

Der Körper *A* liefert 1. die erforderliche Wärme, [81] um [81]
die Temperatur von 1 kg Luft von 0° auf 0°001 zu erheben, 2. die erforderliche Wärmemenge, um die Temperatur der Luft bei diesem Grade 0°001 zu erhalten, während sie eine Ausdehnung von

$$\frac{1}{116} + \frac{1}{267}$$

erfährt.

Da die erste dieser Wärmemengen sehr klein im Verhältniss zur zweiten ist, vernachlässigen wir sie. Die zweite ist gemäss den Ueberlegungen auf S. 27 gleich der, welche zur Erwärmung von 1 kg Luft um einen Grad erforderlich wäre, während diese unter dem Druck einer Atmosphäre steht.

Nach den Versuchen von Hrn. *Delaroche* und *Bérard* über die specifische Wärme der Gase beträgt die der Luft für gleiches Gewicht 0.267 von der des Wassers. Nehmen wir daher als Wärmeeinheit die zur Erwärmung von einem Kilogramm Wasser um 1° erforderliche Menge, so ist die zur Erwärmung von einem Menge,[73]
Kilogramm Luft um 1° erforderliche Menge 0.267. Somit ist die von dem Körper *A* gelieferte Wärmemenge 0.267 Einheiten.

Dies ist die Wärme, welche 0.000 000 372 Einheiten bewegender Kraft durch den Fall von 0°001 auf 0° liefern kann.

Für einen tausendmal grösseren Fall, den von 1°, wird die
[82] hervorgebrachte bewegende Kraft [82] sehr nahe tausendmal grösser, als die erste, oder

$$0.000372.$$

Wenn wir nun statt 0.267 Einheiten Wärme 1000 Einheiten nehmen, so wird die bewegende Kraft durch die Proportion gegeben sein

$$0.267 : 0.000\,372 = 1000 : x,$$

$$\text{woraus } x = \tfrac{372}{267} = 1.395 \text{ Einheiten.}$$

Somit werden 1000 Einheiten Wärme, indem sie von einem auf 1° erhaltenen Körper zu einem anderen bei 0° erhaltenen Körper übergehen, indem sie auf Luft wirken, hervorbringen:

1.395 Einheiten bewegender Kraft

Wir wollen dieses Ergebniss mit dem vergleichen, welches die Wirkung der Wärme auf Wasserdampf liefert.

Wir nehmen 1 kg flüssigen Wassers in dem cylindrischen Raum *abcd* (Fig. 4) zwischen dem Boden *ab* und dem Kolben *cd* enthalten an; ebenso setzen wir das Vorhandensein zweier Körper *A*, *B* voraus, von denen jeder bei einer constanten Temperatur erhalten wird, wobei die von *A* nur um ein sehr Geringes höher ist, als die von *B*. Wir stellen uns nunmehr folgende Operationen vor:

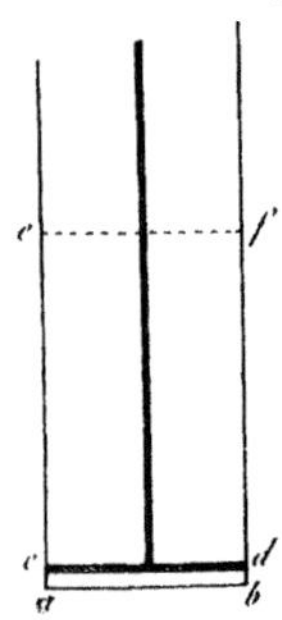

Fig. 4.

1. Berührung des Wassers mit dem Körper *A*, Uebergang des Kolbens aus der Stellung *cd* in
[83] die Stellung *ef*, [83] Bildung von Dampf bei der Temperatur des Körpers *A*, bis der Raum *abef* erfüllt ist, den wir gross genug voraussetzen, damit alles Wasser in ihm als Dampf enthalten sein kann.

2. Entfernung des Körpers *A*, Berührung des Dampfes mit dem Körper *B*, Verflüssigung eines Theils dieses Dampfes, Abnahme seiner elastischen Kraft, Rückkehr des Kolbens von *ef* nach *ab*, Verflüssigung des Restes des Dampfes durch vereinigte Wirkung des Druckes und der Berührung mit dem Körper *B*.

3. Entfernung des Körpers *B*, neue Berührung des Wassers mit dem Körper *A*, Rückkehr des Wassers auf die Temperatur dieses Körpers, Wiederholung der ersten Periode und so fort.

Die Menge der bewegenden Kraft, welche in einem vollständigen Kreis von Operationen entwickelt wird, wird durch das Product des Volums des Wasserdampfes und den Unterschied der Spannungen gemessen, welche er bei der Berührung mit dem Körper und bei der mit dem Körper B besitzt.

Was die verbrauchte Wärmemenge anlangt, d. h. die, welche von dem Körper A auf den Körper B übertragen wird, so ist es offenbar die, welche zur Bildung des Dampfes aus dem Wasser erforderlich war, wobei allerdings die kleine Menge vernachlässigt ist, welche zur Erwärmung des flüssigen Wassers von der Temperatur des Körpers A auf die des Körpers B erforderlich war.

[84] Sei die Temperatur des Körpers A 100°, die des Körpers B 99°; der Unterschied der Spannungen ist nach der Tabelle von Hrn. *Dalton* 26 mm Quecksilber oder 0.36 m Wasserhöhe. [84]

Das vom Dampf eingenommene Volum ist 1700 mal grösser als das des Wassers. Operiren wir mit einem Kilogramm, so sind das 1700 Liter oder 1.700 cbm.

Somit ist der der entwickelten bewegenden Kraft gleich dem Product

$$1.700 \times 0.36 = 0.611 \text{ Einheiten}$$

von derselben Art, welche wir vorher benutzt haben.

Die gebrauchte Wärmemenge ist die zur Verdampfung des bereits auf 100° erwärmten Wassers erforderliche Menge. Diese Grösse ist durch die Erfahrung gegeben: man findet sie gleich 550°, oder, genauer gesprochen, gleich 550 unserer Wärmeeinheiten.

Somit ergeben sich 0.611 Einheiten bewegender Kraft aus dem Gebrauch von 550 Wärmeeinheiten.

Die Menge bewegender Kraft, welche sich aus 1000 Einheiten ergiebt, wird durch die Proportion gefunden

$$550 : 0.611 = 100 : x, \text{ woraus } x = \tfrac{611}{550} = 1.112$$ 100[74]: 1.112.[75]

Somit bringen 1000 Wärmeeinheiten, wenn sie [85] von einem auf 100° erhaltenen Körper auf einen anderen, auf 99° erhaltenen, übergehen, bei der Wirkung auf Wasserdampf 1.112 Einheiten bewegender Kraft hervor. [85]

Die Zahl 1.112 ist um etwa $\frac{1}{4}$ von der Zahl 1.395 verschieden, welche vorher für den Werth der durch die Wirkung von 1000 Wärmeeinheiten auf Luft entwickelten bewegenden Kraft gefunden worden war, doch muss bemerkt werden, dass in jenem Falle die Temperaturen der Körper 1° und 0° waren, während sie in diesem 100° und 99° sind. Der Unterschied ist allerdings derselbe; er befindet sich aber nicht in derselben Höhe der thermometrischen Scala. Zum Zwecke eines genauen Vergleiches wäre nöthig gewesen, die vom Dampf entwickelte bewegende Kraft zu ermitteln, wenn er bei 1° gebildet und bei 0° verdichtet worden wäre, auch wäre es erforderlich gewesen, die in dem bei 1° gebildeten Dampf enthaltene Wärmemenge zu kennen.

Das von Hrn. *Clément* und *Désormes* herrührende, S. 38 erwähnte Gesetz giebt uns diese Grösse. Da die Bildungswärme des Dampfes stets die gleiche ist, bei welcher Temperatur auch die Verdampfung stattfinden mag, so werden, wenn bei 100° zur Verdampfung des auf 100° erwärmten Wassers 550 Grad Wärme erforderlich waren, zur Verdampfung desselben Gewichtes Wasser bei 0° 550 + 100 oder 650 erforderlich sein.

[86] [**86**] Unter Benutzung dieser Angabe und durch Schlüsse, die denen vollkommen ähnlich sind, welche auf das Wasser von 100° angewendet worden sind, findet man, wie man sich leicht überzeugen kann,

1.290

für die bewegende Kraft, welche von 1000 Wärmeeinheiten bei der Einwirkung auf Wasserdampf zwischen 1° und 0° entwickelt werden.

Diese Zahl nähert sich mehr als die frühere der ersten

1.395.[76] 1.395.

Sie ist von dieser nur um $\frac{1}{13}$ verschieden, welcher Fehler nicht ausserhalb der vorauszusetzenden Grenzen ist, wenn man die grosse Zahl von Daten verschiedener Art berücksichtigt, welche wir, um zu dieser Annäherung zu gelangen, zu benutzen gezwungen waren. Somit ist in einem besonderen Falle unser allgemeines Gesetz bestätigt*).

Wir untersuchen einen anderen Fall, den, wo man die Wärme
lässt.[77] auf Alkoholdampf wirken lässt.

[87] Die Ueberlegungen sind hier vollkommen [**87**] dieselben, wie für den Wasserdampf, nur die Zahlenwerthe ändern sich.

Der reine Alkohol siedet bei 78° 7 C. unter gewöhnlichem Druck. Ein Kilogramm absorbirt nach Hrn. *Delaroche* und

---

*) In einer Abhandlung von Hrn. *Petit* (Annales de chimie et de physique, juillet 1818, p. 294) findet man eine Auswerthung der be-
Wasserdampf.[78] wegenden Kraft in Bezug auf Luft und Wasserdampf. Diese Auswerthung führt dazu, dass der Luft ein grosser Vortheil zukommt; doch rührt dies von einer ganz unvollkommenen Art her, die Wirkung der Wärme zu betrachten.

Bérard 207 Wärmeeinheiten, um sich bei ebendieser Temperatur 78° 7 C. in Dampf zu verwandeln.

Die Spannung des Alkoholdampfes ist 1° unter dem Siedepunkte um $\frac{1}{25}$ vermindert; sie ist um $\frac{1}{25}$ kleiner, als der Atmosphärendruck (dies folgt wenigstens aus den Versuchen von Hrn. *Bétancour*, über welche im zweiten Theil der Architecture hydraulique des Hrn. *Prony*, p. 180, 195 berichtet wird.) *) wird.)*)79

[88] Unter Anwendung dieser Daten findet man, dass, wenn [88]
man mit einem Kilogramm Alkohol zwischen den Temperaturen 78°7 und 77°7 arbeitet, die entwickelte bewegende Kraft 0.251 Einheiten beträgt.

Sie ergiebt sich aus der Anwendung von 207 Wärmeeinheiten. Für 1000 Einheiten gilt die Proportion

$$207 : 0.254 = 1000 : x, \text{ woraus } x = 1.230.$$

Diese Zahl ist etwas höher als 1.112, welcher Werth sich bei der Anwendung des Wassers zwischen 100° und 99° ergab. Nimmt man aber an, dass man Wasser zwischen 78° und 77° anwendet, so findet man unter Benutzung des Gesetzes von Hrn. *Clément* und *Désormes* 0.121 für den von 1000 Wärmeeinheiten herrührenden Werth der bewegenden Kraft. Diese Zahl nähert sich, wie man sieht, sehr dem Werth 1.230; sie weicht von ihr nur um $\frac{1}{50}$ ab.

[89] Wir hätten gewünscht, weitere Beziehungen dieser Art [89]
herstellen zu können, beispielsweise die bewegende Kraft

---

*) Hr. *Dalton* hat zu beobachten geglaubt, dass der Dampf verschiedener Flüssigkeiten bei gleichen thermometrischen Distanzen vom Siedepunkt gleiche Spannung habe; jedoch ist dieses Gesetz nicht streng richtig, sondern nur annähernd. Dasselbe gilt für das Gesetz der Proportionalität zwischen den latenten Wärmen der Dämpfe und ihren Dichten (vgl. Auszüge aus einer Abhandlung von Hrn. *C. Desprets* (Annales de physique et de chimie, 16, p. 105 und 24, 323). Derartige Fragen sind eng mit der nach der bewegenden Kraft des Feuers verknüpft. Ganz neuerdings haben Hr. *Davy* und *Faraday* infolge schöner Versuche über die Verflüssigung der Gase durch beträchtliche Drucke die Aenderungen der Spannung dieser verflüssigten Gase bei geringen [88] Temperaturänderungen zu bestimmen gesucht. Sie hatten die Anwendung neuer Flüssigkeiten zur Erzeugung bewegender Kraft im Auge (vgl. Ann. de chim. et de phys., janvier 1824, p. 80). Nach der oben dargelegten Theorie lässt sich voraussehen, dass die Anwendung dieser Flüssigkeiten bezüglich der Ersparniss an Wärme keine Vortheile gewähren wird. Denn Vortheile würden nur in Bezug auf die niedrige Temperatur auftreten, bei welcher man arbeiten könnte, und in Bezug auf die Quellen, aus denen man aus diesem Grunde die Wärme schöpfen könnte. könnte.80

berechnen zu können, welche durch die Wirkung der Wärme auf die festen Körper und die Flüssigkeiten, durch das Gefrieren des Wassers etc. entwickelt wird, jedoch liefert die gegenwärtige Physik uns nicht die erforderlichen Daten*). Das Grundgesetz, welches wir zu bestätigen beabsichtigen, scheint uns indessen, um es ausser Zweifel zu setzen, neuer Bestätigungen zu bedürfen; es stützt sich auf die Theorie der Wärme, wie man sie jetzt annimmt, und wir müssen gestehen, dass diese Grundlage uns nicht
erscheint.[81] von unerschütterlicher Festigkeit erscheint. Neue Versuche können allein die Frage entscheiden; inzwischen beschäftigen wir uns mit der Anwendung der oben dargelegten theoretischen Ideen, die wir als richtig ansehen wollen, zur Prüfung der verschiedenen bisher vorgeschlagenen Mittel, um die bewegende Kraft der Wärme zu gewinnen.

Gelegentlich ist vorgeschlagen worden, die Kraft der Wärme
[90] durch die Wirkung der Wärme [90] auf feste Körper zu ent-
wickeln.[82] wickeln. Die Anwendungsweise, welche sich dem Geiste am naturgemässesten darbietet, ist, einen festen Körper, beispielsweise einen metallenen Stab an einem Ende unbeweglich zu befestigen, und das andere Ende mit einem beweglichen Theil der Maschine zu verbinden; und alsdann durch abwechselndes Erhitzen und Abkühlen die Länge des Stabes zu verändern und so beliebige Bewegungen hervorzubringen. Versuchen wir zu beurtheilen, ob diese Art, die bewegende Kraft zu entwickeln, vortheilhaft sein kann. Wir haben gezeigt, dass das Kennzeichen des besten Gebrauches der Wärme zur Erzeugung von Bewegungen war, dass alle Temperaturänderungen, welche in den Körpern geschehen, durch Volumänderungen veranlasst werden. Je mehr man sich der Erfüllung dieser Bedingung nähert, um so besser wird die Wärme ausgenutzt. Arbeitet man aber in der beschriebenen Weise, so ist man weit davon entfernt, die Bedingung, um die es sich handelt, zu erfüllen; keine Temperaturänderung rührt hier von einer Volumänderung her, alle sind durch die Berührung verschieden heisser Körper mit dem metallenen Stab bedingt, sowohl die mit dem Körper, der dem Stab die Wärme liefert, wie auch mit dem, der sie ihm entziehen soll.

Das einzige Mittel, die vorgeschriebene Bedingung zu erfüllen,

*) Die uns fehlen, sind die Expansivkräfte, welche die festen und flüssigen Körper durch Temperaturerhöhung erlangen, und die Wärmemengen, welche bei den Volumänderungen dieser Körper aufgenommen oder abgegeben werden.

ist, mit dem festen Körper [91] genau so zu verfahren, wie wir [91]
es mit der Luft bei den auf S. 20 beschriebenen Operationen gemacht haben. Hierzu wäre aber erforderlich, allein durch die Volumänderungen des festen Körpers erhebliche Temperaturänderungen hervorzubringen, wenigstens, wenn man einen erheblichen Abfall der Wärme ausnutzen wollte: und dies scheint
unausführbar. Mehrere Betrachtungen führen in der That zu der unausführbar.[83]
Annahme, dass die Temperaturänderungen, welche man in festen oder flüssigen Körpern durch die Wirkung der Zusammenpressung oder Dehnung erzielen kann, ziemlich geringfügig sind.

1. Man beobachtet oft an Maschinen (an Dampfmaschinen insbesondere) feste Theile, welche sehr erhebliche Spannungen bald in einem Sinne, bald im anderen erfahren, und obwohl zuweilen diese Spannungen so gross sind, als die Natur der angewendeten Stoffe es nur erlaubt, so sind doch die Temperaturänderungen wenig merklich.

2. Bei der Arbeit des Medaillenschlagens, bei der des Flachwalzens, des Drahtziehens erfahren die Metalle die grösste Compression, welcher man sie nur durch Anwendung der härtesten und widerstandsfähigsten Werkzeuge unterziehen kann. Trotzdem ist die Temperaturerhöhung nicht beträchtlich; wäre
sie es, so würden die Stahltheile [92], welche man zu diesen [92]
Operationen verwendet, bald weich werden.

3. Man muss bekanntlich auf die festen und flüssigen Körper einen sehr starken Druck ausüben, um in ihnen eine Volumverminderung hervorzubringen, welche die Abkühlung bewirkt (z. B. eine Abkühlung von 100° auf 0°). Nun erfordert die Abkühlung ein grösseres Herunterdrücken des Wärmestoffes, als die blosse Volumverminderung sie erfordern würde. Wäre also diese Verminderung durch ein mechanisches Mittel hervorgebracht worden, so könnte die entwickelte Wärme die Temperatur des Körpers nicht sich um so viele Grade ändern lassen, wie es die Abkühlung thut. Sie würde also sicherlich eine sehr bedeutende Kraft erfordern.

Da demnach die festen Körper nur geringer Temperaturänderungen durch Aenderungen des Volums fähig sind, da ferner die Bedingung des besten Gebrauchs der Wärme zur Entwicklung der bewegenden Kraft gerade die ist, dass jede Temperaturänderung durch eine Volumänderung bedingt ist, so scheinen die festen Körper wenig geeignet zu sein, diese Kraft zu gewinnen.

Die flüssigen Körper sind genau in demselben [93] Falle; [93]

die gleichen Gründe können zur Verwerfung ihrer Anwendung werden*).84 angeführt werden*).

Wir sprechen hier nicht von den praktischen Schwierigkeiten: sie würden ohne Zahl sein. Die durch Ausdehnung und Compression fester oder flüssiger Körper hervorgebrachten Bewegungen können nur sehr klein sein; um sie zu vergrössern, wäre man gezwungen, complicirte Einrichtungen anzuwenden; man müsste Materialien von grösster Stärke anwenden, um die riesigen Drucke zu übertragen, schliesslich würden die aufeinander folgenden Operationen im Vergleich zu den gewöhnlichen Wärmemaschinen nur sehr langsam ausgeführt werden können, so dass schliesslich grosse und kostspielige Apparate nur mittelmässige Wirkungen hervorbringen würden.

Die elastischen Fluida, die Gase oder Dämpfe sind die wahren, für den Zweck der Entwicklung bewegender Kraft aus Wärme geeigneten Maschinen. Sie vereinigen alle nothwendigen Bedingungen, die sie zu dieser Anwendung geeignet machen. Sie
[94] sind leicht zusammen zu drücken, besitzen die Fähigkeit [94], sich fast unbegrenzt auszudehnen, Volumänderungen bringen bei ihnen sehr bedeutende Temperaturänderungen hervor, schliesslich sind sie sehr beweglich, leicht von einem Orte zum anderen zu befördern, wodurch es möglich ist, sie schnell die Wirkungen hervorbringen zu lassen, welche man von ihnen erwartet.

Man kann sich leicht eine Anzahl von Maschinen erdenken, welche die bewegende Kraft der Wärme mittelst elastischer Flüssigkeiten zu entwickeln geeignet sind; wie man sich aber auch einrichtet, niemals darf man folgende Grundsätze aus den
verlieren.86 Augen verlieren.

1. Die Temperatur der Flüssigkeit muss zuerst auf den höchstmöglichen Grad gebracht werden, damit man einen grossen Fall des Wärmestoffes und damit eine grosse Erzeugung von bewegender Kraft erlangt.

2. Aus gleichem Grunde muss die Erkaltung so weit als möglich getrieben werden.

3. Man muss so verfahren, dass der Uebergang der elastischen Flüssigkeit von der höchsten Temperatur zur niedrigsten durch die Ausdehnung des Volums bedingt ist, d. h. so verfahren,

---

*) Neuere Versuche von Hrn. *Oersted* über die Compressibilität des Wassers haben gezeigt, dass bei einem Druck von 5 Atmosphären die Temperatur dieser Flüssigkeit keine messbare Aenderung erfährt
192).85 (vgl. Annales de physique et de chimie, février 1823, p. 192).

dass die Abkühlung des Gases freiwillig infolge der Ausdehnung geschieht.

Die Grenzen der Temperatur, auf welche [95] man die Flüssigkeit zu bringen vermag, sind nur die Grenzen der durch Verbrennung hervorgebrachten Temperatur; es sind dies sehr weite Grenzen. [95]

Die Grenzen der Abkühlung finden sich in den Temperaturen der kältesten Körper, die man leicht und reichlich zur Verfügung hat: diese Körper sind gewöhnlich die Gewässer des Ortes, an dem man sich befindet.

Was die dritte Bedingung anlangt, so bringt sie Schwierigkeiten in der Gewinnung der bewegenden Kraft der Wärme mit sich, wenn es sich darum handelt, grosse Temperaturunterschiede, einen grossen Abfall der Wärme auszunutzen. Denn es ist alsdann nöthig, dass das Gas durch die Wirkung der Ausdehnung von einer sehr hohen Temperatur auf eine sehr tiefe übergeht, was eine grosse Aenderung des Volums und der Dichte erfordert, was wiederum erfordert, dass das Gas sich anfangs unter einem sehr starken Druck befindet, oder dass es durch die Ausdehnung ein enormes Volum annimmt, zwei Bedingungen, welche beide schwierig zu erfüllen sind. Die erste bedingt die Anwendung sehr fester Gefässe, um das Gas bei hohem Druck und gleichzeitig hoher Temperatur aufzunehmen, die zweite verlangt Gefässe von sehr beträchtlicher Grösse.

Es sind dies thatsächlich die wesentlichsten Hindernisse [96], welche sich dem widersetzen, dass man in den Dampfmaschinen einen grossen Theil der bewegenden Kraft der Wärme gewinnt. Man ist gezwungen, sich auf die Ausnutzung eines geringen Falles des Wärmestoffes zu beschränken, wiewohl die Verbrennung der Kohle die Mittel bietet, sich einen beträchtlichen zu verschaffen. [96]

Selten ertheilt man in den Dampfmaschinen dem elastischen Fluidum einen Druck über 6 Atmosphären, welcher Druck einer Temperatur von etwa 160° C. entspricht, und selten kann man die Condensation bei Temperaturen viel unterhalb 40° C. ausführen; der Fall der Wärme von 160° bis 40° ist 120°, während man sich durch Verbrennung einen Fall von 1000 bis 2000 Graden verschaffen kann.

Um dies verständlicher zu machen, erinnern wir daran, was wir als den Fall des Wärmestoffes bezeichnet haben: es ist der Uebergang der Wärme von einem Körper A, dessen Temperatur hoch ist, auf einen anderen Körper B, wo sie niedriger ist.

Wir sagen, dass der Fall des Wärmestoffes 100° oder 1000° beträgt, je nachdem der Temperaturunterschied zwischen den Körpern A und B 100° oder 1000° ist.

In einer Dampfmaschine, welche unter dem Druck von 6 Atmosphären arbeitet, ist die Temperatur des Kessels 160°; dieser stellt den Körper A dar, welcher durch die Berührung mit der
[97] Feuerung auf [97] der constanten Temperatur von 160° erhalten wird und andauernd die zur Bildung des Dampfes erforderliche Wärme liefert.

Der Condensator ist der Körper B; er wird durch einen Strom kalten Wassers auf der nahezu constanten Temperatur von 40° erhalten und nimmt fortwährend den Wärmestoff auf, welcher ihm vom Körper A durch den Dampf zugeführt wird.

Der Temperaturunterschied zwischen beiden Körpern ist 160° bis 40° oder 120°: daher sagen wir, dass der Fall des Wärmestoffes hier 120° beträgt.

Da die Kohle durch ihre Verbrennung im Stande ist, eine Temperatur über 1000° hervorzubringen, und das kalte Wasser, über welches wir gewöhnlich in unserem Klima verfügen, etwa 10° hat, so kann man sich leicht einen Fall des Wärmestoffes von 1000° verschaffen, von dem nur 120° bei den Dampfmaschinen benutzt werden. Selbst diese 120° werden nicht vollständig ausgenutzt. Es finden stets beträchtliche Verluste infolge unnützer Wiederherstellungen des Gleichgewichts des Wärmestoffes statt.

Es ist nunmehr leicht zu bemerken, welches die Gründe des Vorzugs sind, den die sogenannten Hochdruckmaschinen vor denen mit niederem Druck haben: Dieser Vorzug liegt wesent-
[98] lich in der Möglichkeit, einen [98] grösseren Fall des Wärmestoffes nutzbar zu machen. Indem der Dampf bei einem höheren Druck entsteht, nimmt er auch eine höhere Temperatur an, und da andererseits die Temperatur des Condensators wesentlich die gleiche bleibt, ist der Fall des Wärmestoffes offenbar beträchtlicher.

Um aber mit Hochdruckmaschinen wirklich vortheilhafte Ergebnisse zu erlangen, muss der angewendete Fall des Wärmestoffes so gut als möglich ausgenutzt werden. Es genügt nicht, dass der Dampf bei hoher Temperatur entsteht, es ist auch erforderlich, dass er durch seine Volumvergrösserung auf eine hinreichend tiefe Temperatur gebracht wird. Der Charakter einer guten Maschine ist nicht nur der Gebrauch des Dampfes unter starkem Druck, sondern sein Gebrauch bei folgeweise

sehr veränderlichen Drucken, die von einander sehr verschieden sind und fortlaufend kleiner werden*).

---

*) Dieses Princip, die eigentliche Grundlage der Theorie der Dampfmaschinen, ist mit grosser Klarheit von Hrn. *Clément* in einer der Akademie der Wissenschaften vor einigen Jahren vorgelegten Arbeit entwickelt worden. Diese Arbeit ist nie veröffentlicht worden, worden.[87] jedoch verdanke ich ihre Kenntniss der Freundlichkeit des Verfassers. Das Princip ist dort nicht nur aufgestellt, sondern auch auf die verschiedenen gebräuchlichen Maschinen angewendet; die bewegende Kraft [99] ist dort mit Hülfe des S. 38 erwähnten Gesetzes berechnet und mit den Ergebnissen der Erfahrung verglichen worden.

Das Princip, von dem hier die Rede ist, ist dermaassen wenig bekannt, oder wenig geschätzt, dass neuerdings Hr. *Perkins*, ein berühmter Mechaniker in London, eine Maschine construirt hat, wo der unter dem bis dahin ungebräuchlichen Druck von 35 Atmosphären gebildete Dampf fast gar keine Ausdehnung erfährt, wovon man sich durch die oberflächlichste Kenntniss der Maschine überzeugen kann. kann.[88] Sie besteht aus einem einzigen Cylinder von sehr kleinen Dimensionen, welcher sich bei jedem Stoss vollkommen mit dem unter 35 Atmosphären Druck gebildeten Dampfe anfüllt. Der Dampf bringt keinerlei Wirkung durch die Vergrösserung seines Volums hervor, weil man ihm keinen Raum bietet, in welchen er sich ausdehnen könnte; man condensirt ihn alsbald nach seinem Austritt aus dem kleinen Cylinder. Er arbeitet also nur unter einem Drucke von 35 Atmosphären und nicht, wie die zweckmässige Anwendung es fordert, unter stufenweise abnehmendem Druck. Auch scheint die Maschine von Hrn. *Perkins* die Hoffnungen nicht zu erfüllen, welche sie ursprünglich erregt hatte. Man hat behauptet, dass die Ersparniss an Kohle durch diese Maschine $\frac{9}{10}$ den guten Maschinen von *Watt* gegenüber betrage, und dass sie noch andere Vortheile habe (vgl. Ann. de physique et de chimie, avril 1823, p. 429). Diese Behauptungen sind nicht bestätigt worden. Nichtsdestoweniger ist die Maschine von Hrn. *Perkins* eine werthvolle Erfindung, da sie die Möglichkeit gezeigt hat, den Dampf unter weit grösseren Drucken zu verwenden, als man es bis dahin [100] gethan hatte, und weil sie unter geschickten Abänderungen zu thatsächlich nützlichen Ergebnissen führen kann.

Watt, dem man fast alle grossen Verbesserungen der Dampfmaschine verdankt, und der die Maschinen zu einem solchen Grade der Vollendung gebracht hat, dass es heutzutage schwer hält, sie zu übertreffen, *Watt* ist auch der erste, welcher den Dampf unter fortwährend abnehmendem Druck benutzt hat. In vielen Fällen hat er den Eintritt des Dampfes in den Cylinder bei der Hälfte, dem Drittel, dem Viertel der Bewegung des Kolbens unterbrochen, und diese vollendete sich dann unter einem schwächeren und schwächeren Druck. Die ersten nach diesem Princip arbeitenden Maschinen datiren vom Jahre 1778. *Watt* war schon 1769 auf diese Idee gelangt und hatte 1782 ein Patent auf die Sache genommen.

Nachstehend ist eine Tabelle mitgetheilt, welche dem Patent von *Watt* angefügt ist. Er hat vorausgesetzt, dass der Dampf während

[99], [100] [99] Um gewissermaassen a posteriori [100] den Vortheil der Maschinen mit hohem Druck nachzuweisen, denken wir uns den Dampf unter Atmosphärendruck gebildet und in den cylindrischen Raum *abcd* (Fig. 5) unter den Kolben *cd* gebracht, welcher zuerst den Boden *ab* berührt hat: nachdem der Dampf den Kolben von *ab* nach *cd* bewegt hat, setzt er weiterhin seine Wirkungen in irgend einer Weise fort, mit der wir uns nicht weiter beschäftigen.

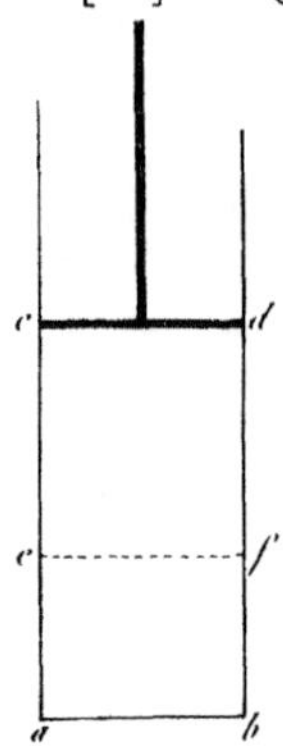

Fig. 5.

Wir denken uns, dass wir den nach *cd* gelangten Kolben zwingen, nach *ef* zu gehen, ohne dass wir dem Dampf gestatten, zu entweichen,
[101] noch einen Theil [101] seines Wärmestoffes zu
[102] verlieren. Er wird in [102] den Raum *abef* gepresst, und nimmt sowohl an Dichte, wie an elastischer Kraft und Temperatur zu.

[103] [103] Wäre der Dampf, statt sich unter Atmosphärendruck zu bilden, in dem Zustand entstanden, in welchem er sich in

---

des ersten Viertels der Bewegung des Kolbens in den Cylinder eingeführt wird, und hat, [101] indem er die Bewegung in zwanzig Theile
berechnet.[89] zerlegt hat, den mittleren Druck berechnet.

Antheil des Abstieges vom oberen Ende des Cylinders			Abnehmender Druck des Dampfes, der Anfangsdruck = 1 gesetzt	
	0.05	Der Dampf tritt frei aus dem Kessel	1	Ganzer Druck
	0.10		1	
	0.15		1	
	0.20		1	
Viertel	0.25		1	
	0.30	Der Dampf ist abgesperrt, die Kolbenbewegung erfolgt durch Expansion	0.830	
	0.35		0.714	
	0.40		0.625	
	0.45		0.555	
Hälfte	0.50		0.500	Hälfte des Anfangsdruckes
	0.55		0.454	
	0.60		0.417	
	0.65		0.385	
	0.70		0.375	
	0.75		0.333	Drittel
	0.80		0.312	
	0.85		0.294	
	0.90		0.277	
	0.95		0.262	
Boden des Cyl.	100		0.250	Viertel
			Summa 11.583	

Mittlerer Druck $\frac{11.583}{20} = 0.579$

abef zusammengepresst befindet und hätte er, nachdem er durch seinen Eintritt in den Cylinder den Kolben von *ab* nach *ef* geschoben hatte, ihn durch seine blosse Expansion noch von dem Volum *ef* nach *cd* bewegt, und die bewegende Kraft wäre bedeutender gewesen, als im ersten Falle. Denn die Bewegung des Kolbens hätte, obwohl durch den gleichen Raum, doch unter der Wirkung eines grösseren, wenn auch veränderlichen und stetig abnehmenden Druckes stattgefunden.

Der Dampf hätte aber zu seiner Bildung fast nur die gleiche Menge Wärmestoff nöthig gehabt, nur wäre dieser Wärmestoff bei einer höheren Temperatur aufgenommen worden.

Nach Betrachtungen dieser Art sind die Maschinen mit zwei Cylindern gebaut worden, die von Hrn. *Hornblower* erfunden
und von Hrn. *Woolf* verbessert worden sind, und die bezüglich sind[91]
der Ersparniss an Brennmaterial die vortheilhaftesten zu sein scheinen. Sie bestehen aus einem kleinen Cylinder, welcher sich bei jedem Kolbenschlage mehr oder weniger (häufig vollständig) mit Dampf füllt, und einem zweiten Cylinder, welchem

---

Hierzu bemerkt er, dass der mittlere Druck mehr als die Hälfte des ursprünglichen Druckes ist, und dass daher durch Anwendung einer Dampfmenge gleich einem Viertel eine Wirkung erzielt wird, welche mehr als die Hälfte beträgt.

Watt hat hierbei angenommen, dass der Dampf bei seiner Ausdehnung das Gesetz von *Mariotte* befolge; dies kann nicht als richtig angesehen werden, da einerseits das elastische Fluidum bei seiner Ausdehnung eine Temperaturerniedrigung erfährt, andererseits nichts beweist, dass sich nicht ein Theil dieses Fluidums durch die Expansion condensirt. Ebenso hätte *Watt* auf die zum Austreiben des Dampfes erforderliche Kraft Rücksicht nehmen müssen, da dieser nach der Condensation in um so grösserer Menge nachbleibt, je weiter die Expansion getrieben worden war. Der Doctor *Robinson* hatte der Arbeit von *Watt* eine einfache Formel, die Wirkung der Expansion auf den Dampf zu berechnen, hinzugefügt, doch krankt diese gleichfalls an den oben erwähnten Fehlern. Doch ist sie immerhin den Maschinenbauern nützlich, da sie ihnen eine für die Praxis einigermaassen zureichende Annäherung giebt. Wir haben es für nützlich gehalten, an diese Thatsachen zu erinnern, weil sie, namentlich in Frankreich, wenig bekannt sind. Man construirt hier
Maschinen nach den Modellen der Erfinder, kümmert sich aber sehr hier[90]
wenig um die Motive, welche diese von vornherein geleitet haben. Das Vergessen dieser Motive führt oft zu groben Fehlern. Ursprünglich gut erdachte Maschinen sind unter den Händen ungeschickter Maschinenbauer verdorben worden, welche an ihnen Verbesserungen von geringer Bedeutung anbringen wollten, und dabei die wesentlichsten Rücksichten vernachlässigt haben, die sie nicht zu beurtheilen wussten.

man gewöhnlich den vierfachen Inhalt des ersten giebt, und
[104] welcher nur [104] solchen Dampf empfängt, welcher bereits im
ersten Cylinder gewirkt hat. Somit hat der Dampf am Schluss
seiner Wirkung mindestens das vierfache Volum. Aus dem
zweiten Cylinder tritt er unmittelbar in den Condensator, doch
begreift man, dass er in einen dritten Cylinder geführt werden
könnte, welcher viermal so gross ist, wie der zweite, und in
würde.92 welchem sein Volum auf das 16fache steigen würde. Das
wesentlichste Hinderniss, welches sich der Anwendung eines
derartigen dritten Cylinders entgegenstellt, sind der grosse Raum-
inhalt, welchen man ihm geben müsste, und die grossen Dimen-
[105] sonen, welche die Dampföffnungen haben müssten*). Wir [105]
sagen nichts mehr über diesen Gegenstand, da unsere Aufgabe
nicht ist, auf die Einzelheiten der Construction von Wärme-
maschinen einzugehen: diese Einzelheiten würden ein eigenes
Werk beanspruchen, welches sie besonders behandelt; ein solches
existirt noch nicht, wenigstens in Frankreich**).

---

*) Der Vortheil zweier Cylinder an Stelle eines einzigen ist leicht einzusehen. In einem einzigen Cylinder wäre der Impuls des Kolbens vom Anfang bis zum Endeseines Laufes ausserordentlich verschieden. Sämmtliche Theile, die die Bewegung zu übertragen haben, müssten von genügender Widerstandsfähigkeit sein, um den ersten Impuls zu ertragen, und sehr gut mit einander verbunden, um plötzliche Bewegungen, durch die sieseh̄r leiden würden, zu vermeiden. Namentlich würde sich auf den Balancier, die Träger, den Lenker, die Krummzapfen, die ersten Zahnräder, die Ungleichförmigkeit des Antriebes geltend machen und die schädlichsten Wirkungen erzeugen. Ausserdem müsste der Dampfcylinder gleichzeitig stark genug sein, um den höchsten Druck zu ertragen, und geräumig genug, um [105] den Dampf nach seiner Volumvermehrung zu enthalten, während es bei der Anwendung von zwei aufeinander folgenden Cylindern genügt, den ersten hinreichend stark bei mässigem Inhalt zu machen, was eine leichte Sache ist, und den zweiten geräumig bei mässiger Stärke.

Die Zweicylindermaschinen sind, obwohl auf recht gute Principien begründet, doch häufig weit davon entfernt, die vortheilhaften Resultate zu ergeben, die man von ihnen erwarten müsste; es rührt dies hauptsächlich daher, dass die Abmessungen verschiedener Theile der Maschine schwierig zu regeln sind, und sich selten im richtigen gegenseitigen Verhältniss befinden. Es fehlt an guten Modellen zur Construction der Zweicylindermaschinen, während man vorzügliche zur Construction der Maschinen *Watt*'schen Systems besitzt. Daher rührt die Verschiedenheit, welche man an den Wirkungen der einen, und die fast vollkommene Gleichheit, welche man an den Wirkungen der anderen findet.

**)93 **) In dem Werke von Hrn. *Héron de Villefosse*, betitelt *de la Richesse minérale* 3. Vol., p. 50 u. ff. findet sich eine gute Beschreibung

[**106**] Ist die Ausdehnung des Dampfes hauptsächlich durch die [106]
Dimensionen der Gefässe eingeschränkt, in denen er sich ausdehnen soll, so ist der Grad der Dichte, in welchem man ihn zu Anfang anwenden kann, nur durch den Widerstand der Gefässe, in denen er erzeugt wird, d. h. der Kessel begrenzt. Nach dieser Richtung hat man noch bei Weitem nicht das beste erreicht, die Anordnung der gewöhnlich benutzten Kessel ist ganz verwerflich, und obwohl der Dampf in ihnen selten über 4 bis 6 Atmosphären Druck gebracht wird, platzen sie häufig und haben zu schweren Unfällen Ursache gegeben. Es wäre unzweifelhaft sehr möglich, solche Unfälle zu vermeiden, und trotzdem den Dampf auf weit höhere Spannung zu bringen, als man es gewöhnlich thut.

Ausser den Hochdruckmaschinen mit zwei Cylindern, von denen eben die Rede war, existiren noch Hochdruckmaschinen mit einem einzigen Cylinder. Die meisten der letzteren Art sind von zwei geschickten englischen Ingenieuren, Hrn. *Trevetick* und *Vivian* gebaut worden. Sie nehmen den Dampf unter sehr worden.[95]
hohem Druck, zuweilen 8 bis 10 Atmosphären, auf, sind aber ohne Condensator. Nach dem Eintreten in den Cylinder erfährt der Dampf eine gewisse Expansion, behält aber stets einen Druck bei, welcher den der Atmosphäre [**107**] übertrifft. Hat [107]
er seinen Dienst gethan, so wird er in die Atmosphäre getrieben. getrieben.[96]
Es ist offenbar, dass diese Wirkungsart, was die hervorgebrachte bewegende Kraft anlangt, vollkommen gleichwerthig ist mit einer Condensation des Dampfes bei 100°, und dass man einen Theil der nutzbaren Wirkung verliert; aber die so arbeitenden Maschinen ersparen den Condensator und die Luftpumpe. Sie sind weniger kostspielig, als die anderen, weniger complicirt, nehmen weniger Raum in Anspruch und können an Orten angewendet werden, wo man nicht über einen zur Condensation hinreichenden Strom kalten Wassers verfügt. In dieser Beziehung haben sie einen unschätzbaren Vorzug, da man sie durch andere nicht ersetzen kann. Diese Maschinen werden hauptsächlich in England gebraucht, um die zur Beförderung der Steinkohle dienenden Wagen auf den dazu eingerichteten Schienenwegen in

---

der gegenwärtig zur Ausbeutung der Minen gebräuchlichen Dampfmaschinen. In England sind die Dampfmaschinen auf eine recht vollständige Weise in der Encyclopaedia britannica behandelt. Einige behandelt.[94]
der von uns benutzten Angaben sind dem letzteren Werke entnommen.

Bewegung zu setzen, und zwar ebensowohl im Innern der Minen, wie unter freiem Himmel[20]).

Es bleibt uns übrig, noch einige Betrachtungen über die Anwendung der permanenten Gase und anderer Dämpfe ausser dem Wasserdampf zur Entwicklung der bewegenden Kraft des Feuers anzustellen.

Man hat zu wiederholten Malen versucht, die Wärme zur Erzeugung bewegender Kraft auf atmosphärische Luft einwirken zu lassen. Im Verhältniss zum Wasserdampf gewährt
[108] dieses Gas [108] Vor- und Nachtheile, welche wir untersuchen
wollen.[97] wollen.

1. Sie bietet, verglichen mit dem Wasserdampf, einen erheblichen Vortheil darin, dass es bei gleichem Volum eine viel kleinere Wärmecapacität hat, und sich deshalb durch eine gleiche Volumvergrösserung stärker abkühlt. (Diese Thatsache ist durch das Obengesagte nachgewiesen.) Nun ist aber gezeigt worden, von welcher Wichtigkeit es ist, durch Volumänderungen die grösstmöglichen Temperaturänderungen herbeizuführen.

2. Der Wasserdampf kann nur mit Hülfe eines Kessels gebildet werden, während die atmosphärische Luft unmittelbar, durch eine in ihr vorgenommene Verbrennung erhitzt werden kann. Man würde auf diese Weise einen erheblichen Verlust vermeiden, nicht nur in der Menge der Wärme, als vielmehr in ihrer Temperatur. Dieser Vortheil gehört ausschliesslich der atmosphärischen Luft an, die anderen Gase gewähren ihn nicht, und wären sogar schwieriger zu erhitzen, als der Wasserdampf.

3. Um der Luft eine grosse Volumvergrösserung zu ertheilen und durch diese Ausdehnung eine grosse Temperaturänderung hervorzubringen, wäre es nöthig, sie zunächst unter
[109] starkem Druck anzuwenden; man müsste sie [109] also vor dem Erhitzen durch eine Luftpumpe oder ein anderes Mittel zusammenpressen. Diese Operation würde einen besonderen Apparat bedingen, welcher bei den Dampfmaschinen nicht vorhanden ist. Hier ist das Wasser flüssig, wenn man es in den Kessel treten lässt, und erfordert, um eingeführt zu werden, nur eine Speisepumpe von kleinen Abmessungen.

4. Die Abkühlung des Dampfes durch die Berührung mit dem Refrigerator erfolgt sehr viel schneller und leichter, als dies mit der Luft der Fall sein könnte. Zwar hätte man den Ausweg, sie in die Atmosphäre zu entlassen, was noch den anderen Vortheil hätte, dass man den Refrigerator entbehren könnte, über

den man nicht überall verfügt, doch ist dazu erforderlich, dass die Ausdehnung der Luft nicht bis zu einem Druck unterhalb des der Atmosphäre gelangt.

5. Einer der schlimmsten Nachtheile des Dampfes ist, dass er nicht bei hohen Temperaturen angewendet werden kann, ohne die Anwendung von Gefässen von ungewöhnlicher Stärke nothwendig zu machen. Für die Luft gilt nicht das Gleiche, machen.[98] da hier keine nothwendige Beziehung zwischen der elastischen Kraft und der Temperatur besteht. Die Luft erscheint demnach geeigneter als der Dampf, um die bewegende Kraft des Falles des Wärmestoffes bei [110] höheren Temperaturgraden zu gewinnen; [110] bei niederen Graden ist vielleicht der Wasserdampf bequemer. Man kann sich sogar die Möglichkeit denken, dieselbe Wärme folgeweise auf Luft und auf Wasserdampf wirken zu lassen. Es würde genügen, der Luft nach ihrem Gebrauch noch eine hohe Temperatur zu lassen, und sie, statt sie in die Atmosphäre auszustossen, um einen Dampfkessel zu führen, wie wenn sie unmittelbar aus der Feuerung käme.

Die Anwendung der atmosphärischen Luft zur Entwicklung der bewegenden Kraft des Feuers würde in der Praxis sehr grosse, wenn auch vielleicht nicht unüberwindliche Schwierigkeiten bieten; gelingt es, sie zu überwinden, so würde sie zweifellos eine bemerkenswerthe Ueberlegenheit dem Wasserdampf gegenüber zeigen *).

---

*) Unter den Versuchen zur Entwicklung der bewegenden Kraft der Wärme mittelst atmosphärischer Luft müssen die von den Hrn. *Niepce* hervorgehoben werden, welche mittelst eines von den Erfindern Pyrelophor genannten Apparates vor mehreren Jahren in Pyrelophon[99] Frankreich angestellt worden sind. Im Wesentlichen bestand der Apparat in Folgendem: es war ein Cylinder nebst Kolben vorhanden, in welchen die atmosphärische Luft mit ihrer gewöhnlichen Dichte eintrat. Es wurde ein verbrennlicher Stoff im Zustande sehr feiner Vertheilung hineingeworfen, der einen Augenblick in der Luft schwebend blieb, dann wurde derselbe entzündet. Die Verbrennung brachte nahezu dieselbe Wirkung hervor, als wäre das elastische Fluidum ein [111] Gemenge von Luft und einem brennbaren Gase, z. B. von Luft und Kohlenwasserstoff; es fand eine Art Explosion und eine plötzliche Ausdehnung des elastischen Fluidums statt, welche man benutzte, indem man sie ganz auf den Kolben wirken liess. Dieser machte eine Bewegung von gewisser Weite, und die bewegende Kraft war so gewonnen. Nichts hindert daran, alsbald die Luft zu erneuern und eine zweite gleiche Operation auszuführen.

Diese, namentlich durch die Neuheit ihres Princips interessante Maschine besass einen fundamentalen Fehler. Der als Brennmaterial angewendete Stoff (es war Lycopodiumpulver, welches zur Erzeugung

[111] [111] Was die anderen permanenten Gase anlangt, so müssen
[112] [112] sie unbedingt verworfen werden; sie haben alle Nachtheile der atmosphärischen Luft, ohne einen ihrer Vortheile zu besitzen.

Das Gleiche kann man von den anderen Dämpfen als dem Wasserdampf im Verhältniss zu diesem sagen.

Fände sich eine Flüssigkeit in reichlicher Menge, welche höhere Temperatur als das Wasser verdampft, deren Dampf bei gleichem Volum eine geringere specifische Wärme hat, welche die zur Herstellung der Maschinen verwendeten Metalle nicht angreift, so würde sie unzweifelhaft den Vorzug verdienen; aber
Stoff.[100] die Natur bietet uns keinen solchen Stoff.

Man hat zuweilen den Alkoholdampf vorgeschlagen, und hat sogar Maschinen construirt, deren Zweck war, diese Anwendung möglich zu machen, indem sie die Vermischung der Dämpfe mit dem [113] Condensationswasser vermieden, d. h. indem man den kalten Körper aussen anbrachte, statt ihn in die Maschine einzuführen. Man glaubte an dem Alkoholdampf einen bemerkenswerthen Vortheil darin zu finden, dass er eine stärkere Spannkraft

---

von Flammen auf unseren Theatern benutzt wird) war zu theuer, so dass jeder Vortheil hierdurch verschwand, und leider war es schwierig, ein wohlfeiles Brennmaterial zu benutzen, weil man einen sehr fein gepulverten Körper brauchte, dessen Entzündung schnell erfolgt, und der keine Asche oder nur wenige hinterlässt.

Statt in der Weise wie die Herren *Niepce* vorzugehen, hätte es uns vortheilhafter geschienen, die Luft durch Pumpen vorläufig zu verdichten, sie durch eine vollkommen geschlossene Feuerung zu senden, in welche das Brennmaterial durch eine leicht zu ersinnende Vorrichtung in kleinen Antheilen eingeführt wird, sie ihre Wirkung in einem Cylinder mit Kolben oder einem beliebigen anderen ausdehnbaren Raum ausüben zu lassen, sie alsdann in die Atmosphäre zu treiben, oder sie unter einen Dampfkessel treten zu lassen, um ihre nachgebliebene Wärme auszunutzen.

Die Hauptschwierigkeiten, denen man bei dieser Art des Verfahrens begegnet wäre, [112] hätte darin bestanden, die Feuerung in eine hinlänglich feste Hülle einzuschliessen, trotzdem die Verbrennung in passender Weise zu unterhalten, die verschiedenen Theile des Apparates bei mässiger Temperatur zu erhalten und das Verderben des Cylinders und Kolbens zu verhindern; wir halten diese Schwierigkeiten nicht für unüberwindlich.

In jüngster Zeit soll man in England glückliche Versuche über die Entwicklung der bewegenden Kraft durch die Wirkung der
haben.[101] Wärme auf atmosphärische Luft gemacht haben. Es ist uns völlig unbekannt, worin diese Versuche bestehen, wenn sie überhaupt wirklich stattgefunden haben.

hat, als der Wasserdampf bei gleicher Temperatur. Wir können darin nur ein neues Hinderniss sehen. sehen.[102]

Der Hauptfehler des Wasserdampfes ist seine allzugrosse Spannkraft bei höherer Temperatur; dieser Fehler besteht beim Alkoholdampf in viel höherem Maasse. Was den Vortheil bezüglich eines grösseren Gewinnes von bewegender Kraft anlangt, den man hierbei zu finden glaubte, so wissen wir nach den oben dargelegten Grundsätzen, dass er imaginär ist.

Nur auf den Gebrauch des Wasserdampfes und der atmosphärischen Luft haben sich also die künftigen Versuche zu richten, die Wärmemaschinen zu verbessern; mittelst dieser Agentien den grösstmöglichen Fall des Wärmestoffes zu verwerthen, muss der Gegenstand aller Bemühungen sein.

Wir schliessen, indem wir bemerken, wie weit man davon entfernt ist, mittelst der bis jetzt bekannten Mittel alle bewegende Kraft der Brennmaterialien zu gewinnen.

Ein Kilogramm Kohle liefert beim Verbrennen im [114] Ca- [114]
lorimeter eine Wärmemenge, welche im Stande ist, um einen Grad C. etwa 7000 kg Wasser zu erwärmen, d. h. es liefert 7000 Wärmeeinheiten nach der S. 47 gegebenen Definition.

Der grösste anwendbare Fall des Wärmestoffes wird durch den Unterschied der Temperatur der Verbrennung und der der zur Abkühlung verwendeten Körper gegeben. Es ist schwierig, für die Temperatur der Verbrennung eine andere Grenze zu finden, als die, bei welcher die Verbindung zwischen dem Sauerstoff und dem Brennmaterial noch stattfinden kann. Nehmen wir nun an, dass diese Grenze 1000° sei, so halten wir uns sicherlich unterhalb der Wahrheit. Die Temperatur des Kühlers nehmen wir gleich 0°.

Wir haben S. 49 annähernd die Menge der bewegenden Kraft berechnet, welche 1000 Wärmeeinheiten zwischen den Graden 100° und 99° entwickeln; wir fanden sie gleich 1.12 Krafteinheiten, deren jede gleich einem Kubikmeter Wasser, auf ein Meter Höhe erhoben, ist.

Wäre die bewegende Kraft der Fallhöhe des Wärmestoffes proportional, wäre sie für jeden Thermometergrad die gleiche, so wäre nichts leichter, als sie zwischen 1000° und 0° auszuwerthen; sie hätte den Werth

$$1.12 \times 1000 = 1120.$$

[115] Da aber dies Gesetz nur angenähert ist, und sich bei [115]
höheren Temperaturen möglicherweise sehr von der Wahrheit

entfernt, so können wir nur eine ganz grobe Annäherung machen: wir nehmen die Zahl 1120 als auf die Hälfte, auf 560 reducirt an.

Da ein Kilogramm Kohle 7000 Wärmeeinheiten hervorbringt, und die Zahl 560 sich auf 1000 Einheiten bezieht, so muss man sie mit 7 multipliciren, wodurch sich ergiebt

$$7 \times 560 = 3920.$$

Dies ist die bewegende Kraft von einem Kilogramm Kohle.

Um dies theoretische Ergebniss mit den Ergebnissen der Erfahrung zu vergleichen, wollen wir untersuchen, wieviel bewegende Kraft ein Kilogramm Kohle thatsächlich in den besten der bekannten Wärmemaschinen entwickelt.

Die Maschinen, welche bisher die vortheilhaftesten Resultate gegeben haben, sind die grossen Zweicylindermaschinen, welche zur Wasserhaltung in den Zinn- und Kupferminen in Cornwall verwendet werden. Die besten Ergebnisse, welche sie überhaupt geliefert haben, sind folgende:

56 Millionen Pfund Wasser wurden um einen Fuss englisch pro Scheffel verbrannter Kohle gehoben (ein Scheffel wiegt 88 Pfund). Diese Wirkung ist gleichwerthig der Erhebung von
[116] 195 cbm [116] Wasser auf ein Meter Höhe, somit der Production von 195 Einheiten bewegender Kraft pro Kilogramm
Kohle*).103 verbrannter Kohle*).

---

*) Das Ergebniss, welches wir hier anführen, wurde von einer Maschine geliefert, deren grosser Cylinder 45 Zoll Durchmesser und 7 Fuss Kolbenhub hat; sie wird zur Wasserhebung in einer Wheal Abraham genannten Mine in Cornwall gebraucht. Dieses Ergebniss muss einigermaassen als eine Ausnahme angesehen werden, weil es nur vorübergehend war, und nur einen Monat lang erhalten werden konnte. Die Hebung von 30 Millionen Pfund um einen Fuss englisch pro Scheffel Kohle von 88 Pfund wird als ein vorzügliches Ergebniss der Dampfmaschinen angesehen; es wird zuweilen von den Maschinen nach dem *Watt*'schen System erreicht, aber nur sehr selten übertroffen. Die letzte Leistung kommt in französischem Maass auf 104 000 kg auf ein Meter gehoben pro Kilogramm verbrannter Kohle heraus.

Nach dem, was man gewöhnlich unter Pferdekraft bei der Bestimmung der Leistung von Dampfmaschinen versteht, muss eine zehnpferdige Maschine pro Secunde 10×75 kg oder 750 kg auf ein Meter heben, oder in der Stunde $750 \times 3600 = 2\,700\,000$ kg auf ein Meter. Setzen wir voraus, dass jedes Kilogramm Kohle 104 000 kg auf diese Höhe hebt, so muss man, um die von unserer zehnpferdigen Maschine in der Stunde verbrauchte Kohle zu ermitteln, 2 700 000 durch 104 000

[117] Nun sind 195 Einheiten nur ein Zwanzigstel von 3920, dem theoretischen Maximum; es ist somit nur $\frac{1}{20}$ von der bewegenden Kraft des Brennmaterials ausgenutzt. [117] ausgenutzt.[104]

Wir haben indessen unser Beispiel unter den besten der bekannten Dampfmaschinen gewählt.

Die Mehrzahl der anderen stehen sehr hinter diesen zurück. Die alte Maschine von *Chaillot* hebt beispielsweise 20 cbm Wasser auf 33 m Höhe mit 30 kg verbrannter Kohle, was auf 22 Einheiten bewegender Kraft pro Kilogramm herauskommt; das Ergebniss ist 9 mal geringer, als das obige, und 180 mal geringer, als das theoretische. *Chaillot*[105]

Man darf nicht hoffen, in der Praxis jemals alle bewegende Kraft der Brennmaterialien auszunutzen. Die Versuche, welche man zur Annäherung an dieses Resultat anstellen wollte, wären selbst eher schädlich als nützlich, weil sie andere wichtige Rücksichten vergessen liessen. Die Ersparniss an Brennmaterial ist von den Bedingungen, die bei den Wärmemaschinen zu erfüllen sind, nur eine einzige; unter vielen Umständen ist sie nur eine secundäre und muss der Sicherheit, Festigkeit, Dauer der Maschine, der Einschränkung des Raumes, den sie beansprucht, der Wohlfeilheit ihrer Herstellung etc. gegenüber zurückstehen. zurückstehen.[106]
[118] In jedem Falle die Rücksichten der Bequemlichkeit und der Ersparniss, welche sich ergeben, nach ihrem richtigen Werthe zu beurtheilen, die wichtigeren derselben von den nur gelegentlichen zu unterscheiden, sie gegeneinander angemessen auszugleichen, um mit den leichtesten Hülfsmitteln zu dem besten Ergebniss zu gelangen, dies muss die wesentliche Gabe des Mannes sein, welcher berufen ist, die Arbeiten seiner Nächsten zu leiten, zusammenzufassen und sie zu einem nützlichen Zweck irgend welcher Art zusammen wirken zu lassen. [118]

---

dividiren, was $\frac{2700}{104} = 26$ kg giebt. Nun ist es eine grosse Seltenheit, eine zehnpferdige Maschine weniger als 26 kg Kohle in der Stunde verbrauchen zu sehen.

Anmerkungen zum Text der „Betrachtungen"

1 Die Wendung „Réflexions sur ..." im Titel war im späten 18. und frühen 19. Jahrhundert weit verbreitet und erinnert insbesonders an Lazare Carnots *Réflexions sur la métaphysique du calcul infinitésimal* (Paris, Jahr V [1799]; 2. Aufl. Paris 1813).

Der Ausdruck „puissance motrice" ist eine höchst ungewöhnliche Alternative zu den üblichen Bezeichnungen wie „force motrice" (von Petit und Charles Dupin benutzt), „puissance mécanique" (Clément und Desormes), „quantité d'action" (Charles-Augustin Coulomb und Navier) sowie „effet dynamique" oder „effet" (Lazare Carnot, Gaspard Monge und Hachette). Abgesehen von den *„Réflexions"* taucht der Ausdruck „puissance motrice" nur in den Arbeiten von Lazare Carnot (mit einem anderen Sinngehalt) und Clapeyron auf. Die systematische Verwendung des Ausdrucks „travail" wurde zuerst vorgeschlagen von Gaspard-Gustave de Coriolis in seiner Arbeit *„Du calcul de l'effet des machines"* (Paris 1829), S. III und S. 16–17. Jedoch, wie Coriolis hervorgehoben hat, wurde „travail" schon vorübergehend in der Diskussion über die bewegende Kraft von Navier (1819) und Riche de Prony (1826) verwendet.

In Carnots Manuskript der *„Réflexions"* ist interessanterweise der Ausdruck „de la chaleur" umgewandelt in „du feu" [vgl. *„Réflexions"* [8], S. 58–59]. Pietro Redondi betont die Verwendung der Begriffe „feu" und „machine à feu" (statt „machine à vapeur") in den *„Réflexions"*; vgl. hierzu seine Arbeit *„L'accueil des idées de Sadi Carnot et la technologie française de 1820 à 1860. De la légende à l'histoire"*. Paris 1980. Hier besonders S. 16–19. Nach seiner Interpretation zeigt die Bevorzugung dieser Ausdrucksweise Carnots Absicht, eine allgemeine Theorie der Erzeugung von bewegender Kraft aus „Feuer" oder Wärme aufzustellen, ohne Berücksichtigung der Beschaffenheit der Arbeitssubstanz. Vgl. dazu die Einleitung dieser Ausgabe, S. XLII und LVIII, Anm. 113.

Bachelier war zu dieser Zeit der führende französische Verleger von Büchern über Mathematik, Physik und Ingenieurwesen. Sein Verlagsprogramm umfaßt die Standardwerke aus der École Polytechnique, sowie solche klassischen Bücher wie *Exposition du système du monde* von Laplace, dessen fünfte Auflage im selben Jahr wie die *„Réflexions"* veröffentlicht wurde.

2 In den ersten drei Abschnitten gibt Carnot eine Beschreibung dessen, was Cardwell bezeichnet hat als neue „cosmology of heat". Diese Interpretation wurde in den ersten Jahren des 19. Jahrhunderts in Europa immer mehr vertreten. Vgl.: Donald S. L. Cardwell, *From Watt to Clausius. The rise of thermodynamics in the early industrial age*. London 1971. S. 89–120 und S. 186–192. Eine ähnliche, zeitgenössische Manifestation der kosmologischen Bedeutung der Wärme gibt: Jean-Baptiste Biot, *Traité de physique expérimentale et mathématique*. 4 Bände, Paris 1816. Band 1, S. 19. In einer gemeinsamen Arbeit [*Journal de physique* **89** (1819), 322] beschreiben Nicolas Clément und Charles-Bernard Desormes ein Universum ohne Wärme:

> „... non-seulement la vie n'existe plus dans ce triste univers ... mais toute espèce de mouvement auroit cessé sur la terre; il n'y auroit plus d'atmosphére, plus de fleuves, plus de mers, l'immobilité et la mort seroient partout."

Es bestand offensichtlich eine große Ähnlichkeit zwischen der Ansicht Cléments und derjenigen Carnots über die Bedeutung der Wärme im Universum. Dies können wir nicht nur aus dem eben zitierten Abschnitt (er wurde im Jahr 1812 verfaßt, vgl. Anm. 40) schließen, sondern auch aus der folgenden Zusammenfassung eines Teils aus einer von Cléments Vorlesungen am Conservatoire des Arts et Métiers:

„Le feu est, sans contredit, le plus puissant et le plus utile de tous les moteurs. C'est lui, dit M. Clément, qui donne naissance à tous les autres. Le vent n'est qu'un effet de la chaleur du soleil. Les rivières sont de faibles débris de la puissance mécanique de la vapeur qui, formée par les rayons de l'astre du jour, retombe en pluie du haut des airs et entretient ces courans perpétuels, dont les cascades sont utilisées par l'industrie.“ („*M. Clément. Cours de chimie appliquée aux arts*“. In: *Le producteur* 2 (1826), 137).

3 Carnot stellt den Anstieg der Kohleproduktion in England übertrieben dar. Obwohl die verfügbaren Daten nicht ausreichen, scheint sich die Produktion zwischen den siebziger Jahren des achtzehnten Jahrhunderts und den zwanziger Jahren des neunzehnten Jahrhunderts ungefähr verdoppelt zu haben. Der Ausstoß von Roheisen jedoch erhöhte sich in derselben Periode um das Achtfache. Auch die Produktion von Kupfer, Zinn und Blei nahm erheblich zu, jedoch nicht in dem Maß wie die der Eisenmetalle. Vgl.: Brian R. Mitchell (in Zusammenarbeit mit Phyllis Deane), *Abstract of British historical statistics*. Cambridge 1971. S. 108–111, S. 131 und S. 153–160. Dieser Produktionsanstieg wäre nicht möglich gewesen ohne die Verbesserungen in der Pumpentechnik, die auf die Einführung der Dampfmaschinen in den Bergwerksregionen folgten.

4 Daß es die Dampfmaschine war, die Großbritannien den wirtschaftlichen Aufschwung gebracht hatte, war zu dieser Zeit eine weit verbreitete Ansicht in Frankreich: Vgl.: Pierre-Charles-François Dupin, *Mémoires su la marine et les ponts et chaussées de France et d'Angleterre*. Paris 1818. Hier heißt es auf S. 72: „C'est à M. Watt que l'Angleterre doit, en grande partie, l'immense accroissement de sa richesse depuis un siècle“.

5 Dieser Abschnitt zeigt die weit verbreitete Erregung bei der Aussicht auf die zukünftige Möglichkeit der Dampfschiffahrt. Diese Erregung war in Frankreich mit seinen breiten, träge dahinfließenden Flüssen stärker ausgeprägt als in den meisten anderen Ländern Europas, und dies sollte lange Zeit so bleiben. Die frühesten Versuche, ein Schiff mit Dampf anzutreiben, waren durch den Marquis de Jouffroy zwischen 1776 und 1783 in Frankreich durchgeführt worden. Schon im Jahr 1803 hatte der amerikanische Ingenieur Robert Fulton in Paris auf der Seine ein Schiff vorgeführt, dessen Schaufelräder mit Dampfkraft angetrieben wurden. Auch wenn Fultons Versuche ganz erfolgreich verlaufen waren, so erweckten sie doch wenig Interesse, und erst seit dem Jahr 1807, nach seiner Rückkehr nach den USA, begann man seine Arbeit anzuerkennen. Danach entwickelte sich in Amerika die Dampfschiffahrt äußerst rasch, so besonders nach der Einführung von Oliver Evans' „Columbian“-Maschine im Jahr 1812. Diese Maschine arbeitete mit Drücken zwischen acht und zehn Atmosphären und verwendete das Expansionsprinzip; dabei hatte sie keinen Kondensator und ließ den Dampf direkt in die Außenluft ab.

Die Erfolge in Amerika und – in geringerem Umfang – in Großbritannien erweckten das Interesse in Frankreich, und so konnte der Marineingenieur Jean-Baptiste Marestier 1822 im Auftrag der Regierung beide Länder bereisen, um einen Bericht über den dortigen Stand der Dampfschiffahrt zu erarbeiten. Der Bericht wurde im Januar 1823 der Académie des Sciences vorgelegt und veröffentlich unter dem Titel: „*Mémoire sur les bâteaux à vapeur des États-Unis d'Amérique*“ (Paris 1824).

Über die Frühgeschichte der Dampfschiffahrt in Frankreich vgl.: Jacques Payen, *Capital et machine à vapeur au XVIIIe siècle. Les frères Périer et l'introduction en France de la machine à vapeur de Watt*. Paris und Den Haag 1969. S. 59–97 und S. 198–202. Ein zeitgenössischer Bericht ist auf den Seiten 2–11 und 31–40 von Marestiers „*Mémoire*“.

6 Die Befürworter eines verstärkten Einsatzes der Dampfkraft versuchten zu dieser Zeit häufig, die mit ihr verbundenen Gefahren als übertrieben darzustellen. Trotzdem hatten Explosionen in Großbritannien, Amerika und auch in Frankreich Anlaß zur Besorgnis

gegeben. Die Befürchtungen wuchsen, als die immer noch unvertraute Hochdruckmaschine an Beliebtheit gewann. So ist es natürlich, daß Carnot in einer Arbeit wie den „*Réflexions*", die die Benutzung von hohen Drücken befürwortet, versuchen würde, beruhigend zu wirken.

Eine in der breiten Öffentlichkeit diskutierte Explosion auf dem Dampfschiff Norwich hatte im Jahr 1817 in Großbritannien schon zur Bildung einer Untersuchungskommission geführt. Im Jahr 1830 (als schon mehr als 300 Personen bei fast sechzig Explosionen auf amerikanischen Dampfschiffen den Tod gefunden hatten) reagierte das Franklin Institute in Philadelphia auf die wachsenden Befürchtungen mit der Organisation einer Untersuchung, wie in Zukunft weitere katastrophale Unglücksfälle vermieden werden könnten. Die Bedenken in Frankreich manifestierten sich, nicht lange vor Erscheinen der „*Réflexions*" in der Schaffung eines Ausschusses der Académie des Sciences, der unter anderem bei der Ergreifung von Sicherheitsmaßnahmen beim Betreiben von Dampfmaschinen beratend wirken sollte. Der Ausschuß kam zu dem Schluß, daß die Gefahren des Dampfmaschinenbetriebs auch bei der Verwendung von Drücken weit über einer Atmosphäre unbedeutend seien, vorausgesetzt, einige Sicherheitsmaßnahmen – so insbesondere der Einbau von Sicherheitsventilen – würden ergriffen. Diesen Bericht, der 1823 veröffentlicht worden war, hatte Carnot sicherlich gelesen. Er wurde von Charles Dupin vorgelegt und ist erneut gedruckt in: *Académie des Sciences. Procès-verbaux des séances de l'Académie tenues depuis la fondation de l'Institut jusqu'au mois d'août 1835*. 10 Bände, Hendaye 1910–1922. Band 7, S. 469–479 (14. April 1823).

7 Zu Beginn der Restaurationszeit erkannten sogar glühende Patrioten wie Dupin vorbehaltlos die britische Priorität bei der Erfindung der Dampfmaschine an. Es sollte bis zum Jahr 1828 dauern, als François Arago seinen kontroversen Beitrag veröffentlichte, der die französischen Beiträge, und insbesondere der von Denis Papin, ins Rampenlicht stellte. Vgl. seinen Aufsatz in: *Annuaire pour l'an 1829, présenté au roi, par le Bureau des Longitudes*. Paris und Brüssel 1828. S. 143–233. Die Arbeit ist leichter zugänglich in: *Oeuvres complètes de François Arago*. 17 Bände, Paris und Leipzig 1854–1862. Band 5, S. 1–116. Hier ist auch die Antwort Aragos auf britische Einwände zu seiner Arbeit abgedruckt.

8 Die Fragestellung der „*Réflexions*", wie sie in diesem Abschnitt formuliert ist, war schon seit fast zehn Jahren besonders in Frankreich intensiv diskutiert worden (vgl. Einleitung, S. XX–XXIX). Sie ähnelt auch derjenigen, wie sie von Lazare Carnot behandelt wird in seiner Arbeit *Essai sur les machines en général*. Dijon 1783. Neuauflage mit gleicher Paginierung Dijon 1786. Als Beispiel sei Lazares Behandlung des Problems auf S. 89 angeführt:

> „... quelle est la meilleure manière d'employer des puissances données, et dont l'effet naturel est connu, en les appliquant aux Machines en mouvement– C'est-à-dire, quel est le moyen de leur faire produire le plus grand effet possible?"

Die gleiche Formulierung findet man in: *Principes fondamentaux de l'équilibre et du mouvement*. Paris, Jahr XI (1803). S. 250. In seinem Werk jedoch betrachtet Lazare nur Dampfmaschinen. Als einzige praktische Maschinen werden Wasserkraftmaschinen behandelt, aber es besteht, wie schon oft betont (vgl. Anm. 22 und 24), eine enge Verwandtschaft zwischen der Rolle des Wassers in solchen Maschinen bei Lazare und der Rolle des Wärmestoffs in Sadis Theorie der Wärmekraftmaschinen.

9 In der gedruckten französischen Ausgabe erscheint der Ausdruck „vapeur motrice du feu" anstatt „puissance motrice du feu". Sehr wahrscheinlich war die Vertauschung der beiden Begriffe einem Irrtum des Druckers zuzuschreiben. Wie zu erwarten ist, schrieb Carnot im Manuskript seines Buches „puissance"; diese Tatsache wurde in „*Réflexions*" (Ausgabe 1978, [8] S. 65) nicht erwähnt. Das wiederum scheint Redondi zu der Ansicht geführt zu haben, daß Carnot absichtlich „vapeur" statt „puissance" verwendet habe, mit Schlußfolgerungen, die abgehandelt werden in: Redondi, *L'accueil des idées de Sadi Carnot*. Wie Anm. 1, S. 55.

10 Über die damals üblichen Einheiten der bewegenden Kraft vgl. Anm. 72.

11 Die Lücke, die Carnot in bezug auf die Wärmekraftmaschinen konstatiert, ist vergleichbar mit derjenigen, die Lazare ungefähr vierzig Jahre früher bei der Behandlung der Maschinentheorie auszufüllen versucht hatte. Lazares Theorie zeichnet sich eben durch jene Abstraktheit und Allgemeinheit aus, die, wie man hier sieht, auch Sadi seiner Argumentation zu geben versucht.

12 In den zwei folgenden, höchst originellen Seiten begründet Carnot seine allgemeine Theorie der Wärmekraftmaschinen. Es ist lohnend, über die möglichen Ursprünge von Carnots Vorstellung nachzudenken, daß die bewegende Kraft erzeugt wird durch das „Hinunterfallen“ der Wärme von der hohen Temperatur des Heizkessels in die niedere Temperatur des kondensierten Wassers. Ein wichtiger denkbarer Einfluß kann bei seinem Freund Nicolas Clément vermutet werden, der glaubte, daß man die Ausdehnung des Dampfes in einer Maschine nach Unterbrechung der Dampfzufuhr als adiabatisch ansehen könne (wobei seine Temperatur abnehmen würde). Einige numerische Berechnungen, die Clément zusammen mit Desormes um 1819 durchgeführt hatte, und die er in seinen Vorlesungen am Conservatoire des Arts et Métiers weiterhin vortrug, legen auf einfache Weise eine Schlußfolgerung nahe, die für Carnot von großem Interesse gewesen sein könnte. Die Überlegungen münden in die Erkenntnis, daß der Betrag an bewegender Kraft, der durch die Verarbeitung einer bestimmten vorgegebenen Wärmemenge in einer Dampfmaschine erzeugt wird, proportional ist zur Temperaturdifferenz des Dampfes beim Einströmen aus dem Kessel in den Zylinder und nach Beendigung der Expansion (was im Idealfall der Temperatur des Wassers im Kondensator entspricht). Vgl. hierzu: Robert Fox, *„The challenge of a new technology: theorists and the high-pressure steam engine before 1824.“* In: *Actes de la table ronde „Sadi Carnot et l'essor de la thermodynamique“ Paris 1974.* Paris 1976. S. 149–167. Hier S. 164 und S. 167. Es gibt jedoch in Cléments Schriften oder in den Aufzeichnungen seiner Vorlesungen (vgl. Einleitung, Anm. 46) keinen Anhaltspunkt dafür, daß er selbst diesen Schluß gezogen hat, oder daß für ihn das „Hinunterfallen“ des Wärmestoffs die gleiche Bedeutung besaß wie für Carnot.

Es gibt noch einige andere Erklärungsversuche für die Hintergründe von Carnots Vorstellung des „Hinunterfallens“ der Wärme. So kann zum Beispiel die analoge Vorstellung beim Wasser ein wichtiger Einfluß gewesen sein (vgl. Anm. 22 und 24, sowie Einleitung S. XXXI–XXXII und S. XLII). Arnold Pacey verweist auf die mögliche Bedeutung der allgemein üblichen Verwendung eines separaten Kondensators; dies hätte die Einsicht in die Notwendigkeit sowohl eines Wärmereservoirs wie auch eines „Kältereservoirs“ bei jeder Dampfmaschine fördern können und damit die Vorstellung begünstigen helfen, daß die mechanische Arbeit durch das Fließen der Wärme vom heißen Dampf zum kühleren kondensierenden Wasser zustande gebracht würde. Vgl. hierzu: Arnold Pacey, *„Some early heat engine concepts and the conservation of heat“.* In: *The British journal for the history of science* 7 (1974), 135–145. Auch könnte Carnot beeinflußt worden sein durch den Vorschlag einer ungewöhnlichen Konstruktionsweise einer Heißluftmaschine durch Cagniard de la Tour, über die Lazare Carnot am 8. Mai 1809 im Namen einer aus vier Männern bestehenden Gruppe vor der Ersten Klasse des Institut de France berichtete. Vgl. hierzu: *Procès-verbaux ... de l'Académie.* Wie Anm. 6, Bd. 4, S. 200–202. Wie Kuhn gezeigt hat, besteht der wesentliche Vorgang in dieser Maschine darin, daß Wärme von einem Körper mit hoher Temperatur (das in der Maschine verwendete heiße Wasser) in die umgebende Luft von niedrigerer Temperatur übergeführt wird. Vgl. hierzu: Thomas S. Kuhn, *„Sadi Carnot and the Carnet engine“.* In: *Isis* 52 (1961), 567–574. Wie Mendoza überzeugend darstellt, war die Maschine von Cagnard wohl weit wichtiger für Clément und Desormes als für Carnot. Er sieht in ihr den Ausgangspunkt zu einem Gedankenexperiment, das erstmalig von Clément und Desormes im Jahr 1819 beschrieben wurde. Bei diesem Gedankenexperiment steigt eine Dampfblase in einem mit Wasser gefüllten Gefäß nach oben und verrichtet mechanische Arbeit, indem sie beim Ausdehnen Wasser aus dem Gefäß hinaustreibt. Vgl. hierzu: Eric Mendoza, „*Sadi Carnot and the Cagnard engine*". In: *Isis* 54 (1963), 262–263. Über dieses Gedankenexperiment und seine Bedeutung für die Arbeit von Carnot vgl. auch: Robert Fox, „*Watt's expansive principle in the work of Sadi Carnot and Nicolas Clément*". In: *Notes and records of the Royal Society of London* 24 (1969), 233–253. Robert Fox, *The caloric theory of gases from Lavoisier to Regnault.* Oxford 1971. S. 180–183. Robert Fox, „*The challenge of a new technology*". Wie oben, S. 162–164.

13 Eine Kommentierung des Begriffs „équilibre" (Gleichgewicht) bei Carnot findet man in: Redondi, *L'accueil des idées de Sadi Carnot*... Wie Anm. 1, S. 57. Redondi vermutet eine Beziehung zwischen Carnots Verwendung dieses Ausdrucks und derjenigen von Genevan Pierre Prévost in seiner Arbeit: „*Mémoire sur l'équilibre du feu*". In: *Observations sur la physique, sur l'histoire naturelle et sur les arts* 38 (1791), 314–323. Wie Redondi meint, sind die Vorstellungen von Prévost im Zusammenhang mit einer dynamischen Theorie zu verstehen, bei der sich die Wärmepartikel in Bewegung befinden, wobei der Begriff „équilibre" eine zentrale Rolle spielt. Jedoch waren zu Beginn der zwanziger Jahre dynamische Theorien wie die von Prévost fast ganz verworfen worden, so daß eine indirekte Wiederaufnahme in den „*Réflexions*" durch Carnot sehr seltsam gewirkt haben würde.

14 Man scheint zu dieser Zeit die Annahme, daß in einer Maschine keine Wärme verbraucht würde, nicht in Frage gestellt zu haben, obwohl dies kaum jemals explizit ausgedrückt worden ist. In der Arbeit von Pacey (vgl. Anm. 12) tritt die strenge Überzeugung von der Erhaltung der Wärme klar zutage. Pacey beschreibt die Experimente, die George Lee zwischen 1793 und 1795 mit einer Wattschen Maschine normaler Größe in Salford ausgeführt hat. Wie Pacey zeigt, war es für Lee ein axiomatischer Grundsatz, daß die Wärmemenge, die für die Erzeugung von Dampf im Kessel benötigt wird, genau so groß ist wie die an den Kondensator abgegebene Wärmemenge. In der Tat scheint Lee die Annahme von der Gleichheit der beiden Wärmemengen sogar dazu benutzt zu haben, seine Thermometereichungen zu korrigieren.

15 Als Beispiel können die Maschinen von Trevithick und Vivian, Evans und Perkins dienen. Eine Beschreibung dieser Maschinen findet sich in jeder Standarddarstellung zur Geschichte der Dampfmaschinen, so z. B. in derjenigen von H. W. Dickinson (vgl. Anm. 5 der Einleitung). Eine besonders klare Darstellung findet man bei Conrad Matchoss, *Die Entwicklung der Dampfmaschine. Eine Geschichte der ortsfesten Dampfmaschine und der Lokomobile, der Schiffsmaschine und Lokomotive.* 2 Bände, Berlin 1908. Band 1, zweiter Teil, Abschnitt B.I.2, S. 415–427.

16 Die Möglichkeit der Verwendung von festen Körpern oder Flüssigkeiten als Arbeitssubstanz wurde in Frankreich im frühen 19. Jahrhundert oft diskutiert. Über Carnots Vertrautheit mit den Arbeiten von Bonnemain und Pattu vgl. Anm. 82 und 84. Auf das zeitgenössische Interesse an der Verwendung von anderen gas- und dampfförmigen Stoffen an der Stelle von Wasserdampf wird eingegangen in Anm. 77, 78 und 80, sowie in der Einleitung S. XXIX und XLII.

17 Trotz Carnots Feststellung der Vertauschbarkeit der Begriffe „calorique" und „chaleur" ist seine verschiedene Benutzung dieser Ausdrücke seit der ersten Kommentierung dieses Abschnitts durch Wilhelm Ostwald vielfach diskutiert worden; vgl. „*Betrachtungen*" (Ostwald 1892, [9]), S. 70. Einen bekannten, frühen Diskussionsbeitrag gibt: H. L. Callendar, „*The caloric theory of heat and Carnot's principle*". In: *Proceedings of the Physical Society of London* 23 (1910/11), 153–189.

In Anlehnung an Brønsted hat La Mer argumentiert, daß Carnot mit „calorique" systematisch das bezeichnet, was wir heute Entropie nennen, und daß „chaleur" ganz einfach den Stoff bezeichnet, der in den verschiedenen Prozessen, die er beschreibt, erhalten bleibt. Vgl.: K. L. La Mer, „*Some current misinterpretations of N. L. Sadi Carnot's memoir and cycle*". In: *American journal of physics,* 22 (1954), 20–27 und 23 (1955), 95–102. Wie Kuhn gezeigt hat, besitzt die Behauptung von La Mer keine historische Grundlage. Vgl.: Thomas S. Kuhn, „*Carnot's version of Carnot's cycle*". In: *American journal of physics*

23 (1955), 91–95. Jedoch gibt Hirshfeld der Argumentation von La Mer eine stichhaltige Unterstützung; vgl.: M. A. Hirshfeld, *„On some current misinterpretations of Carnot's memoir"*. Ebd., S. 103–105. (Vgl. hierzu auch die in der Bibliographie, Abschnitt B, Teil e erwähnten Schriften von Philip Lervig und C. A. Truesdell, besonders letztere gehen auf die an F. Reech anknüpfende Weiterbildung der Wärmetheorie ein. Ebenso sei hier auf eine Diskussion der von G. Falk neu vorgeschlagenen Entropiedefinition durch J. Walter im *European Journal of Physics* 7 (1986), 147 sowie 8 (1987), 150 hingewiesen. (Anm. d. Hrsg.)

Obwohl Mendoza nicht mit La Mer übereinstimmt, so räumt er jedoch ein, daß Carnot dazu neigt, dort den Begriff „calorique" zu benutzen, wo wir heute „Entropie" verwenden würden (gleichzeitig verwirft Mendoza den mehr verallgemeinernden Vorschlag von Callendar, die *„Réflexions"* könnten durch die Benutzung des Begriffs „Entropie" statt sowohl „calorique" als auch „chaleur" verständlicher werden). Vgl. *„Reflections"* (Mendoza 1960, [16]), Einleitung S. XVII. Mendozas Haltung wird untersucht in: Philip Lervig, *„On the structure of Carnot's theory of heat"*. In: *Archive for history of exact sciences*, 9 (1972), 222–239, hier S. 227–228. Wie Ostwald ist Lervig der Ansicht, daß Carnot den Ausdruck „calorique" immer dann benutzt, wenn er die Erhaltungseigenschaften der Wärme betonen möchte. Beispiele dazu findet man in den Zeilen nach „Der in der Feuerung durch die Verbrennung entwickelte Wärmestoff ..." auf S. 7 (im französischen Original heißt es: „Le calorique, développé dans le foyer par l'effet de la combustion ...", S. 9 der *„Réflexions"* [1]); ein weiteres Beispiel ist der Satz, der beginnt mit „Man verfügt beispielsweise über einen Körper *A* ..." auf S. 10–11 (im französischen Original: „L'on dispose, par exemple, d'un corps A ...", S. 15 der *„Réflexions"* [1]). Im Gegensatz dazu verwendet Carnot den Ausdruck „chaleur" meistens als den allgemeineren Begriff; allerdings verweist Lervig als ein Beispiel für Carnots Inkonsequenz in der Verwendung von „chaleur" auf die Fußnote auf S. 22–23 (*„Réflexions"* [1], S. 37). Mendoza zeigt, wie Carnot an mehreren Stellen das Wort „calorique" im Manuskript der *„Réflexions"* in der gedruckten Fassung durch „chaleur" ersetzt hat. Vgl.: E. Mendoza, *„Contributions to the study of Sadi Carnot and his work"*. In: *Archives internationales d'histoire des sciences* 12 (1959), 377–396, hier S. 386–387. Die Abweichungen sind aufgelistet in: *„Réflexions"* [8], S. 95, 100, 130, 147 und 151.

18 Der Kreisprozeß, wie er hier dargestellt wird, ist notwendigerweise unvollständig. Denn, wenn der Dampf am Ende des dritten Prozeßabschnittes vollkommen zu Wasser kondensiert ist, kann er nicht einfach durch adiabatische Kompression wieder in seinen anfänglichen Zustand zurückgeführt werden.

Lervig hat darauf hingewiesen, wie man trotz der Unvollständigkeit des Kreisprozesses auf der Grundlage der von Carnot angegebenen Abfolge der Prozeßabschnitte beweisen kann, daß die Kondensation des Dampfes vor Erreichen der Temperatur des Kondensators eine Verschwendung und damit eine Abkehr von idealen Bedingungen bedeutet. Der Beweis basiert auf drei Annahmen, die Carnot alle würde akzeptiert haben: 1. Gültigkeit des Gesetzes von Clément und Desormes, 2. Erhaltung des Wärmestoffs, 3. Unmöglichkeit eines perpetuum mobile. Falls Carnot diesen Beweis benutzte, so wäre ihm sicherlich eine schwerwiegende Unzulänglichkeit aufgefallen: Er erlaubt nicht den Vergleich der Leistung von anderen Arbeitssubstanzen mit der von Wasserdampf. Für eine Erweiterung in diese Richtung muß man einen vollständigen Kreisprozeß ausführen, so wie ihn Carnot später in den *„Réflexions"* benutzt hat.

Nach Lervig könnte Carnot die auf den Fall von Wasserdampf beschränkte Beweisführung in einem früheren Entwicklungsstadium seiner Ideen verwendet haben, und die Diskussion des unvollständigen Kreisprozesses an dieser Stelle der *„Réflexions"* könnte ein Relikt aus dieser Phase darstellen. Darüber, und auch über andere Aspekte von Carnots frühen Bemühungen, die Bedingungen zur Erzeugung der maximal möglichen bewegenden Kraft zu ermitteln, vgl. die in Kürze von Lervig erscheinende Arbeit: *„Sadi Carnot and the steam engine: Nicolas Clément's lectures on industrial chemistry, 1823–28.* In *The British journal for the history of science* 18 (1985), 147–186, hier S. 160–164.

Als ein weiterer Historiker hat Gillispie über den unvollständigen Kreisprozeß Vermutungen angestellt. Vgl.: C. C. Gillispie, *Lazare Carnot savant.* Princeton (N.J.), 1981. S. 94–95. Gillispie meint, Carnot habe die Vorstellung eines vollständigen Kreisprozesses erst unter dem Einfluß der Gedanken seines Vaters in einem sehr späten Stadium in seine Arbeit an den *„Réflexions"* eingeführt. So könnte Hippolyte als ein wichtiger Vermittler zwischen Lazare und Sadi gedient haben, nachdem er im Januar 1824 nach Lazares Tod aus Magdeburg zurückgekehrt war.

Carnot diskutiert die Unvollständigkeit des Dampfkreislaufs auf S. 25–27 der *„Réflexions"* [1] und betont die Wichtigkeit der Behandlung eines vollständigen Kreisprozesses bei seiner Betrachtung von Luft als Arbeitssubstanz auf S. 36 der *„Réflexions"* [1]. Über Clapeyrons Betrachtung eines vollständigen Kreisprozesses mit Dampf als Arbeitsmittel vgl. Einleitung, S. LVII.

19 Die Unmöglichkeit einer immerwährenden Bewegung ist ein grundlegendes Axiom in Carnots gesamter Theorie. Dies erinnert an die schon früher von Lazare Carnot postulierte Ablehnung einer solchen Bewegung. Vgl.: Lazare Carnot, *„Essai sur les machines".* Wie Anm. 8, S. 94–96. Und: Lazare Carnot, *Principes fondamentaux de l'équilibre et du mouvement.* Wie Anm. 8, S. 256–257. Hier setzt Sadi nur die Unmöglichkeit eines konventionellen perpetuum mobile voraus (man würde es heute als „perpetuum mobile erster Art" bezeichnen). Diese Voraussetzung schließt nicht die Möglichkeit eines umgekehrten perpetuum mobile (entgegen dem Energieerhaltungssatz), also einen Prozeß, bei dem ein bestimmter Betrag von bewegender Kraft einfach verschwindet, aus. Dazu vgl.: Philip Lervig, *„On the structure of Carnot's theory of heat".* Wie Anm. 17. Und: Philip Lervig, *„The existence of a work function in Carnot's theory".* In: *Sadi Carnot et l'essor de la thermodynamique.* Wie Anm. 12, S. 199–212. Hier S. 201–203. In Lervigs Analyse ist die Unmöglichkeit eines perpetuum mobile das erste der beiden grundlegenden „Gesetze" von Carnots Argumentationsstruktur; das zweite „Gesetz" ist die Konstatierung von der Erhaltung der Wärme.

20 Die Vorstellung, die Voltasche Säule eröffne die Möglichkeit einer immerwährenden Bewegung, wurde niemals in weiten Kreisen aufrechterhalten. Sie wurde jedoch etwas unterstützt durch Voltas Hinweis auf „Cette circulation sans fin du fluide électrique, (ce mouvement perpétuel)" (in seiner bekanntesten Arbeit über dieses Thema aus dem Jahr 1800). Volta bezieht sich hier allerdings auf eine andauernde Bewegung des gewichtslosen elektrischen Fluidums; sehr schnell wurde offenbar, daß die Säule nicht über unbegrenzte Zeit einen elektrischen Strom aufrechterhalten konnte. Vgl.: A. Volta, *„On the electricity excited by the mere contact of conducting substances of different kinds ...".* In: *Philosophical transactions of the Royal Society of London* 90, Teil 2 (1800), 421.

21 Der hier von Carnot durchgeführte Beweis seines entscheidenden Ergebnisses ist unvollständig, da der betrachtete Kreislauf nicht geschlossen ist. Die strenge Form des Beweises ist entwickelt auf S. 29–38 der *„Réflexions"* [1]. Auf S. 38 der *„Réflexions"* [1] konstatiert Carnot explizite, daß der maximal mögliche Betrag an bewegender Kraft, die aus einer vorgegebenen Wärmemenge erzeugt wird, nur von den beiden Temperaturen, zwischen denen die Maschine arbeitet, abhängig ist.

22 Lazare Carnot untersuchte auch die Kriterien zur Gewinnung der größtmöglichen Leistung allgemein bei Maschinen, allerdings mit spezieller Bezugnahme auf Wasserkraftmaschinen und nicht auf Wärmekraftmaschinen (vgl. Einleitung, S. XXXI–XXXII). Für ihn gab es zwei notwendige Bedingungen:

(1) Die Kraft soll immer stoßfrei übertragen werden, alle Arten von Erschütterungen müssen vermieden werden. So soll das Wasser in die Maschine eintreten mit genau der

gleichen Geschwindigkeit, wie sie die sich bewegenden Teile der Maschine haben (d. h. bei einem Wasserrad mit der Geschwindigkeit der Schaufeln).
(2) Beim Verlassen der Maschine soll das Wasser die Geschwindigkeit null haben, oder im Höchstfall gerade die zum Abfließen notwendige Geschwindigkeit.

Die Verluste bei der Abweichung von jeder dieser idealen Bedingungen, so z. B. wenn zwischen dem Wasser und den sich bewegenden Teilen der Maschine ein Stoßvorgang stattfindet, haben ihr Analogon in den Verlusten, die Sadi mit einem nutzlosen „Hinunterfallen" von Wärmestoff verbindet, d. h. dem Fall der einfachen Wärmeleitung.

Lazare behandelt das Problem in: Lazare Carnot, *Essai sur les machines.* Wie Anm. 8, S. IX–X und S. 91–94. Und in: Lazare Carnot, *Principes fondamentaux de l'équilibre et du mouvement.* Wie Anm. 8, S. XXI, S. 149 und S. 247–250.

23 In dieser Fußnote verdeutlicht Carnot seine Ansicht, daß in einer idealen Wärmekraftmaschine ein direkter Kontakt zwischen Teilen verschiedener Temperatur vermieden werden muß, da sonst unvermeidlich Verluste auftreten, d. h. ein Wärmeübergang von bewegender Kraft. Eine vergleichbare Aussage findet man auch in der späteren Thermodynamik, wenn sie auch nicht ganz so einfach wie in Carnots Theorie abgeleitet werden kann.

24 Nach der Meinung von Cardwell hat Carnot eine Wassersäulenmaschine im Sinn, wenn er von der bewegenden Kraft spricht, die aus einer – wie er es original französisch nennt – „chute d'eau" erzeugt werden kann. Diese Maschinen wurden zuerst in den vierziger Jahren des 18. Jahrhunderts in den Bergwerksregionen Mitteleuropas errichtet. Vgl.: D. L. S. Cardwell, *„Power technologies and the advance of science, 1700–1825".* In: *Technology and culture* 6 (1965), 188–207, hier S. 200–207. Die von Cardwell angeschnittene Analogie besteht zwischen der Wassersäule in einer Wassersäulenmaschine und der „Wärmestoffsäule" in einer Wärmekraftmaschine, was (in Carnots Analyse) gleichbedeutend ist mit dem Temperaturunterschied zwischen heißem und kaltem Reservoir. Nach Cardwell kann Carnot durchaus so argumentiert haben, daß in beiden Maschinen die bewegende Kraft einfach durch das „Hinunterfallen" einer unzerstörbaren Substanz erzeugt würde, und daß ihr Betrag durch Erhöhen der Säule unbegrenzt gesteigert werden könnte. Carnot war sicherlich mit den Wassersäulenmaschinen aus der Standardliteratur vertraut, besonders durch das Werk *De la richesse minérale* von Héron de Villefosse (vgl. Anm. 94), wenn auch normalerweise solche Maschinen in Frankreich nicht benutzt wurden.

25 Die höchst neuartige Problemstellung, die Carnot hier anspricht, wird auf den S. 68–79 und in den langen Fußnoten auf diesen Seiten der *„Réflexions"* [1] ausführlich diskutiert.

26 Die Argumentation dieses Abschnittes beruht auf der Annahme von der Erhaltung der Wärme, die für die gesamte Konzeption in den *„Réflexions"* von fundamentaler Bedeutung ist (vgl. die Kommentierung von Lervigs Analyse in Anm. 19). Carnot geht davon aus, daß die Wärmemenge ΔQ, die ein Gas beim Übergang zwischen zwei Zuständen mit der Umgebung austauscht (Aufnahme oder Abgabe), vom Verlauf der Zustandsänderung unabhängig ist. Wenn ein Gas also vom Zustand X (P, V, T) ohne Temperaturänderung in den Zustand Z (P', V', T) übergeht, so ist die ausgetauschte Wärmemenge ΔQ unabhängig davon, ob die Änderung direkt entlang der Isothermen XZ erfolgt, oder über den Zwischenzustand Y (P'', V', T') in folgenden zwei Stufen:

1. Adiabatische Kompression entlang XY vom Volumen V zum Volumen V',
2. Abkühlung bei konstantem Volumen entlang YZ, wobei die in Stufe 1 auf T' erhöhte Temperatur wieder auf T absinkt.

Die vom Gas entlang des direkten Weges XZ abgegebene Wärmemenge ist für Carnot genau gleich der entlang des Weges YZ abgegebenen (da beim adiabatischen Prozeß XY kein Wärmeübergang stattfindet).

Wie Carnot betont, hatte man keine direkten experimentellen Belege für den Betrag der Warme, die das Gas beim Wechsel von X nach Z oder von Y nach Z abgibt. Die Standardexperimente über die spezifische Wärme von Delaroche und Bérard (1813) waren für Gase durchgeführt worden, die bei konstantem Druck eine Temperaturänderung erfahren (vgl. Anm. 43).

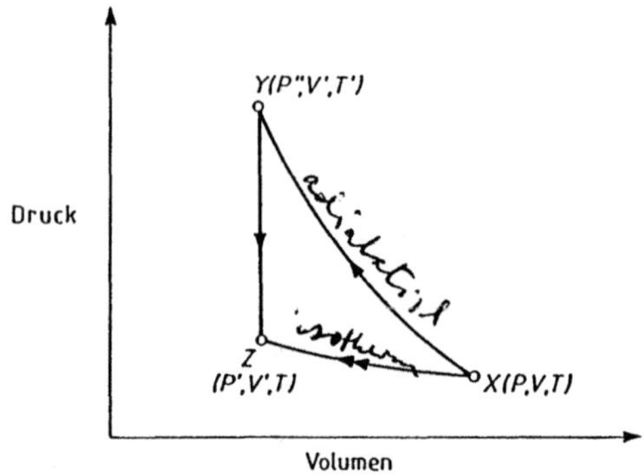

27 Trotz einiger Hinweise in der britischen, schweizerischen, deutschen und skandinavischen Literatur in der zweiten Hälfte des 18. Jahrhunderts blieb der in diesem Abschnitt angesprochene Abkühlungseffekt in Frankreich bis ungefähr zum Jahr 1800 beinahe völlig unbekannt. Über die Frühgeschichte dieses Effekts und über die verschiedenen, oftmals einleuchtenden Versuche seiner Erklärung durch die Wärmestoffanhänger, vgl.: R. Fox, *The caloric theory of gases.* Wie Anm. 12, S. 39–60, S. 79–99 und S. 142–152.

Die Experimente mit einem Breguet-Thermometer, auf die Carnot verweist, sind beschrieben in der Arbeit: *„Nouveaux thermomètres métalliques de MM. Breguet"*. In: *Annales de chimie et de physique* 5 (1816), 312–315. Die Bildung von Nebel während der Evakuierung des Rezipienten einer Luftpumpe war im 18. Jahrhundert schon oftmals beobachtet worden. Vgl. z. B.: Jean-Antoine Nollet, *„Sur la vapeur qu'on aperçoit dans le récipient d'une machine pneumatique, lorsqu'on commence à raréfier l'air qu'il contient"*. In: *Mémoires ... de l'Académie des Sciences* (1740), S. 243–253.

28 Das „briquet pneumatique" (pneumatisches Feuerzeug) bestand normalerweise aus einem 15 cm langen Metallzylinder von ungefähr 1 cm Durchmesser mit einem beweglichen und gut eingepaßten Kolben, in den eine kleine Vertiefung zur Aufnahme des Zunders eingelassen war. Durch Bewegen des Kolbens wurde die Luft im Zylinder so lange zusammengepreßt, bis ihre Temperatur so weit erhöht war, um den Zunder im Kolben zum Glimmen zu bringen. Der Kolben wurde dann schnell zurückgezogen, und der glühende Zunder wie in einer normalen Zunderbüchse zum Anzünden verwendet. Diese Methode des Feueranzündens war zuerst von Joseph Mollet aus Lyon im Jahr 1804 vorgeschlagen worden, und man begann dieses Feuerzeug kommerziell herzustellen, so besonders die Firma Dumotiez in Paris. Jedoch war das pneumatische Feuerzeug niemals weit verbreitet, und nachdem 1827 das Streichholz erfunden worden war, verlor es auch noch die geringe Wertschätzung, die es einst besessen hatte. Über die Geschichte des pneumatischen Feuerzeugs in Europa vgl.: Robert Fox, *„The fire piston and its origins in Europe"*. In: *Technology and culture* **10** (1969), 355–370. Und: Robert Fox, *The caloric theory of gases*. Wie Anm. 12, S. 92–93.

29 Dieser Abkühlungseffekt war seit der ersten Behandlung durch Erasmus Darwin im Jahr 1787 wohlbekannt, wenn auch nicht in Frankreich. In einer Arbeit, die er in jenem Jahr der Royal Society in London präsentiert hatte, berichtete Darwin über einen Temperaturabfall bei komprimierter Luft, die plötzlich aus einem Behälter herausgelassen wird; diese Beobachtung hatte er im Wasserwerk von Derby gemacht und beschrieben unter dem Titel: *„Frigorific experiments on the mechanical expansion of air"*. In: *Philosophical transactions of the Royal Society* 78 (1788), 43–52.

30 Newton hatte für die Schallgeschwindigkeit in einem Gas vom Druck P und der Dichte ρ den Ausdruck $\sqrt{P/\rho}$ abgeleitet. Vgl.: Isaac Newton, *Philosophiae naturalis principia mathematica*. London 1687. S. 369–372. (Buch II, propositio L). Bei der Ableitung dieser Formel, die einem theoretischen Wert von 295 $\frac{m}{s}$ ergab, hatte Newton das Verhältnis $\frac{P}{\rho}$ als konstant vorausgesetzt; das bedeutete im Endeffekt die Annahme isothermer Bedingungen im Verlauf einer Schallwelle. Versuche im 18. Jahrhundert, die Newtonsche Theorie mit den besten experimentellen Werten für die Schallgeschwindigkeit, die zwischen 335 $\frac{m}{s}$ und 350 $\frac{m}{s}$ lagen, zu versöhnen, verliefen keinesfalls zufriedenstellend; so gab man sie zu Beginn des 19. Jahrhunderts rasch auf zugunsten der alternativen Theorie von Laplace. Nach dessen Theorie folgen entlang der Schallwelle Gebiete mit momentan erhöhter und erniedrigter Temperatur aufeinander, ihrer Verdichtung bzw. Verdünnung entsprechend. Damit erhielt man den korrekten Ausdruck $\sqrt{\frac{\gamma P}{\rho}}$ für die Schallgeschwindigkeit in Gasen, wobei im Jahr 1816 die Größe γ von Laplace als das Verhältnis der spezifischen Wärmen des Gases bei konstantem Druck und konstantem Volumen identifiziert wurde. Die Theorie von Laplace, wurde zuerst von seinem Schüler Jean-Baptiste Biot im *Journal de physique* [60 (1802), 173–182] umrissen. Ein direkter experimenteller Beweis dafür, daß die Schnelligkeit (d. h. das Vorliegen eines adiabatischen Vorganges) der Verdichtung und Verdünnung von der in der Theorie verlangten Größenordnung ist, lad jenseits der damaligen experimentellen Möglichkeiten. Jedoch zu der Zeit, als Carnot seine Arbeit verfaßte, hatten Messungen von γ, hauptsächlich durch Gay-Lussac und Welter im Jahre 1822 (vgl. Anm. 59), eine ausreichende Bestätigung geliefert. Über die Geschichte der Lösung des Problems der Schallgeschwindigkeit durch Laplace, vgl.: Bernard S. Finn, *„Laplace and the speed of sound“*. In: *Isis* **55** (1964), 7–19. Und: Robert Fox, *„The caloric theory of gases*. Wie Anm. 12, S. 80–86 und S. 157–173.

31 Carnot verweist auf eine kurze Arbeit von Gay-Lussac und Welter mit dem Titel *„Sur la dilatation de l'air“*. In: *Annales de chimie et de physique* **19** (1822), 436–437. Da man beim Ausströmen von komprimierter Luft aus einer kleinen Öffnung keinerlei Abkühlungseffekte beobachten konnte, geriet die Wärmestofftheorie in wirkliche Schwierigkeiten. Ein Wärmestoffanhänger mußte natürlich annehmen, daß ein kleines Volumelement Luft nach der Ausdehnung dieselbe Menge an Wärmestoff enthalten würde wie vorher; das bedeutet, daß er einen normalen „adiabatischen“ Abkühlungseffekt erwarten würde.

Nach der Etablierung der Prinzipien der Thermodynamik wurde der hier beschriebene Effekt von Joule und Thomson in allen Einzelheiten untersucht; die sehr kleinen Temperaturänderungen, als Joule-Thomson-Effekt bekannt, wurden im Verlauf dieser Forschungen 1852 entdeckt. Später wurde diese Arbeit die Grundlage einer sehr empfindlichen Methode, die Eigenschaften der Gase aus ihren molekularen Eigenschaften abzuleiten.

32 In ihrer Arbeit von 1822 (vgl. Anm. 31) vertraten Gay-Lussac und Welter die Ansicht, daß an der Stelle, wo die komprimierte Luft aus dem Reservoir austritt, einige Wärme erzeugt werde, die den erwarteten, aber nicht zu beobachtenden Abkühlungseffekt kompensiert. Sie erwarteten von dieser postulierten Erwärmung auch die Beseitigung einer weiteren, noch schwerwiegenderen Schwierigkeit für die Wärmestofftheorie jener Tage: Das Ausbleiben einer wenigstens kurzzeitigen Abkühlung, wenn man Luft in ein evakuiertes Gefäß hinein expandieren ließ. Vielleicht konnte auch hierbei eine Erwärmung an der Stelle, wo die Luft in das Gefäß einströmte, den erwarteten Temperaturabfall überdecken.

Carnot drückt sich viel eindeutiger als Gay-Lussac und Welter aus, wenn er die Erwärmung ganz speziell auf Reibung zurückführt. In dieser Hinsicht erinnern seine Bemerkungen an Johann Christian Arnold, der im Jahr 1759 den gesamten Erwärmungseffekt, den man beim Einströmen von Luft in einen evakuierten Behälter beobachtet hatte, auf die Reibung zwischen der einströmenden Luft und den Wänden des Zuleitungsrohres und de des Behälters zurückführte. Vgl. dazu seine Inauguraldissertation als Professor für Physik in Erlangen: *De thermometri sub campana antliae pneumaticae suspensi variationibus.* Erlangen 1759. Es ist nicht geklärt, ob Arnolds Arbeit in den zwanziger Jahren in Frankreich bekannt war, aber es scheint sehr unwahrscheinlich.

In diesem Abschnitt zeigt Carnot wie in seinen hinterlassenen Manuskripten, daß ihm die Probleme der Wärmestofftheorie durchaus geläufig waren; vgl. Anhang II der vorliegenden Ausgabe und Anhang A_2 in „*Réflexions*" [8], S. 239–264. In der Tat legen seine Bemerkungen über die Erzeugung von Wärme an dieser Stelle die Vermutung nahe, er habe schon die Zurückweisung des Prinzips von der Erhaltung des Wärmestoffs erwogen, des Prinzips, worauf ja seine ganze Argumentation beruht.

33 Diese Ansicht, die im wesentlichen zutrifft, war nicht neu. Erasmus Darwin formulierte sie erstmals 1787 in seiner schon erwähnten Arbeit (vgl. Anm. 29), aber ihre Erklärung wurde nicht sofort akzeptiert. Johann Heinrich Lambert und Jean-André De Luc zum Beispiel glaubten, daß das „feurige Fluidum" (oder „Feuer"), welches die Temperatur der Luft bestimmt, in geringer Meereshöhe ganz einfach komprimiert wurde, wohingegen Horace-Bénédict de Saussure und Pierre Bouguer die Aufmerksamkeit auf die Wärme lenkten, welche die Atmosphäre durch ihre Nachbarschaft zur warmen Erde erhielt. Nach 1800 scheint Darwins Theorie an Beliebtheit gewonnen zu haben, bis sie in den zwanziger Jahren allgemein, wenn auch nicht ausnahmslos als Erklärung für die Kälte in großen Höhen herangzogen wurde.

34 Wie Carnot im Folgenden dieses Problem behandelt, vgl. S. 40–42 und S. 50–53 der „*Réflexions*" [1] sowie die lange Fußnote auf S. 73–79 der „*Réflexions*" [1]

35 Wie Klein gezeigt hat, beschreibt Carnot seinen Kreisprozeß auf seltsame Weise. Vgl.: M. J. Klein, „*Closing the Carnot cycle*'. In: *Sadi Carnot et l'essor de la thermodynamique.* Wie Anm. 12, S. 213–219. Die Darstellung kann wie folgt am einfachsten mit Hilfe eines Indikatordiagramms zusammengefaßt werden:

Carnot beginnt seinen Kreislauf an der Stelle *a* und läßt ihn über folgende Stufen laufen:

(1) Kontakt zwischen einer Luftmenge vom Volumen *V* und der Wärmequelle *A*, durch den die Luft die Temperatur von *A* annimmt.
(2) Isotherme Expansion von *a* nach *b*.
(3) Adiabatische Expansion von *b* nach *c*.
(4) Isotherme Kompression von *c* nach *d*, während der Wärme an das Kältereservoir *B* abgegeben wird. Die Kompression wird mit der Temperatur von *B* fortgesetzt, bis das zu komprimierende Gasvolumen dasjenige des Zustandes in *a* erreicht (Volumen *V*).
(5) Adiabatische Kompression von *d* zu einem Punkt *e*, der auf der Verlängerung der Isotherme durch *a* und *b* liegt.
(6) Isotherme Expansion von *e* nach *a*.

Der Prozeß wird jetzt bei Stufe 2 fortgesetzt.

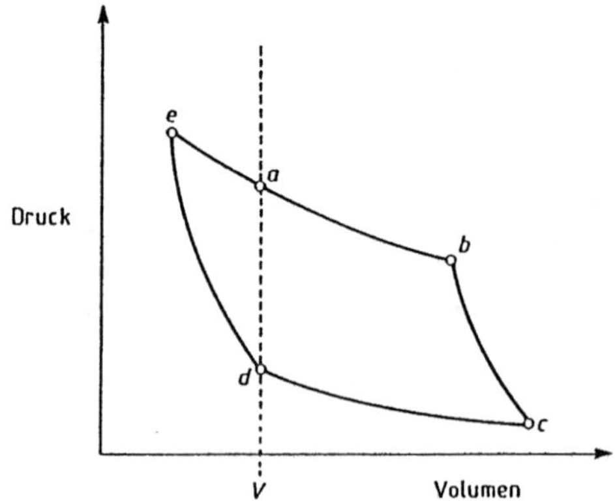

Klein betont, daß diese Darstellung eines Kreisprozesses in keiner Weise auf der Erhaltung der Wärme basiert. (Weiter bemerkt M. J. Klein dazu in einer Fußnote: "I have found no discussion of this question in the literature". Wie jedoch J. Walter mitteilt, ist die hier von Klein formulierte Tatsache bereits in der in Anm. 17 genannten Arbeit von H. L. Callendar enthalten, obwohl dieser Autor daraus viel weiterreichendete und z. T. fehlerhafte Konsequenzen gezogen hat. Anm. d. Hrsg.) Auch wird keine Kenntnis des formalen Zusammenhangs von *P* und *V* während einer adiabatischen Expansion verlangt.

Vergleichen wir Carnots Vorgehen mit der Arbeit von Clapeyron aus dem Jahr 1834. Vgl.: B. P. Émile Clapeyron, *„Mémoire sur la puissance motrice de la chaleur"*. In: *Journal de l'École Polytechnique* 14, Heft 23 (1834), S. 153–190, hier S. 156–159. Clapeyron beginnt und beendet seine Version des Kreisprozesses in *e*. Er definiert *d* als den Punkt im Verlauf der isothermen Kompression, bei dessen Erreichen das Gas denjenigen Betrag *Q* an Wärme abgegeben hat, den es während des Vorganges *eb* aufgenommen hatte. Dies ist, sofern die Wärmestofftheorie als korrekt vorausgesetzt wird, ausreichend dafür, daß der Kreisprozeß einfach durch adiabatische Kompression bei *e* geschlossen werden kann. So ist Clapeyrons Behandlung entgegen der Carnots unauflösbar mit der Annahme des Prinzips von der Erhaltung der Wärme verbunden.

William Thomson übernahm Clapeyrons Beschreibung des Kreisprozesses in seiner Arbeit vom 2. Januar 1849 mit dem Titel: *„An account of Carnot's theory of the motive power of heat ..."* In: *Transactions of the Royal Society of Edinburgh* 16 (1848/49), 541–563, hier S. 546–547 und S. 550–551. Aber sein älterer Bruder James Thomson verhielt sich in seiner Arbeit, die er der Royal Society of Edinburgh am selben Tag präsentierte, vorsichtiger im Umgang mit der Erhaltung der Wärme. Vgl.: James Thomson, *„Theoretical considerations on the effect of pressure in lowering the freezing point of water"*. Ebda., S. 575–580. James beginnt seine Beschreibung des Kreisprozesses wie sein Bruder in *e*, aber er definiert *d* als den Punkt, von dem aus das Gas durch adiabatische Kompression wieder in seinen Anfangszustand *e* übergeführt wird. Die relevanten Abschnitte finden sich in: *Mathematical and physical papers of Sir William Thomson*. 6 Bände, Cambridge 1882–1911. Hier Band 1, S. 121–123, S. 127–128 und S. 160–161.

Maxwells elegante Alternative beginnt den Kreisprozeß in *b*, macht keinerlei Annahme über die Erhaltung der Wärme und unterscheidet sich von der etwas schwerfälligen Beschreibung Carnots. Vgl.: James Clerk Maxwell, *Theory of heat*. London 1870, S. 139–143.

36 Natürlich ist es für die Gültigkeit des Beweises absolut notwendig, daß der Kreislauf hier vervollständigt wird. Eine interessante Parallele findet sich im Frühwerk von Lazare Carnot. Lazare betont, daß bei der Berechnung der Leistungsfähigkeit allgemein jeder Maschine am Ende des Kreislaufs die Anfangsbedingungen wiederhergestellt sein müssen. Vgl.: Lazare Carnot, *Principes de l'équilibre et du mouvement*. Wie Anm. 8, S. 260. Über den schon in den *„Réflexions"* diskutierten unvollständigen Dampfkreislauf vgl. Anm. 18.

37 Carnots Unbehagen tritt hier klar zutage. Ein noch klarerer Beleg seiner Zweifel an der Wärmestofftheorie, so besonders die Zweifel an der Annahme, daß der Wärmeinhalt als eine Zustandsfunktion betrachter werden kann, findet sich in den auf S. 89 der *„Réflexions"* [1] angesprochenen Einschränkungen; vgl. auch Anm. 81. Ein Abschnitt am Ende dieser Fußnote im Manuskript, in der gedruckten Fassung weggelassen, verweist auf die Wärmeentstehung bei Stoß- und Reibungsvorgängen, was auf eine Erzeugung und damit gegen eine Erhaltung des Wärmestoffs hindeutet. Vgl.: *„Réflexions"* [8], S. 95.

38 Nach dem Gesetz von Boyle-Mariotte ist bei konstant gehaltener Temperatur der Druck eines Gases umgekehrt proportional zu seinem Volumen. Gay-Lussac machte die Experimente, die zu seinem Gesetz führten, im Jahr 1802 bekannt. Er zeigte, daß sich alle neun untersuchten Gase bei jedem Temperaturanstieg von 1 °C zwischen 0 °C und 100 °C um 1/267 ihres Volumens bei 0 °C ausdehnten sofern der Druck konstant gehalten wurde.

Zum Vergleich waren Daltons Untersuchungen, die in einer 1801 vorgelegten Arbeit beschrieben waren, weniger zufriedenstellend. Aber er fühlte sich zu dem Schluß berechtigt, daß sich alle Gase bei der Erwärmung von Raumtemperatur bis zum Siedepunkt des Wassers gleichmäßig ausdehnten. Vgl. dazu: Joseph-Louis Gay-Lussac, „*Recherches sur la dilatation des gaz et des vapeurs*". In: *Annales de chimie* **43** (1802), 137–175. Und: John Dalton, „*On the expansion of elastic fluids by heat*". In: *Memoirs of the Literary and Philosophical Society of Manchester* Band 5, Teil 2 (1802), 595–602. Der Ausdehnungskoeffizient 1/273 wurde in den vierziger Jahren im Anschluß an die Arbeit von Victor Regnault übernommen.

39 Dies ist das erste von Carnots fünf wichtigen Ergebnissen zur Physik der Gase (über die anderen vgl. Anm. 42, 48, 56 und 58). Wenn die Bedeutung von „calorique" die Bedeutung von Wärme im modernen Sinn annimmt, so gilt die hier ausgesprochene Behauptung auch in der späteren Thermodynamik, unter Annahme der gleichen Voraussetzungen. Wie immer in den „*Réflexions*" soll das Verhalten eines Gases einer allgemeinen Gleichung der Form $PV = R\ (A + t)$ gehorchen, wobei R für Carnot eine universelle Konstante ist. und A den Wert 267 annimmt.

Offensichtlich ohne Kenntnis von Carnots theoretischem Ergebnis sollte vier Jahre später Dulong durch Experimente probeweiserzu demselben Schluß gelangen. Er benutzte dazu seine eigenen Messungen über die Schallgeschwindigkeit in verschiedenen Gasen in Verbindung mit den von Delaroche und Bérard gemessenen Werten für die Wärmekapazität. Vgl.: Pierre-Louis Dulong, „*Recherches sur la chaleur spécifique des fluides élastiques*". In: *Annales de chimie et de physique* **41** (1829), 113–159, hier S. 156. Die Arbeit wurde am 18. Mai 1828 der Académie des Sciences vorgestellt. Diese von Carnots Theorie unabhängige Bestätigung scheint sowohl für Clapeyron als auch für William Thomson von großer Bedeutung gewesen zu sein. Vgl.: B. P. E. Clapeyron, „*Mémoire sur la puissance motrice de la chaleur*". Wie Anm. 35, S. 169 und S. 180– 185. Und: *Mathematical and physical papers of Sir William Thomson*, wie Anm. 35, Bd. 1, S. 146.

40 Nach Poisson konnten die vorhergesagten und die experimentell erhaltenen Werte für die Schallgeschwindigkeit in Übereinstimmung gebracht werden (vgl. Anm. 30), wenn man annahm, daß die schnelle (d. h. adiabatische) Kompression der Luft um 1/116 ihres Anfangsvolumens einen Temperaturanstieg von 1 °C bewirkte. Vgl.: Siméon-Denis Poisson, „*Mémoire sur la théorie du son*". In: *Journal de l'École Polytechnique* 7, Heft 14 (1808), 319–392. Clément und Desormes beschrieben ihr Experiment, auf das sich Carnot in der Fußnote bezieht, bei der nicht erfolgreichen Teilnahme im Jahr 1812 an einem Wettbewerb des Institut de France über die Untersuchung der spezifischen Wärme von Gasen (vgl. Anm. 43). In ihrem Experiment bestimmten sie den Temperaturanstieg, wenn Luft plötzlich in ein teilweise evakuiertes Gefäß eingelassen wurde. Sie kamen zu dem Ergebnis (unter der Verwendung der suspekten Vorstellung, auch das Vakuum habe eine meßbare Wärmekapazität), daß die adiabatische Kompression von Luft um 1/114 ihres Anfangsvolumens die Temperatur um 1 °C erhöhe. Erst 1819 wurde ihre Arbeit publiziert unter dem Titel: „*Détermination expérimentale du zéro absolu de la chaleur et du calorique spécifique des gaz*". In: *Journal de physique* **89** (1819), 321–346, hier besonders S. 330–334. Eine lange Ergänzung, im Jahre 1819 verfaßt, erschien in demselben Band S. 428–455. Über ihre Experimente und ihre Wärmetheorie vgl.: Pierre Costabel, „*Le ‚calorique du vide' de Clément et Desormes (1812–1819)*". In: *Archives internationales d'histoire des sciences* **21** (1968), 3–14. Und: Robert Fox, *The caloric theory of gases.* Wie Anm. 12, S. 136–138 und 142–148.

41 Wieder kann die Argumentationsweise, die besonders klar die Prinzipien der Wärmestofftheorie offenbart, am leichtesten mit Hilfe eines Indikatordiagramms verdeutlicht werden. Betrachten wir zunächst Bild a. Unter der Verwendung der Werte von Gay-Lussac und Poisson (vgl. Anm. 38 und 40) argumentiert Carnot folgendermaßen: Das Gas durchläuft eine Zustandsänderung bei konstantem Druck vom Zustand X (P, V, T) zum Zustand

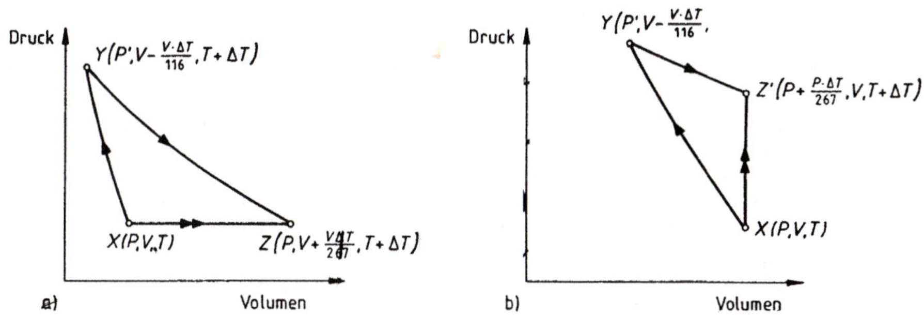

$Z\,(P,\ V + \frac{V \cdot \Delta T}{267},\ T + \Delta T)$. Die bei diesem Vorgang aufgenommene Wärmemenge ist gleich derjenigen, in dem zweistufigen Prozeß XYZ aufgenommenen. Die zwei Stufen setzen sich zusammen aus: 1. Adiabatische Kompression XY zum Volumen $(V - \frac{V \cdot \Delta T}{116})$ und zur Temperatur $T + \Delta T$ und 2. isotherme Expansion YZ zum Volumen $(V + \frac{V \cdot \Delta T}{267})$.

Im Fall der Erwärmung bei konstantem Volumen (Bild b) ist der Betrag der aufgenommenen Wärmemenge entlang des direkten Weges von $X\,(P,\ V,\ T)$ nach $Z'\,(P + \frac{P \cdot \Delta T}{267},\ V,\ T + \Delta T)$ gleich dem Betrag der entlang des zweistufigen Verlaufs XYZ' aufgenommenen Wärmemenge; dabei bedeuten XY eine adiabatische Kompression und YZ' eine isotherme Expansion zurück zum Ausgangsvolumen V. Da während der adiabatischen Änderungen XY jeweils kein Wärmeübergang stattfindet – so kann nun Carnot argumentieren – sind die während der Zustandsänderungen YZ und YZ' aufgenommenen Warmemengen jeweils gleich den während XZ und XZ' absorbierten, und sie betragen $c_P\ \Delta T$ bzw. $c_V \cdot \Delta T$. Aus der Proportionalität von aufgenommener Wärmemenge und Volumänderung bei den isothermen Prozeßabschnitten eine in der Wärmestofftheorie vernünftige Annahme, folgt für das Verhältnis von c_P/c_V (= γ) der Wert: $\frac{1/267 + 1/116}{1/116} = 1{,}43$. Auf S. 60 f. der „Réflexions“ [1] ist 1,44 als Wert angegeben.

Während seiner gesamten Beweisführung nimmt Carnot für ΔT der Wert 1 °C So kann er sich auf ein Minimum an Mathematik beschränken und die sich heute Brgebnisse von Gay-Lussac und Poisson direkt benutzen.

Für den Fall von infinitesimal kleinen Kreisprozessen läßt sich die Beweisführung auch in der späteren Thermedynamik aufrechterhalten. Denn wenn man einmal $T \to 0$ voraussetzt, wird Carnots Ausdruck ganz einfach auf eine Standardformel für γ in der Thermodynamik zurückgeführt:

$$1 - \frac{\left(\frac{\partial V}{\partial T}\right)_P}{\left(\frac{\partial V}{\partial T}\right)_{\text{adiab.}}}$$

So ist es kein Zufall, wenn Carnots Zahl dem heute anerkannten Wert von 1,40 für Luft so nahekommt. Verwendet man statt der Werte von Gay-Lussac und Poisson die verbesserten modernen Werte (1/273,2 und 1/109,3), so erhält man als Ergebnis genau 1,40.

42 Dies ist das zweite Ergebnis Carnots für die Physik der Gase, und es gründet sich wieder auf der Annahme der Gültigkeit einer Gleichung von der Form $PV = R\,(A + t)$. Wenn man den Begriff „spezifische Wärme“ („chaleur spécifique“) im modernen Sinn interpretiert, erhält man unter den gleichen Voraussetzungen in der späteren Thermodynamik auch ein korrektes Ergebnis.

So wie der Satz hier formuliert ist, bekommt man für alle Gase eines vorgegebenen Volumens nur dann die gleiche Differenz der spezifischen Wärmen, wenn sie insbesondere gleichen Druck und gleiche Temperatur besitzen. Später wird in Carnots fünftem Ergebnis die Aussage verallgemeinert. Vgl. *„Réflexions"* [1], S. 59 und Anm. 58.

43 François Delaroche und Jacques-Étienne Bérard hatten mit ihrer Arbeit über die spezifische Wärme von Gasen im Januar 1813 beim Wettbewerb des Institut de France den Preis für Physik gewonnen. Vgl.: *„Mémoire sur la détermination de la chaleur spécifique des différens gaz"*. In: *Annales de chimie et de physique* **85** (1813), 72–100 und 113–182. Sie hatten c_P mit Hilfe einer Methode bei konstanter Durchflußmenge bei zwei verschiedenen Drücken bestimmt; vgl. Anm. 46.

44 Wie in Anm. 42 gezeigt, gilt Carnots zweites Ergebnis für die Physik der Gase in der Form von S. 46 der *„Réflexions"* [1] nur für die auf das Volumen bezogenen spezifischen Wärmen. So sind in der Tabelle diese spezifischen Wärmen angegeben.

45 Als Carnot sein Buch schrieb, gab es für diesen Schluß keine experimentelle Grundlage, wenn auch Poisson kurz zuvor für Dampf einen Wert von 1,073 ermittelt hatte, der weit unter dem für Luft anerkannten Wert von 1,4 lag (dieser war aus Messungen der Schallgeschwindigkeit abgeleitet worden). Poisson hatte den Zahlenwert für Dampf so berechnet, indem er seine neu entdeckte Beziehung für adiabatische Vorlumänderungen $T^{\gamma}p^{1-\gamma}$ = const. verwendete und auf der Grundlage des Gesetzes von Clément und Desormes annahm, daß gesättigter Dampf, der eine adiabatische Volumänderung erfährt, im gesättigten Zustand bleiben muß. Vgl.: Siméon-Denis Poisson, *„Sur la chaleur des gaz et des vapeurs"*. In: *Annales de chimie et de physique* **23** (1823), 337– 352, hier S. 344–345. Zur Argumentation von Clément und Desormes vgl. Einleitung S. XL–XLI.

Die ersten Versuche zur direkten Messung von γ bei verschiedenen Gasen führte Dulong aus und legte sie 1828 in einer Arbeit vor (vgl. Anm. 39).

46 In einem sehr einflußreichen und in die falsche Richtung weisenden Teil ihrer Arbeit (vgl. Anm. 43) beschrieben Delaroche und Bérard folgendes Experiment: Steigt bei Luft der Druck um 35,8 % von 74,05 cm Hg auf 100,58 cm Hg, so läßt sich im gleichen Temperaturbereich eine Abnahme der spezifischen Wärmen (bezogen auf das Gewicht) um 9 % beobachten. Innerhalb der Meßgenauigkeit ihrer Apparatur hätten sie aber keine Änderung der spezifischen Wärme beobachten dürfen. So zeigt die Bereitschaft von Delaroche und Bérard, ihre auf nur zwei Ablesungen begründeten Ergebnisse zu akzeptieren, den Einfluß eines der mehr fragwürdigen Aspekte der Wärmestofftheorie, wonach eine enge Beziehung bestand zwischen der spezifischen Wärme einer Substanz, und ihrer Fähigkeit Wärme (stoff) aufnehmen zu können. Wurde ein Gas komprimiert, so glaubte man z. B., daß der Betrag an Wärmestoff, der notwendig ist, eine konstante Temperatur aufrechtzuerhalten, abnahm, und damit auch die spezifische Wärme des Gases. Daraus folgte eine Temperaturerhöhung für eine adiabatische Kompression, bei welcher der „Überschuß" an Wärmestoff nicht an die Umgebung abgegeben werden kann. Über den Mangel an Beweisen zugunsten einer Variation der spezifischen Wärme mit der Temperatur vgl. Anm. 54. Über das Werk von Delaroche und Bérard und seine innere Struktur vgl.: Robert Fox, *The caloric theory of gases*. Wie Anm. 12, S. 138–143.

47 Dulong und Petit hatten Experimente über die Ausdehnung von Luft und Wasserstoff beschrieben, durch die sie sich zu folgenden Feststellungen berechtigt glaubten: 1. „Tous les gaz se dilatent absolument de la même manière et de la même quantité pour des changemens égaux de température" und 2. „La loi de Mariotte ne cesse jamais d'être exacte, quelle que soit la température". Vgl. ihre Arbeit: *„Recherches sur la mesure des températures et sur les lois de la communication de la chaleur"*. In: *Annales de chimie et de physique* **7** (1818), 113–154, 225–264 und 337–367 (hier besonders die Seiten 122–123). Die „neueren Versuche von Herrn Davy und Faraday" („expériences plus récentes de MM. Davy et Faraday") sind vermutlich beschrieben in einer Reihe von Arbeiten, die erschie-

nen sind in: *Philosophical transactions of the Royal Society of London* Band 113, Teil 2 (1823). Von besonderer Bedeutung war in diesem Zusammenhang wohl die Arbeit von Humphry Davy, *„On the changes of volume produced in gases in different states of density, by heat“*. In: Ebda., S. 204–205. Hier beschreibt Davy Experimente, die für beliebig vorgegebene Temperaturanstiege bei Luft eine Unabhängigkeit ihrer Ausdehnung von ihrer Dichte anzeigen. Wie wir aus der Fußnote auf S. 88 der *„Réflexions“* [1] wissen, hatte Carnot die Ausgabe der *Annales de chimie et de physique* gelesen, in der eine Übersetzung dieser Arbeit Davys abgedruckt worden war.

48 Dieses dritte von Carnots Ergebnissen für die Physik der Gase ergänzt das erste Resultat auf S. 41–42 der *„Réflexions“* [1]. Wie immer wird die Gültigkeit der Beziehung $PV = R\,(A + t)$ angenommen.

In mathematischer Formulierung ist das Ergebnis auf S. 76 der *„Réflexions“* [1] angegeben. Hier zeigt Carnot, daß bei der Expansion eines Gases die zuzuführende Wärmemenge, die zur Erhaltung einer konstanten Temperatur notwendig ist, sich berechnet nach der Beziehung $T \cdot \ln \frac{V}{U}$. Dabei ist T eine Funktion der Temperatur, deren Form Carnot im weiteren Verlauf der Fußnote aufklärt.

Wird der Ausdruck „Wärmemenge“ („quantité de chaleur“) modern interpretiert, so gilt das Ergebnis auch in der späteren Thermodynamik.

49 Der Glaube an die Aussendung von Licht bei einer schnellen Expansion oder Kompression von Gasen hielt sich hartnäckig. Im Jahr 1802 hatten ein Arbeiter in der Waffenfabrik von St. Etienne und kurze Zeit später Joseph Mollet aus Lyon Lichterscheinungen beobachtet, sobald sie im Dunkeln ein Luftgewehr betätigten. Wahrscheinlich im Jahr 1803 hatte dann Mollet als erster solche Lichterscheinungen festgestellt, wenn man Luft in einem geschlossenen Zylinder schnell zusammenpreßte. Einen Bericht über diese Beobachtung und die damit verwandte Beobachtung der Erwärmung durch Kompression gibt: Robert Fox, *„The fire piston and its origins in Europe“*. Wie Anm. 28, S. 359–362. Im Jahre 1823 hatte Thenard gezeigt, daß die Beobachtung der Erscheinung beim Luftgewehr ein Irrtum war, aber erst 1830 konnte er nachweisen, daß auch bei der schnellen Kompression eines Gases kein Licht erzeugt wurde. Vgl. seine Arbeiten in: *Annales de chimie et de physique* **22** (1823), 436–439 und **45** (1830), 181–188.

50 Tatsächlich war die vorherrschende Meinung, daß Temperaturanstiege dieser Größe mit einer geringeren Kompression erreicht werden konnten. 1818 hatte Gay-Lussac die Entzündungstemperatur von Zunder (300 °C) durch Zusammenpressen von Luft auf 1/5 ihres Ausgangsvolumens erreicht zu haben behauptet. Vgl.: *Annales de chimie et de physique* **9** (1818), 310. Fünf Jahre später hatte Poisson für eine ähnliche Volumenverkleinerung einen Temperaturanstieg von 221 °C mit Hilfe seiner kurz zuvor entdeckten Beziehung für adiabatische Kompression, $PV^{\gamma} = \text{const.}$, prognostiziert. Vgl.: Ebd., **23** (1823), 340.

51 Dieser Versuch, den Temperaturanstieg bei adiabatischer Kompression zu berechnen, begleitet von der damit verbundenen Unsicherheit in bezug auf die Abhängigkeit der spezifischen Wärme von der Dichte bei Gasen, zeigt Carnots Schwierigkeiten auf dem Weg zu einer allgemeingültigen mathematischen Beschreibung solcher Vorgänge. Vgl. die allgemeinere Argumentation auf S. 62–67 und die dazugehörige Fußnote in den *„Réflexions“* [1].

52 Vgl. Anm. 46.

53 Carnot greift dieses in den *„Réflexions“* immer wiederkehrende Problem noch einmal auf. Vgl. seine Diskussion auf S. 52–53 der *„Réflexions“* [1] und in der langen Fußnote auf S. 73–79 der *„Réflexions“* [1].

54 Die Notwendigkeit einer Untersuchung der gegenseitigen Abhängigkeit von spezifischer Wärme und Temperatur eines Gases war seit dem Erfolg von Delaroche und Bérard im Januar 1813 immer wieder erkannt worden (vgl. Anm. 43 u. 46). In jenem Monat bestimmte die Erste Klasse des Institut de France dieses Problem zum Thema ihrer nächsten

Preisaufgabe. Dabei sollte die spezifische Wärme zwischen 0 °C und 100 °C bei Intervallen von 20 Grad ermittelt werden, einmal bei konstantem Volumen und einmal bei konstantem Druck, wobei jede Bestimmung bei zwei verschiedenen Drücken, der eine doppelt so hoch wie der andere, auszuführen war. Bis zum Abgabetermin im Dezember 1814 waren keine befriedigenden Bearbeitungen eingegangen, und die ganze Sache wurde verworfen. Über die spärliche Ausbeute dieses Wettbewerbs vgl.: Robert Fox, *The caloric theory of gases.* Wie Anm. 12, S. 149–150.

55 Die folgende Argumentation beruht auf der vertrauten Annahme, daß in jedem geschlossenen Kreisprozeß $\Delta Q = 0$ gilt. Die Prozesse sind in dem folgenden Indikatorendiagramm dargestellt. – Es sei erwähnt, daß Ostwald einen Schreibfehler des Originals (1824) übernimmt: Auf S. 33, 3. Zeile von unten muß es heißen: „Nun ist aber *b* …“

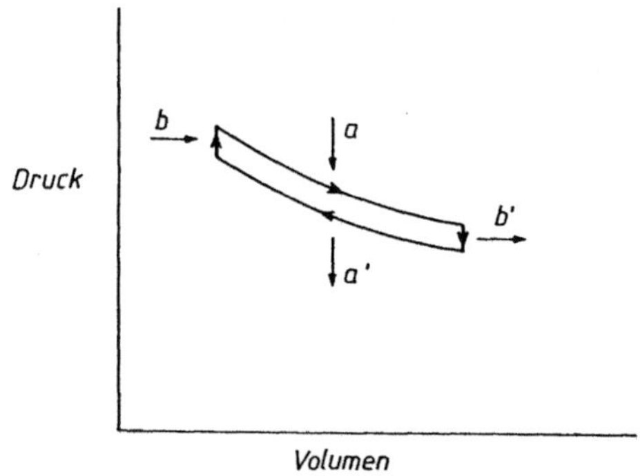

56 Dieses Ergebnis, das vierte welches Carnot für die Physik der Gase ableitete, beruht wieder auf der üblichen Annahme der Gültigkeit der Beziehung $PV = R(A + t)$. Das Resultat ist in einer mehr analytischen Form auf S. 58 der *„Réflexions“* [1] ausgedrückt und wird in dieser Form auf S. 63–68 der *„Réflexions“* [1] entwickelt. Auf S. 58 der *„Réflexions“* [1] trifft Carnot die Feststellung, daß das Ergebnis genau so für spezifische Wärmen bei konstantem Druck gilt, obwohl es hier für spezifische Wärmen bei konstantem Volumen abgeleitet wurde. Jedoch verschweigt er die offensichtliche Tatsache, daß sowohl seine Argumentation als auch sein Ergebnis nur für Gase bei gleicher Temperatur zutreffen.

Die Ergebnisse von Delaroche und Bérard unterstützten die fehlerhafte Annahme, eine Änderung der Dichte eines Gases würde (bei jeder vorgegebenen Temperatur) eine Änderung seiner spezifischen Wärme bewirken. Hierzu vgl. Anm. 46.

57 Ein Versehen: Statt „Gay-Lussac“ lies „Mariotte“. (Ostwald übernimmt den Schreibfehler aus Carnots Manuskript.)

58 Dieses ist Carnots fünftes Resultat zur Physik der Gase.

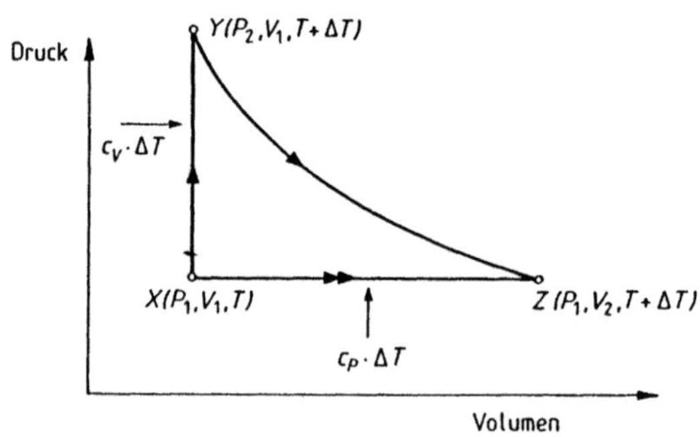

Ein Gas durchläuft eine Zustandsänderung (vgl. Abb.) von $X(P_1, V_1, T)$ nach $Z(P_1, V_2, T+\Delta T)$ einmal auf dem direkten Weg XZ und einmal über den Zustand $Y(P_2, V_1, T+\Delta T)$, wobei YZ eine Isotherme darstellt. Carnot nimmt an, daß das Gas für beide Zustandsänderungen XZ bzw. XYZ denselben Betrag an Wärme aufnimmt. So ist für ihn die Differenz von c_P und c_V gleich der während der isothermen Änderung aufgenommenen Wärmemenge, die, wie er schon gezeigt hat, für jede vorgegebene Temperatur allein durch das Verhältnis V_2/V_1 bestimmt ist.

Nicht geklärt ist, wie sorgfältig Carnot die Folgerungen aus seinem Beweis zu Ende gedacht hat. Im vorliegenden Fall kann der Beweis nur bei der Temperatur $T = 0\,°C$ angewendet werden. Tatsächlich ist die Differenz zwischen c_P und c_V aus zwei Gründen von der Temperatur abhängig:

a) Für jedes vorgegebene ΔT variiert das Verhältnis $\frac{V_2}{V_1}$ mit der Temperatur $T(=A+t)$ nach der Gleichung:

$$V_2 = V_1 + \frac{V_1}{A+t} \cdot \Delta T, \text{ so daß gilt: } \frac{V_2}{V_1} = 1 + \frac{\Delta T}{A+t}.$$

b) Die während der isothermen Expansion aufgenommene Wärmemenge enthält für ein vorgegebenes Verhältnis V_2/V_1 noch einen von der Temperatur abhängigen Faktor. Über diese Unklarheit über die genaue Bedeutung dieses Faktors vgl. Anm. 48 und Carnots eigenen Kommentar auf S. 76 f. der *„Réflexions“* [1].

Wie W. J. Hornix in seinem Essay über die Ausgabe der *„Réflexions“* [8] andeutet, mußte Carnot sehr wohl erkannt haben, daß er mit dem spärlichen Beweismaterial, das ihm zur Verfügung stand, nicht die allgemeinere Frage der Abhängigkeit von $(c_P - c_V)$ von der Temperatur hätte aufgreifen können; deshalb müsse seine Aussage an dieser Stelle einen begrenzteren Anwendungsbereich haben, als sie dies hier vermuten läßt. Vgl. die Arbeit in: *Annals of science* **39** (1982), 399–406. hier S. 402.

Faßt man die beiden Arten der spezifischen Wärme im heutigen Sinn auf, so findet man in der modernen Thermodynamik ein dem Carnotschen entsprechendes Resultat.

59 Nach der Meinung von Costabel verhält sich Carnot so diplomatisch wie möglich, wenn er schon der Ansicht von Poisson und Laplace entgegentreten muß: Er bevorzugt mit seiner Schlußweise bei den zwei spezifischen Wärmen eine Konstanz ihrer Differenz $(c_P - c_V)$ vor einer Konstanz ihres Verhältnisses γ. So ist es für Costabel von Bedeutung, daß Carnot zunächst auf Poissons Ergebnis großen Wert legt, wonach die rasche Kompression eines Gases von einem Temperaturanstieg begleitet wird (vgl. S. 43–54 der *„Réflexions“* [1]) – ein Ergebnis, das eng mit der Konstanz von γ verbunden ist –, und er erst danach in seiner Fußnote auf ziemlich undurchsichtige Weise Bemerkungen über die, wenn auch geringen, Schwankungen von γ einfügt. Vgl.: Pierre Costabel, *„L'oeuvre de Sadi Carnot, son contexte, ses suites“*. In: *Sadi Carnot et l'essor de la thermodynamique*, wie Anm. 12, S. 121–124.

Aus einer ganz anderen Perspektive hat Truesdell eine Anzahl logischer Folgerungen diskutiert, die aus einer Annahme der Beziehung γ = const. hervorgehen. Vgl.: Clifford A. Truesdell, *„Theoria de effectibus mechanicis caloris pridem illmo Sadi Carnoto verbis physicis promulgata nunc primum mathematice enucleata“*. In: *Atti della Accademia delle Scienze dell'Istituto di Bologna* **10** (1973), 29–41. *„Les bases axiomatiques de la thermodynamique“*. In: *Entropie* **63** (1975), 6–11, **64** (1975), 4–10, **65** (1975), 4–8. *The tragicomical history of thermodynamics 1822–1854*. New York, Heidelberg, Berlin 1980. S. 39–46 und S. 122–134. Truesdell geht in seiner Arbeit sogar so weit, aus den in dieser Fußnote angesprochenen experimentellen Belegen in bezug auf die Konstanz von γ zu schließen, Carnot hätte deshalb die Wärmestofftheorie insgesamt aufgeben müssen. Zur Untermauerung dieser These umreißt er einige Schlußfolgerungen, die sich für Carnot hätten als unannehmbar erweisen müssen. Zu Truesdells Argumentation sei als ein Beispiel das folgende angeführt: Aus der Annahme von γ = const. muß in Carnots Theorie geschlossen werden, daß sich sowohl c_P wie auch c_V umgekehrt proportional zur Temperatur des Gases verhalten müssen. Angesichts einer solch untragbaren („disagreeable") Schlußfolgerung, wäre nach Truesdell für Carnot keine andere Alternative als die des Abrückens von seiner gesamten Analyse der Wärmekraftmaschinen möglich gewesen.

Abgesehen davon, ob Carnot diese Problematik überhaupt bewußt geworden war, oder ob er sie ganz einfach übersehen hatte, gibt Truesdells Diskussion interessante Ausblicke auf die innere Konsistenz des Textes der *„Réflexions"*. Aus der Gültigkeit der Beziehung γ = const., wie sie in den *„Réflexions"* angenommen wird, würde z. B. folgen, daß das „Hinunterfallen" einer vorgegebenen Menge an Wärmestoff innerhalb eines vorgegebenen Temperaturintervalls der Gasthermometerskala an jeder Stelle der Skala denselben Betrag an bewegender Kraft erzeugen würde. Dieser Schluß wäre nicht verträglich mit den Äußerungen an vielen Stellen der *„Réflexions"*, so besonders auf S. 72 der *„Réflexions"* [1]. Auch müßte daraus für die in der langen Fußnote auf S. 73–79 der *„Réflexions"* [1] abgehandelte Funktion *Ft* ein linearer Verlauf mit der Temperatur folgen.

Die von Carnot unterlassene Behandlung der Folgen, die aus der Annahme von γ = const. resultieren, ist angesichts dieses letzten Beispieles sicherlich sehr befremdlich. Dieses Übergehen verstärkt den Eindruck, Carnot sei sich der Konsequenzen aus der Arbeit von Gay-Lussac und Welter erst bewußt geworden, als die *„Réflexions"* fast fertiggestellt waren. Es ist durchaus denkbar, daß die Fußnote auf S. 59–60 der *„Réflexions"* [1] erst in letzter Minute in den Text aufgenommen wurde. Auch wenn sich für eine solche Annahme in dem Manuskript kein Hinweis befindet, so erscheint doch Gay-Lussac und Welters Zahlenwert 1,3748 für γ auf einem Blatt der uns erhaltenen Notizen, das nicht vor August 1823 geschrieben worden sein kann, zu einer Zeit, als Carnot mit der Arbeit an den *„Réflexions"* schon weit fortgeschritten war. Vgl. Anhang II dieser Ausgabe auf S. 114 und in *„Réflexions"* [8], S. 244 (Manuskript II, *F°6 recto*).

Lervig untersucht in seiner Antwort auf Truesdells Interpretation die These, wie wenig sich das Ergebnis von Gay-Lussac und Welter (die Konstanz von γ) auf Carnot ausgewirkt habe, als er die *„Réflexions"* verfaßte. Vgl.: Philip Lervig, *„What is heat? C. Truesdell's view of thermodynamics. A critical discussion"* In: *Centaurus* **26** (1982), 85–122, hier S. 114–116. Nach Lervig beweist ein Abschnitt im Manuskript der *„Réflexions"* fast überzeugend, daß Carnot über die Arbeit von Gay-Lussac und Welter durch einen Artikel von Laplace informiert worden war, der die Konstanz von γ nur als angenähert gültig bezeichnete; vgl. *„Réflexions"* [8], S. 117. Lervig nennt auch noch andere Motive für die Annahme, Carnot habe aus guten Gründen γ nicht als konstant angesehen, wonach er durch die von Truesdell aufgezeigten Konsequenzen nicht sehr betroffen gewesen wäre. Für eine Beurteilung der Reaktion Carnots muß sicherlich auch berücksichtigt werden, daß im Jahr 1824 anscheinend alle experimentellen Ergebnisse über die thermischen Eigenschaften der Gase mit einer großen Unsicherheit behaftet waren. Zu dieser Zeit gab es keinen Grund mehr, die Schlußfolgerungen von Gay-Lussac und Welter zu akzeptieren, als z. B. diejenigen von Delaroche und Bérard oder von Clément und Desormes, die Carnot in die falsche Richtung gewiesen haben.

60 Vgl. Anm. 46.

61 Gemäß den in Anm. 46 beschriebenen Experimenten von Delaroche und Bérard beträgt die spezifische Wärme von Luft bei 1 m Quecksilbersäule 0.914, wenn man für Luft den Wert bei 0.76 cm als Einheit zugrunde legt. In dem gedruckten Text als auch in seinen Manuskripten gibt Carnot für die spezifische Wärme 0.967 an, was nur die Folge eines arithmetischen Versehens sein kann. Im weiteren Verlauf benutzt er dann diesen Wert, um die nachfolgende Tabelle aufzustellen.

Das Ergebnis von Delaroche und Bérard war die einzige direkte Bestätigung für Carnots Folgerung, daß die spezifische Wärme eines Gases seiner Dichte proportional ist. Aus den gleichen in Anm. 46 dargelegten Gründen handelt es sich um eine äußerst fragliche Bestätigung, die auch in den 20er Jahren allgemein als solche angesehen wurde. Carnot selbst gab gleich im Anschluß an seine Tabelle die Schwäche dieser experimentellen Begründung seines Arguments zu; vgl. den Satz auf S. 62 in den „*Réflexions*" [1], welcher beginnt: „Die Versuche, welche unserer Rechnung zu Grunde gelegt sind, ..."

Trotz der oft ausgesprochenen Zweifel wurden die Ergebnisse von Delaroche und Bérard allgemein verwendet, bis sie erst von denjenigen ersetzt wurden, die Regnault im Jahr 1853 der Académie des Sciences bekanntgeben sollte. Vgl. dazu: Victor Regnault, „*Mémoire sur la chaleur spécifique des fluides élastiques*". In: *Mémoires de l'Académie des Sciences de l'Institut Impérial de France* **26** (1862), 1–333.

62 Bei der Ableitung des Temperaturanstiegs eines adiabatisch komprimierten Gases argumentiert Carnot folgendermaßen:

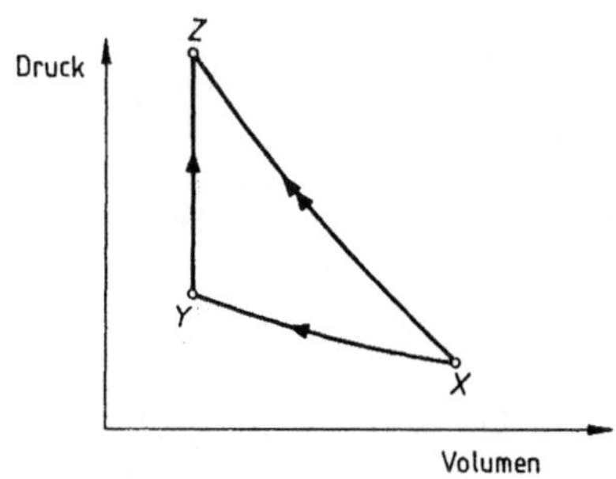

Er betrachtet eine Adiabate durch einen gegebenen Zustandspunkt X (vgl. Abb.). Z sei ein Punkt auf dieser Adiabate. Nun ist die vom Gas entlang der isothermen Kompression XY abgegebene Wärme gleich der Wärmemenge, die bei isochroner Druckerhöhung entlang YZ aufgenommen wird. (Diese Annahme wird in diesem Abschnitt explizit formuliert; er ist eine der Stellen in den „*Réflexions*", wo Carnots axiomatischer Glaube an die Erhaltung der Wärme äußerst klar ausgedrückt ist).

Nach dem dritten von Carnots Ergebnissen über die Physik der Gase (vgl. Anm. 48) kann die von dem Gas während des isothermen Vorgangs XY abgegebene Wärmemenge (bei Benutzung der Nomenklatur dieses Abschnittes) durch den Ausdruck $A + B \cdot \ln v$ angegeben werden. Dabei sind A und B Konstante der Isotherme, die notwendigerweise so beschaffen sein müssen, daß der Ausdruck für das Ausgangsvolumen (bei X) null wird, so daß $A = 0$ folgt.

Bei der Berechnung der vom Gas während des Vorgangs YZ aufgenommenen Wärmemenge benutzt Carnot eine Näherung. Die Wärmekapazität des Gases beträgt entsprechend seinem vierten Ergebnis für die Physik der Gase (vgl. Anm. 56): $z = A' + B' \cdot \ln v$, wobei A' und B' Funktionen der Temperatur sind. Wie Lervig hervorgehoben hat, könnte B' den Wert null haben. Carnot akzeptiert jedoch das Ergebnis von Delaroche und Bérard, nach dem die spezifische Wärme mit der Dichte variiert, und neigt vorsichtig zu der Ansicht, B' sei ein bißchen größer als null; vgl. „*Réflexions*" [1], S. 68, Anm. Lervigs Diskussion des logarithmischen Gesetzes der spezifischen Wärmen ist hier sehr hilfreich; vgl. Philip Lervig, „*On the structure of Carnot's theory of heat*". Wie Anm. 17, S. 236–238.

Nur durch die Vernachlässigung der Temperaturabhängigkeit von A' und B' kommt Carnot zu dem Ausdruck für die Temperaturerhöhung bei der adiabatischen Kompression.

Deshalb ist sein Ergebnis nur angenähert richtig und gilt nur für kleine Temperaturänderungen. Carnot war sich dessen vollkommen bewußt, was der Abschnitt zeigt, der beginnt mit: „Die eben gegebene Formel darf ..." („Il ne faudrait pas considérer ..."); vgl. S. 64 der *„Réflexions"* [1].

Seltsamerweise erwähnt Carnot nicht einmal die Beziehungen PV^{γ} = const. und $TV^{\gamma-1}$ = const., die kurz zuvor von Poisson abgeleitet und im Frühjahr 1823 in den *Annales de chimie et de physique* publiziert worden waren; vgl. Einleitung, Anm. 54. Der Text der *„Réflexions"* und die Notizen im Manuskript (vgl. Anhang II dieser Ausgabe oder Anhang A_2 der Ausgabe Fox 1978) zeigen, daß Carnot mit den *Annales de chimie et de physique* sehr vertraut war. So kann er sich auf S. 88 f. der *„Réflexions"* [1] auf einen Artikel beziehen, der erst im Januar 1824 in dieser Zeitschrift veröffentlicht worden war. Möglicherweise kannte Carnot also die Poissonsche Beziehung, aber er verzichtete in den *„Réflexions"* auf sie wegen der Schwierigkeiten, die für seine Theorie aus der Annahme der Konstanz von γ erwachsen wären (über die Schwierigkeiten vgl. Anm. 59). (Die Annahme der Konstanz von γ ist in der Argumentation von Poissons Arbeit aus dem Jahr 1823 implizite enthalten). Jedoch ist es natürlich genauso möglich, daß Carnot Poissons Arbeit nicht kannte, oder (wofür hier plädiert werden soll) daß er sie erst kennenlernte, als die Arbeit an den *„Réflexions"* zu weit fortgeschritten war, um noch eine Textänderung wünschenswert erscheinen zu lassen.

63 Die Experimente werden in der Arbeit von Dulong und Petit beschrieben (vgl. Anm. 47). Insbesondere sind hier die Seiten 142–150 bedeutsam, wo Dulong und Petit ihre Versuche über die spezifischen Wärmen einiger Metalle und von Glas im Temperaturbereich von 0° bis 300 °C vorstellen.

64 Das Gesetz von Clément und Desormes wurde im April 1819 der Société d'Encouragement pour l'Industrie Nationale mitgeteilt, und im August mehr aus formalen Gründen der Académie des Sciences (vgl. Einleitung Anm. 16 und 17). Die von der Académie bestellten Gutachter (Fourier, Arago, Thenard und Gay-Lussac) hielten die Arbeit offensichtlich nicht für publikationswürdig, und so besitzen wir darüber nur die kurze Zusammenfassung in der Zeitschrift *Bulletin des sciences, par la Société Philomathique de Paris* (vgl. Einleitung Anm. 17). Das Gesetz wurde niemals völlig akzeptiert, doch dauerte es bis in das Jahr 1827, als der französische Physiker César-Mansuète Despretz endgültig mit eigenen Experimenten die Ungenauigkeit der Messungen von Clément und Desormes aufzeigte. Über die Frühgeschichte dieses Gesetzes und seine Formulierungen durch Watt (schon 1765) und den Anwalt John Sharpe aus Manchester (im Jahr 1806) vgl.: Cardwell, *Watt to Clausius*. Wie Anm. 2, Kapitel 6. Jacques Payen, *„Deux nouveaux documents sur Nicolas Clément"*. In: *Revue d'histoire des sciences* **24** (1971), 45–60, hier S. 50. Robert Fox, *„The challenge of a new technology ..."* Wie Anm. 12, S. 155–160. Philip Lervig, *„Sadi Carnot and the steam engine"*. Wie Anm. 18. In den *„Réflexions"* benutzt Carnot das Gesetz und die Folgerungen daraus ohne Einschränkungen, aber in seinem Manuskript mit dem Titel *„Recherche d'une formule ..."* äußert er Zweifel an dessen Genauigkeit, ohne aber in seiner Argumentation auf es zu verzichten; vgl. *„Réflexions"* [8], S. 226.

Die Versuche von Clément und Desormes zeigten nur, daß die zur Verdampfung einer gegebenen Menge Wasser notwendige Wärmemenge bei einer bestimmten Temperatur (in ihrem Fall 0 °C) unabhängig ist von der Temperatur (und damit auch vom Druck), bei welcher der Dampf erzeugt wird. Der Zusatz, daß gesättigter Dampf unabhängig von der Temperatur immer denselben Betrag an Wärme (Q) enthält, ist natürlich nur innerhalb der Wärmestofftheorie verständlich. Dasselbe trifft auf den Schluß zu, daß gesättigter Dampf, der eine adiabatische Expansion durchläuft ($\Delta Q = 0$), während des gesamten Vorgangs im gesättigten Zustand bleibt. In dieser letzten Fassung war das Gesetz schon von Clément und Desormes (in ihrer Arbeit von 1819) und von Poisson (vgl. Anm. 45) ausgedrückt worden.

Die Annahme, die Carnot darüberhinaus in diesem Abschnitt macht – daß die normalen Gasgesetze deshalb auch für Dampf gelten –, war schon seit fast einem Jahrzehnt in Frankreich üblich. Sie stützte sich auf die Experimente von César-Mansuète Despretz, der in einer der Académie des Sciences im November 1821 vorgelegten Arbeit gezeigt hatte, wie gut die Gleichung

$$\frac{PV}{267 + t} = \text{const.}$$

für gesättigten Dampf paßte; vgl.: César-Mansuète Despretz, *„Mémoire sur les densités des vapeurs"*. In: *Annales de chimie et de physique* **21** (1822), 143–155. Tatsächlich ist diese Gleichung für den Fall von Dampf nur eine ziemlich schlechte Näherung.

65 Biots Zahlenwerte für die Drücke von gestättigtem Dampf (vgl. sein Buch *Traité de physique,* wie Anm. 2, Band 1, S. 530–531) waren von seinem Assistenten C. S. M. Pouillet aus den wohlbekannten experimentellen Ergebnissen Daltons berechnet worden.

66 Verständlicherweise ist Carnot nur allzu bereit hervorzuheben, wie gut seine Formel für die adiabatische Expansion von gesättigtem Dampf mit den verfügbaren experimentellen Daten übereinstimmt. Tatsächlich aber ist diese Übereinstimmung überhaupt nicht zufriedenstellend, wie Hornix gezeigt hat in seiner Arbeit in: *Annals of science* **39** (1982), 402–403.
Da die Fußnote im Manuskript der *„Réflexions"* fehlt, scheint sie erst in einem späten Stadium der Fertigstellung des Buches eingefügt worden zu sein. Dies mag wohl auf Carnots Unsicherheit über den Wert der numerischen Übereinstimmung seiner Gleichung hindeuten

67 Carnots Schlußfolgerung in bezug auf B' stützte sich auf die irreführenden Ergebnisse von Delaroche und Bérard über die Abhängigkeit der spezifischen Wärme vom Volumen, die sich aber auf Luft beschränken; vgl. Anm. 46.

68 Hier gibt Carnot eine Antwort auf das wichtige Problem, das erstmals auf S. 28–29 der *„Réflexions"* [1] angeschnitten wird. Sein Ergebnis, abermals abgeleitet aus der Voraussetzung, daß der Wärmeinhalt Q eines Gases eine Zustandsfunktion sei, beruht vollkommen auf der Anerkennung der falschen Resultate von Delaroche und Bérard über die Abhängigkeit der spezifischen Wärme eines Gases von seinem Volumen (vgl. Anm. 46). Wenn Delaroche und Bérard bei der Kompression von Luft nicht eine Abnahme ihrer spezifischen Wärme konstatiert hätten, so würde aus Carnots Argumentation folgen, wie er auf S. 73 der *„Réflexions"* [1] feststellt, daß die während einer Volumänderung bei 100 °C aufgenommene Wärmemenge genau gleich groß sein müßte, wie diejenige, die bei einer entsprechenden Volumänderung bei 1 °C aufgenommen wird. Somit wäre ein vorgegebenes „Hinunterfallen" der Wärme in jedem Intervall der Temperaturskala gleich effektiv.

69 Abermals bezieht sich Carnot auf den schmerzlich empfundenen Mangel an Beweismaterial in bezug auf die Abhängigkeit der spezifischen Wärme eines Gases von seiner Temperatur (vgl. Anm. 54).

70 Über diese lange Fußnote gibt es zahlreiche Diskussionsbeiträge. Hier entwickelt Carnot einige der wichtigsten seiner Schlußfolgerungen, so besonders diejenige von S. 72 der *„Réflexions"* [1] über den Einfluß der Temperatur auf die bewegende Kraft der Wärme. Besonders wichtig sind die Beiträge von: Philip Lervig, *On the structure of Carnot's theory of heat,* wie Anm. 17, S. 235–236; und: C. A. Truesdell, *The tragicomical history of thermodynamics,* wie Anm. 59, Kapitel 5 passim, hier aber besonders S. 128–130. Über die Auswirkungen, die sich aus der Annahme der Konstanz von γ und der Unabhängigkeit dieses Koeffizienten von der Dichte des Gases für die Funktion Ft ergeben, vgl. Anm. 59. Diese Auswirkung (der Unabhängigkeit von Ft von der Temperatur) wird in Clapeyrons Fassung der Carnotschen Theorie erwähnt, aber, wie Truesdell feststellt, geht Clapeyron aus verständlichen Gründen nicht von einer Konstanz von γ aus. Vgl.: Truesdell, ebd., S. 143–144.

In Clapeyrons Arbeit ist der maximale Betrag an bewegender Kraft, der aus dem „Hinunterfallen" einer vorgegebenen Wärmemenge von der Temperatur ($t + dt$) zur Temperatur t erhalten werden kann, gleich $\frac{dt}{C}$; vgl.: Clapeyron, „*Mémoire sur la puissance motrice de la chaleur*", wie Anm. 35, S. 167–169. Clapeyrons C entspricht somit Carnots Ft. Über William Thomsons frühe Beiträge zur Funktion Ft vgl. seine Arbeiten: „*On an absolute thermometric scale* ..." (1848) und: „*An account of Carnot's theory of the motive power of heat* ..." (1849). In: Thomson, *Mathematical and physical papers*. Wie Anm. 35, Band 1, S. 100–106 und 113–155. In der zweiten dieser Arbeiten führt Thomson die Größe $\mu(t)$ ein, die der Ableitung $F't$ von Carnots Funktion entspricht. Er bezeichnet sie als „Carnots Koeffizienten".

Über die Arbeit von Clapeyron, Thomson und anderen zur Erklärung der Funktion C, vgl.: Cardwell, *Watt to Clausius*. Wie Anm. 2, S. 220–260. Einen charakteristischerweise kritischen Beitrag gibt: C. A. Truesdell, *The tragicomical history of thermodynamics*. Wie Anm. 59, Kapitel 6–9, aber besonders S. 139–143 und S. 168–178.

Der letzte Paragraph dieser Fußnote (der beginnt mit: „In der Gleichung (5) ..." („Dans l'équation (5) ...")) fehlt interessanterweise im Manuskript der „*Réflexions*". In diesem Paragraph erwägt Carnot die Konsequenzen einer Ablehnung der Ergebnisse von Delaroche und Bérard und der Annahme, die spezifische Wärme eines Gases sei von dessen Dichte unabhängig. Dieses Fehlen ist ein weiterer Hinweis dafür, daß Carnot während der Arbeit an den „*Réflexions*" immer mehr an den experimentellen Grundlagen seiner ganzen Argumentation zu zweifeln begann.

71 Auf den S. 79–80 der „*Réflexions*" [1] berechnet Carnot die bewegende Kraft, die man bei einem Kreisprozeß unter Verwendung von Luft erhält, indem er in geeigneter Weise den „Abfall" der Temperatur als so klein voraussetzt, daß der Effekt der Adiabaten vernachlässigt werden kann. Danach auf S. 80–81 der „*Réflexions*" [1] beruft er sich in seiner Beweisführung auf das Ergebnis der Seiten 43–45 der „*Réflexions*" [1], wonach der bei einer isothermen Expansion um den Bruchteil $\left(\frac{1}{116} + \frac{1}{267}\right)$ des Ausgangsvolumens aufgenommene Betrag der Wärmemenge proportional c_p ist; zur Ableitung dieses Ergebnisses vgl. Anm. 41. Dadurch repräsentiert c_p diejenige Wärmemenge, die ein Temperaturintervall von 1/1000 °C „hinunterfällt".

Hilfreiche Diskussionsbeiträge zur Methode der Carnotschen Berechnungen findet man bei: Ulrich Hoyer, „*Über den Zusammenhang der Carnotschen Theorie mit der Thermodynamik*". In: *Archive for history of exact sciences* 13 (1974), 359–375, hier S. 362–365. Und: Truesdell, *The tragicomical history of thermodynamics*, wie Anm. 59, S. 119–122.

72 Wie Clément und Desormes benutzt Carnot natürlich (wie auch Hachette, Coriolis und viele andere) die Einheit, die unter den Ingenieuren am meisten verbreitet ist: 1 m^3 Wasser (bzw. 1 Tonne) wird um 1 m gehoben. In seinem Manuskript mit dem Titel „*Recherche d'une formule* ..." verwendet er jedoch eine weit kleinere Einheit, die er als „dyname" bezeichnet; vgl.: „*Réflexions*" [8], Anhang A_1, S. 223–234. Er definiert sie als die Arbeit, die beim Heben von 1 kg um 1 m verrichtet wird. Diese Einheit, wenn auch nicht mit dieser Benennung, war von Gérard-Joseph Christian, Navier und Jean-Victor Poncelet benutzt worden. Die Einheit „dyname", wie sie im April 1823 in dem Bericht des Komitees der Académie des Sciences über die Sicherheit von Dampfmaschinen (vgl. Anm. 6) definiert wurde, war ein Maß für die „Geschwindigkeit" der verrichteten Arbeit. Als ihre Definition wurde die „Geschwindigkeit" der Arbeit („Leistung") beim Heben von 1 kg um 1 m in 1 Sekunde vorgeschlagen; vgl.: *Procès-verbaux*, wie Anm. 6, Bd. 7, S. 471. Dupin, der im Jahre 1823 in Namen des Komitees den Bericht erstattete, benutzte den Begriff „dyname" 1826 immer noch als eine Einheit für die „Leistung", definierte sie aber auf andere Weise: „... die Einheit der bewegenden Kraft, die in einem astronomischen Tag

1000 m^3 destilliertes Wasser um 1 m hebt ..." („l'unité de force motrice représentant 1000 mètres cubes d'eau distillée ... élevés à un mètre de hauteur, durant un jour astronomique"); vgl.: Charles Dupin, *Géométrie et mécanique des arts et métiers et des beaux-arts.* 3 Bände, Paris 1826. Band 3, S. 487.

73 Genau diese Einheit verwenden Clément und Desormes in ihrer Arbeit von 1819. Clément nennt sie in seinen Voträgen am Conservatoire des Arts et Métiers im Oktober 1824 „la petite calorie".

74 Ein Druckfehler (in der Ausgabe von 1824 und in Ostwalds Text): Statt 100 muß es 1000 heißen.

75 Auch wenn Carnot dies nicht explizite ausdrückt, beträgt die Menge an bewegender Kraft, die bei einer gegebenen Temperatur erzeugt wird, wenn dabei 1000 Wärmeeinheiten ein Intervall von 1 °C „hinunterfallen", nach seiner Theorie 1000 $F't$, wobei Ft seine allgemeine Temperaturfunktion von S. 76 f. der „*Réflexions*" [1] ist.

Angewendet auf eine beliebige Flüssigkeit, die verdampft wird, führt Carnots Argumentation zu dem allgemeinen Ausdruck:

$$1000\,\frac{\Delta P \cdot V}{L} = \text{const.}$$

(für jede vorgegebene Temperatur). Hier bedeutet ΔP die Änderung des Druckes des gesättigten Dampfes (pro Grad Celsius) bei der jeweiligen Temperatur; V und L sind das Volumen des Dampfes bzw. die latente Verdampfungswärme bei dieser Temperatur. Die Konstante ist wieder 1000 $F't$. Dieser Ausdruck wird mit der Gleichung von Clapeyron identisch, wenn $\Delta P \left[= \frac{\Delta P}{\Delta T}\text{, da bei Carnot } \Delta T = 1 \text{ ist}\right]$ ersetzt wird durch $\frac{dP}{dT}$, und V durch $(V_D - V_F)$, die Volumendifferenz des gasförmigen und des flüssigen Zustandes der betrachteten Substanz.

76 Die zahlenmäßige Übereinstimmung der Werte für die bewegende Kraft bei verschiedenen Arbeitssubstanzen (Luft, Wasserdampf, Alkoholdampf) hier und auf den folgenden Seiten wird von Carnot als wichtiger Beleg für die Richtigkeit seiner Theorie angesehen. Wie überzeugend sie jedoch auf seine Leser gewirkt hat, bleibt fraglich. Sicherlich unterstützen seine Zahlen die Auffassung von S. 72 der „*Réflexions*" [1], daß für eine gegebene Menge Wärmestoff, die ein vorgegebenes Temperaturintervall „hinabfällt", der erzeugte Betrag an bewegender Kraft mit sinkender Temperatur zunimmt. Aber eine Erweiterung von Carnots Berechnungen, wie sie Hornix durchgeführt hat (vgl.: *Annals of science* **39** (1982), 403–406), enthüllt wesentliche Differenzen bei den mit den verschiedenen Arbeitssubstanzen erzeugten bewegenden Kräften. Natürlich ist es sehr fraglich, ob irgendein Leser die Mühe auf sich genommen hat, eine systematische Erweiterung von Carnots Berechnungen in der von Hornix beschriebenen Weise durchzuführen. Tatsächlich ist es nicht einmal geklärt, inwiefern Carnot selbst angesichts der nicht zufriedenstellenden verfügbaren Daten eine solche Arbeit als sinnvoll betrachtet hätte.

77 Alkoholdampf war lange Zeit als der vielversprechendste mögliche Ersatz für Wasserdampf angesehen worden. Riche de Prony hatte 1796 behauptet, Alkoholdampf sei wirtschaftlicher als Wasserdampf, da sein Dampfdruck bei jeder Temperatur mehr als doppelt so hoch als der von Wasserdampf sei (vgl. sein Buch: *Nouvelle architecture hydraulique.* 2 Bände, Paris 1790–1796. Band 2, S. 179.) In den Augen der Zeitgenossen bestand die große Schwäche dieser Behauptung in der völligen Unterlassung der Betrachtung der latenten Wärme der beiden dampfförmigen Stoffe. Dies bedeutet eine totale Ignorierung der in beiden Fällen verbrauchten Wärmemengen.

78 In dieser Arbeit behauptet Petit (vgl. Einleitung, S. XXIX), die Wirtschaftlichkeit einer Wärmekraftmaschine könne um das mehr als Vierfache gesteigert werden, wenn man statt Wasserdampf Luft als Arbeitssubstanz verwendet. Es überrascht nicht, daß Carnot diese Betrachtung als unangemessen zurückweist, da Petit, wie es der Praxis seiner Zeit entsprach, nur den Arbeitshub des Kolbens betrachtet und keinen Versuch macht, einen

vollständigen Kreisprozeß in Erwägung zu ziehen. Der Beitrag von Petit war schon von Clément und Desormes in ihrer Arbeit von 1819 und von Navier im Jahr 1821 heftig kritisiert worden.

79 Augustin de Bétancourt y Molina, ein Spanier von den Kanarischen Inseln, hatte den Druck von Alkoholdampf in einem Temperaturbereich zwischen 0 °C und 112 °C gemessen, und den von Wasserdampf in einem Bereich von 0 °C bis 127 °C. Eine Beschreibung von Bétancourts Apparatur und einen vorläufigen Bericht über seine Ergebnisse gibt uns Riche de Prony 1790 (In: *Nouvelle architecture hydraulique.* Wie Anm. 77, Band 1, S. 557–562). Eine vollständige Diskussion der Untersuchungsmethode und der Ergebnisse erschien sechs Jahre später in dem zweiten Band von Pronys Werk (S. 8–34, S. 175–183 und S. 190–196).

80 John Dalton formulierte seine Ergebnisse in seiner Arbeit: *„On the force of steam or vapour from water and various other liquids, both in a vacuum and in air“.* In: *Memoirs of the Literary and Philosophical Society of Manchester* 5, 2 (1802), 550–574, hier S. 564. Die Arbeiten von Despretz, auf die Carnot sich bezieht, sind: *„Note extraite d'un mémoire lu à l'Institut le 29 novembre 1819, par M. C. Despretz“.* In: *Annales de chimie et de physique* **16** (1821), 105–109. Und: *„Extrait d'un mémoire sur les chaleurs latentes de diverses vapeurs“.* In: Ebd., **24** (1823), 323–331 (eine Arbeit, die der Académie des Sciences am 3. Oktober 1818 vorgelegt worden war). In der ersten dieser Arbeiten beschreib Despretz Experimente mit Wasser, Alkohol, Schwefeläther und Terpentin, die das erste der von Carnot angeführten Ergebnisse Daltons in Frage stellen; vgl. dazu auch die Bemerkungen von Despretz in: Ebd., **21** (1822), 154–155. In der 1823 publizierten Arbeit beschreibt Despretz Versuche mit denselben Substanzen, aus denen er schloß, da ihre latente Wärme umgekehrt proportional zu ihrer Dampfdichte bei ihren jeweiligen Siedepunkten sei.

Carnots Quelle für die Arbeit von Davy und Faraday war: Humphry Davy, *„Sur l'emploi des liquides obtenues par la condensation des gaz, comme agens mécaniques“.* In: *Annales de chimie et de physique* **25** (1824), 80–85 (Übersetzung von: Humphry Davy, *„On the application of liquids formed by the condensation of gases as mechanical agents“.* In: *Philosophical transactions of the Royal Society of London* **113** (1823), 199–205). In den zusammen mit Faraday durchgeführten Experimenten hatte Davy die Auswirkung von Temperaturänderungen auf den Druck von gasförmigem Schwefelwasserstoff, Chlorwasserstoff und Kohlendioxid untersucht, alles Gase, die nur durch die Anwendung von hohen Drücken in den flüssigen Zustand übergeführt werden konnten. Nachdem er für solche Gase bei einem kleinen Temperaturanstieg eine starke Druckzunahme nachgewiesen hatte, meinte Davy, durch ihre Verwendung als Arbeitssubstanz schon bei normalem Atmosphärendruck einen großen Betrag an bewegender Kraft erzeugen zu können. Interessanterweise zeigt sich Davy irgendwie skeptisch über die mögliche Wirtschaftlichkeit bei der Verwendung von Hochdruckdampf.

81 Diese vorsichtige Bemerkung über die Theorie der Wärme sollte mit der weit selbstsichereren Fassung in dem Manuskript verglichen werden:

> „La loi fondamentale que nous avions en vue de vérifier nous semble d'ailleurs mise hors de doute tant par les raisonnements qui ont servi à l'établir que par les rapprochements qui viennent d'être faits“; (vgl. *„Réflexions“* [8], S. 147).

Eine Kommentierung des Abschnitts, die noch mehr Klarheit über Carnots zunehmende Zweifel in bezug auf die Grundlagen seiner Theorie verschafft, gibt uns Mendoza (vgl.: *„Contributions to the study of Sadi Carnot and his work“.* Wie Anm. 17, S. 384–385).

82 Bonnemain, ein undurchsichtiger Zeitgenosse Carnots, hatte Versuche unternommen, durch abwechselnde Ausdehnung und Kontraktion eines Metallstabes bewegende Kraft zu erzeugen. Diese am Conservatoire des Arts et Métiers wahrscheinlich in den ersten Jahren des 19. Jahrhunderts durchgeführten Versuche werden kurz gestreift in: Alexis-Thérèse

Petit, *„Note sur l'emploi de la dilatation des liquides comme force motrice"*. In: *Annales de chimie et de physique* 9 (1818), S. 196–199, hier S. 198. Obwohl Bonnemains Maschine funktioniert zu haben scheint, schätzt der Bericht die Vorteile, hauptsächlich die große Kraftwirkung des Stabes, als zu unbedeutend ein, um eine weitere Entwicklung der Erfindung rechtfertigen zu können.

Im Katalog der Bibliothéque Nationale erscheint Bonnemain als „membre de l'Athénèe des Arts" und als Verfasser einer im Selbstverlag herausgegebenen Publikation: *Observations sur l'art de faire éclore et d'élever la volaille sans le secours des poules.* Paris 1816. Wenn auch nur wegen seiner Verbindung zum Conservatoire, muß Carnot von Bonnemains Arbeit gewußt haben. Vgl. Anm. 84.

83 Bei seiner Diskussion der Erwärmung durch Stoßeinwirkungen bezieht sich Carnot wohl sicher auf das Werk von Claude-Louis Berthollet, *Essai de statique chimique,* 2 Bände, Paris Jahr XI (1803). Band 1, S. 165 und S. 248–250. Und: Claude-Louis Berthollet, *„Sur la chaleur produite par le choc et la compression"*. In: *Mémoires de physique et de chimie de la Sociéte d'Arcueil* 2 (1809), 441–448. Wie die meisten Anhänger der Wärmestofftheorie verknüpfte Berthollet den Temperaturanstieg eines gestoßenen festen Körpers mit einer Volumenabnahme – eine Abnahme, die den Wärmestoff wie Wasser aus einem Schwamm herauspreßt –, und er bot damit eine offensichtliche Analogie zu der „adiabatischen" Erwärmung eines Gases. Als Stütze für diese Deutung beschreibt Berthollet in seiner Arbeit in den *Mémoires de la Société d'Arcueil* in Zusammenarbeit mit Biot und Marc-Auguste Pictet ausgeführte Versuche, die zeigten, daß seiner Meinung nach keine Wärme mehr erzeugt wurde, wenn Hammerschläge keine Volumenabnahme mehr verursachten. Durch Bestimmung der Dichte seiner verschiedenen metallischen Probekörper vor und nach einer gewaltsamen Bearbeitung mit einem Hammer in der Münzprägeanstalt gab Berthollet in etwa eine Beziehung zwischen der Kompression und des daraus folgenden Temperaturanstiegs an. Seine Versuche erbrachten genügend Beweismaterial dafür, daß die in der Praxis durch Kompression von festen Körpern erhältlichen Temperaturen nicht ausreichten, Carnots Forderungen nach einem sehr großen „Gefälle" des Wärmestoffs zu erfüllen. Wie aus S. 93 der *„Réflexions"* [1] hervorgeht, war sich Carnot auch völlig der großen praktischen Schwierigkeiten bewußt, die sich aus der Verwendung eines festen Körpers oder einer Flüssigkeit als Arbeitssubstanz ergaben.

Carnot sollte später Berthollets Erklärung der Erwärmung durch Stoßeinwirkung zurückweisen, so insbesonders die angenommene Verbindung von Volumenabnahme und Temperaturzunahme. Vgl. dazu seine handschriftlichen Notizen (*„Réflexions"* [8], Anhang A_2. S. 249– 250, *F°8 recto* und *verso* (in dieser Ausgabe ebenfalls im Anhang II wiedergegeben, S. 118–119).

84 Im frühen 19. Jahrhundert hatte es einiges Interesse an der Möglichkeit der Verwendung von Flüssigkeiten als Arbeitssubstanz gegeben. Über die von dem angesehenen Wasserbauingenieur Jacques-Pierre-Guillaume Pattu vorgeschlagene Wärmekraftmaschine, in der Wasser als Arbeitssubstanz verwendet wurde, vgl.: J. P. G. Pattu, *„Projet d'un nouveau moteur fondé sur la théorie du thermomètre"*. In: *Annales de chimie et de physique* 9 (1818), 91–94. Und: A. T. Petit, *„Note sur l'emploi de la dilatation des liquides ..."* Wie Anm. 82. Nach G. J. Christian, dem Direktor des Conservatoire des Arts et Métiers, hatte Bonnemain (vgl. Anm. 82) mit nicht näher bezeichneten Flüssigkeiten Versuche in Hinsicht auf die Möglichkeit der Erzeugung von bewegender Kraft unternommen (vgl.: G. J. Christian, *Traité de mécanique industrielle.* 4 Bände, Paris 1822–1825. Band 2 (1823), S. 394). Diese Arbeiten aber führten wie seine Versuche mit festen Körpern zu keiner praktischen Anwendung.

85 Die Versuche des Dänen Hans Christian Oersted sind in dem folgenden Beitrag (ohne Angabe des Autors) beschrieben: *„Instrument pour mesurer la compression de l'eau"*. In: *Annales de chimie et de physique* 21 (1822), S. 99–100. Ausführlicher dargestellt werden sie in seiner Arbeit: *„Sur la compressibilité de l'eau"*. In: Ebd., 22 (1823), 192–198.

Ein großes Interesse bestand zu dieser Zeit, die Möglichkeit der Erwärmung einer Flüssigkeit durch das Zusammenpressen derselben zu prüfen – eine selbstverständliche Spekulation, da der analoge Effekt bei Gasen wohlbekannt war. Im Jahr 1822 schrieb die Académie des Sciences einen Preiswettbewerb über eine Untersuchung der Kompressibilität von Flüssigkeiten (speziell Wasser, Alkohol und Schwefeläther) aus, die eine Beobachtung der Erwärmungseffekte einschließen sollte. Die Preisverleihung wurde für das Jahr 1824 vorgesehen, aber aus Mangel an geeigneten eingegangenen Lösungen wurde das Abgabedatum zuerst auf das Jahr 1826 und dann auf 1827 verschoben, bis schließlich die beiden jungen Schweizer Physiker Daniel Colladon und J. C. F. Sturm den Preis in Form einer Medaille im Wert von 3000 Francs erhielten. Colladon und Sturm konnten bei Wasser sogar bei einem Druck von 40 Atmosphären keinen Temperaturanstieg nachweisen; bei Alkohol und Schwefeläther wurden allerdings leichte Temperaturerhöhungen festgestellt. Vgl.: Daniel Colladon und J. C. F. Sturm, „*Mémoire sur la compression des liquides*". In: *Mémoires présentés par divers savants à l'Académie Royale des Sciences ... Sciences mathématiques et physiques* 5 (1838), 267–347.

86 Die folgenden Seiten enthalten eine besonders klare Zusammenfassung derjenigen Teile der Carnotschen Theorie, die sich besonders eng auf die praktischen Aspekte der Dampfkraft-Technik beziehen. Carnot erkennt freimütig an, in welch begrenztem Ausmaß nur seine Theorie auf die Wärmekraftmaschinen angewendet werden kann.

87 Über diese Arbeit vgl. Anm. 64 und Einleitung, S. XXVII–XXVIII und XXXVIII–XLII. Interessanterweise schreibt Carnot Clément allein die Autorschaft an dieser Arbeit zu (in seinem Manuskript hat er den Namen Desormes gestrichen). Tatsächlich bestehen gute Gründe zu der Annahme, daß Cléments Beitrag zu dieser Arbeit weit größer war als der von Desormes.

Diese Fußnote ist ein weiterer Beleg für die enge und bedeutsame Freundschaft zwischen Carnot und Clément. Wenn auch Hippolyte Carnot in seiner „*Notice biographique sur Sadi Carnot*" diese Freundschaft speziell in den späten zwanziger Jahren ansiedelt, so geht aus diesem Abschnitt klar hervor, daß die beiden Männer sich schon im Jahr 1824 kannten. Darüberhinaus wissen wir von der Anwesenheit Carnots bei einer von Cléments Vorlesungen am Conservatoire des Arts et Métiers am 20. Januar 1825. Bei dieser Gelegenheit hatte Clément seiner Zuhörerschaft ganz besonders die „*Réflexions*" empfohlen, als „un ouvrage fort remarquable". Vgl.: Mendoza, „*Contributions to the study of Sadi Carnot and his work*". Wie Anm. 17, S. 394. Jacques Payen, „*Une source de la pensée de Sadi Carnot*". In: *Archives internationales d'histoire des sciences* **21** (1968), 15–37, hier S. 37. Robert Fox, „*Watt's expansive principle ...*" Wie Anm. 12, S. 236 und S. 245. Philip Lervig, „*Sadi Carnot and the steam engine*". Wie Anm. 18, S. 185.

88 Vom Frühjahr 1823 bis Sommer 1824 erregte die Maschine des gebürtigen Amerikaners Jacob Perkins sowohl in Großbritannien wie auch in Frankreich großes Interesse. Ein erster Bericht über die neue Maschine wurde im Januar 1823 publiziert in: *Edinburgh philosophical journal* 8 (1823), 186. Weitere Einzelheiten erschienen in der April- und Juliausgabe derselben Zeitschrift; vgl.: Ebd., **8** (1823), 398–399 und **9** (1823), 172–179. In Frankreich wurden der Leserschaft erstmals Informationen im Frühjahr 1823 zugänglich; eine kurze Notiz erschien in: *Bulletin de la Société d'Encouragement pour l'Industrie Nationale* **22** (1823), 65–67. Darauf erschienen detailliertere Berichte in den nachfolgenden Nummern; vgl.: Ebd., **22** (1823), 154–157; année **23** (1824), S. 42–46. Ein Bericht erschien auch im Aprilheft der *Annales de chimie et de physique* **22** (1823), 429–432. Auch im April lenkte Charles Dupin die Aufmerksamkeit auf die Maschine in dem Bericht des Komitees über die Sicherheit der Dampfmaschinen, den er in diesem Monat der Académie des Sciences vorlegte; vgl. Anm. 6.

Die Begeisterung, die sich nur auf eine Versuchsmaschine in Perkins Fabrik in London stützen konnte, war sehr kurzlebig, und schon im Herbst 1823 wurden erste Zweifel laut. Im Verlauf des darauffolgenden Sommers war eine Bestätigung von Perkins' früheren

Zielvorstellungen noch nicht erfolgt, und der gute Ruf seiner Maschine erlag der inzwischen weit verbreiteten Skepsis. Perkins wendete seine persönlichen Interessen bald anderen Gebieten zu, so speziell seiner neuen „uniflow"-Maschine und etwas später den Dampflokomotiven.

Einen Bericht über die Maschine von Perkins und die kurzzeitige Aufregung, die sie verursachte, findet man in: Greville und Dorothy Bathe, *Jacob Perkins. His inventions, his times and his contemporaries.* Philadelphia (Pa.) 1943, S. 95–108.

89 Die Zahlen in der Tabelle (die einige numerische Fehler enthält) erschienen erstmalig in einer Illustration in Watts Patent von 1782 über das Expansionsprinzip. Jedoch ist Carnots Quelle ganz eindeutig der anonyme (und nicht paginierte) Artikel über die Dampfmaschine von John Farey, der erschienen war in: Abraham Rees, *The cyclopaedia; or universal dictionary of arts, sciences, and literature.* 39 Bände, London 1819. Hier Band 34. Farey gibt genau die Tabelle, wie sie hier in den „*Réflexions*" abgedruckt ist. Daß Carnot diesen Artikel von Farey kannte, geht aus seinem Manuskript hervor, in dem Teile davon übersetzt sind; vgl.: „*Réflexions*" [8], S. 354 (Dokument F_3). Diese Tabelle wird nicht erwähnt in dem Beitrag von John Robison in der *Encyclopaedia Britannica* (vgl. Anm. 94), auch sonst nirgends in den verfügbaren Standardquellen über Carnot.

90 An dieser Stelle ist eine lange Passage, die in der Manuskriptfassung der Fußnote erscheint, im gedruckten Text weggelassen worden; vgl.: „*Réflexions*" [8], S. 161. Diese Passage enthält eine vertrauensvolle Bekräftigung der Zuverlässigkeit des Gesetzes von Clément und Desormes und eine Beschreibung ihrer Versuche über den Wärmeinhalt von Dampf. Diese Bekräftigung zeigt, wie Carnot beim Schreiben der „*Réflexions*" diese beiden Grundlagen seiner Theorie als über alle Zweifel erhaben ansah. Ihre Weglassung in der gedruckten Fassung weist darauf hin, wie die in seinem Manuskript mit dem Titel „*Recherche d'une formule ...*" (vgl. Anm. 64) ausgedrückten Zweifel ihn bereits während der Drucklegung seines Buches überkamen.

91 Über die Zweizylindermaschinen von Hornblower und Woolf vgl. Einleitung S. XXII–XXVI und Cardwell, *Watt to Clausius,* wie Anm. 2, S. 78–79, S. 82–84 und S. 155–159. Eine gute wenn auch ältere Darstellung gibt Conrad Matschoss, *Die Entwicklung der Dampfmaschine,* wie Anm. 15. Dort Band I, S. 434–439.

92 Die Hinzunahme eines dritten Zylinders zur Woolfschen Maschine war um 1818 durch die zwei britischen Ingenieure Aitken und Steel vorgeschlagen worden, aber es ist nicht geklärt, ob eine solche Maschine jemals gebaut wurde. Über diesen Vorschlag vgl.: Jacques-Eugène Armengaud (aîne), *Traité théorique et pratique des moteurs à vapeur.* 3 Bände, Paris 1861–1862. Hier Band 2, S. 394–395. Aitken und Steel waren in Frankreich als Hersteller von Dampfmaschinen von 1802 bis mindestens in die Mitte der zwanziger Jahre sehr bekannt; vgl. dazu: Payen, *Capital et machine à vapeur,* wie Anm. 5, S. 157 f. und S. 210.

Später im 19. Jahrhundert wurden Dreizylindermaschinen mit gutem Erfolg eingesetzt, besonders diejenigen des Amerikaners George Henry Corliss.

93 In der Manuskriptfassung dieser Bemerkung folgt ein langer, durchgestrichener Abschnitt, in dem Carnot mit weit größerer Begeisterung als im gedruckten Text die Vorteile von Maschinen mit drei, ja sogar vier Zylindern beschreibt; vgl. „*Réflexions*" [8], S. 164. Er bemerkt ohne Einschränkung, daß die durch die Verwendung von weiteren Zylindern entstehenden Mehrkosten durch eine Steigerung der bewegenden Kraft mehr als ausgeglichen würden.

94 Antoine-Marie Héron de Villefosse gibt uns einen der vollständigsten, zu jener Zeit verfügbaren Berichte über die Maschinen von Savery, Newcomen, Watt und Woolf (vgl.: A. M. Héron de Villefosse, *De la richesse minérale.* 3 Bände mit einem Tafelwerk, Paris 1819. Hier Band 3, S. 50–114). Der Bericht erscheint als begleitender Text zu den prachtvollen Abbildungen des Tafelwerks. Der klassische Artikel über die Dampfmaschine in der

Encyclopaedia Britannica ist der von John Robison (3. Aufl. Edinburgh 1797, Band 17, S. 743–772). Trotz der wesentlichen Weiterentwicklungen der Dampfmaschinentechnik erschien derselbe Artikel unverändert noch in der sechsten Auflage (Edinburgh 1823, Band 19, S. 648–678). Ein modernerer Enzyklopädiebeitrag über die Dampfmaschine, den Carnot wohl schon gekannt hat, ist der von John Farey in der „*Cyclopaedia*" von Rees aus dem Jahr 1819 (vgl. Anm. 89).

95 Richard Trevithick, ein Ingenieur aus Cornwall, und sein Vetter Andrew Vivian erhielten ihr Patent für eine Hochdruckmaschine im Jahr 1802 in London. Obwohl Trevithick hauptsächlich an der Verwendung von Hochdruckdampf in Pumpmaschinen interessiert war, baute er auch eine Anzahl von Dampflokomotiven, hauptsächlich für den Gebrauch in Bergwerksregionen. Trotz der beträchtlichen Aufmerksamkeit, die diese Maschinen in England erregten, waren sie in Frankreich zu der Zeit, als Carnot sein Buch schreib, kaum bekannt.

96 In Trevithicks Maschine wurde der Dampf nach der Expansionsphase normalerweise bei einem Druck von etwas mehr als einer Atmosphäre ausgestoßen.

97 Pietro Redondi hält die nächsten Seiten für höchst wichtig. Auf ihnen betrachtet Carnot die Vorteile von Luft als Arbeitssubstanz und kommt zu dem Schluß, daß zumindest in der Theorie Luft weit vorteilhafter als Dampf sei; vgl.: Redondi, *L'accueil des idées de Sadi Carnot*, wie Anm. 1, S. 70–72. Nach Redondis Ansicht findet man hier das Interesse Carnots an der Tradition der Untersuchung der Heißluftmaschinen, die bis in das 17. Jahrhundert zurückreicht.

98 Nach Carnots Meinung besteht einer der Vorteile der mit Luft arbeitenden Maschine in der Möglichkeit, hohe Temperaturen erreichen zu können, wobei die Druckzunahme im Vergleich zu Wasserdampf bei vergleichbaren Temperaturen klein wäre. Natürlich benutzten andere Autoren, die nicht auf jeden Fall ein größtmögliches „Hinunterfallen" des Wärmestoffs erreichen mußten, dies nicht als Argument für die Heißluftmaschine.

Ein ähnliches Kriterium für die Wahl einer Arbeitssubstanz führt Carnot auf S. 112 der „*Réflexions*" [1] in dem Abschnitt an, der beginnt mit: „Fände sich ..." („S'il se rencontrait ..."). Hier fordert er eine hohe Verdampfungstemperatur als eine der Eigenschaften seines idealen Dampfes.

99 Dieser interessante Vorläufer des modernen Verbrennungsmotors war durch die Brüder Joseph-Nicéphore und Claude Niepce aus Châlons-sur-Saône vor der Ersten Klasse des Institut de France am 17. November 1806 vorgestellt worden. Wir besitzen einen Hinweis auf das bei dieser Gelegenheit erweckte Interesse: Entgegen der sonst üblichen Praxis wurde der Bericht über die Maschine, vom 15. Dezember 1806 datiert und von Berthollet und Lazare Carnot verfaßt, publiziert in: *Mémoires de la Classe des Sciences Mathématiques et Physiques de l'Institut National de France* 8 (1807), 146–153. Auch erschien ein kurzer Bericht von Jean-Baptiste-Jean Delambre in: Ebd., 7 (1806), 28–30. Trotz des erfolgreichen Einsatzes des „pyréolophore" beim Antrieb eines kleinen Bootes auf der Saône und trotz des günstigen Urteils von Berthollet und Carnot („la machine proposée ... est ingénieuse ... elle peut devenir très-intéressante par ses résultats physiques et économiques et ... elle mérite l'approbation de la classe"), wurde eine Weiterentwicklung der Maschine nicht verfolgt. Eine der größten Schwierigkeiten dabei war die Wahl eines geeigneten Brennstoffes.

Einen hilfreichen Beitrag über die Zusammenhänge und die Bedeutung der Erfindung des „pyréolophore" gibt: Redondi, *L'accueil des idées de Sadi Carnot*. Wie Anm. 1, S. 34–39. Redondi stellt diese Maschine fest in die Tradition der „machines à feu", die, wie er meint, Carnot tief beeinflußt haben.

100 Vgl. Anm. 98.

101 Jaques Payen hat vermutet, daß die hier erwähnte Maschine die gleiche ist, welche im Dezember 1823 durch Samuel Brown in England patentiert wurde. Möglicherweise bezieht sich Carnot hier auch auf einen Bericht über eine Maschine, die in den ersten Jahren des

19. Jahrhunderts von Sir George Cayley in Newcastle-upon-Tyne entworfen worden war und wenig erfolgreich gearbeitet hatte. Es scheint hier aber mehr wahrscheinlich, daß Carnot an die Heißluftmaschine denkt, die Robert Stirling 1816 in London hatte patentieren lassen. Es überrascht nicht, daß Carnot nur wenig über diese Maschine wußte, da sie in der zeitgenössischen Ingenieurliteratur nirgendwo erwähnt wird, hauptsächlich wohl deshalb, weil das Patent – aus welchem Grund auch immer – niemals in die offizielle Urkundenliste des Patentamts in London aufgenommen worden war. Darüberhinaus wurde sie nicht allgemein eingesetzt, wenn auch eine Stirling-Maschine 1818 zum Pumpen von Wasser in einem Steinbruch von Ayrshire (Schottland) gebaut worden war und dort mehrere Jahre gearbeitet haben soll. Über Stirlings Maschine und sein Patent vgl. die Arbeit ohne Autorenangabe: *„The centenary of the heat regenerator and the Stirling air engine"*. In: *The engineer* **124** (1917), 516–517. Eine hilfreiche Quelle für die Heißluftmaschinen im allgemeinen ist: T. Finkelstein, *„Air engines"*. In: Ebd., **207** (1959), 492–497, 522–527, 568–571 und 720–723.

102 Unter Atmosphärendruck siedet Alkohol bei nur 77 °C. Über Carnots nachdrückliche Forderung, in erster Linie eine möglichst hohe Temperatur zu erreichen und nicht einen hohen Druck, vgl. Anm. 98.

Carnots Bemerkung bezieht sich auf die akuten und berüchtigten technischen Schwierigkeiten beim Umgang mit hohen Drücken in jener Zeit. Insbesondere traute man den Löttechniken nicht.

103 Über die Wheal Abraham Maschine vgl. Einleitung S. XXV. Als zum ersten mal über ihre Leistung im Oktober 1814 in Leans *Monthly engine reporter* berichtet wurde, betrug diese 34 Millionen Fuß · Pfund pro 1 bushel verbrannte Kohle; dieser Wert liegt nur wenig über der Leistung der am wirtschaftlichsten arbeitenden Wattschen Maschine in jenem Monat. Im Mai 1816 jedoch war die Leistung auf die 56 Millionen Fuß · Pfund pro bushel angestiegen, auf die hier Bezug genommen wird.

Carnots Skepsis, die sich in der Fußnote auf dieser Seite (*„Réflexions"* [1], S. 116) ausdrückt, war berechtigt. Die bemerkenswerte Leistung vom Mai 1816 wurde niemals wiederholt. Tatsächlich verschlechterte sich die Leistung danach immer mehr, bis die Maschine im Jahr 1823 bei der Schließung der Wheal Abraham Mine außer Dienst gestellt wurde.

104 Wie in der Einleitung hervorgehoben (vgl. S. XXXIX und Anm. 49), akzeptierte man allgemein die Tatsache, daß zwischen der praktisch erreichten und der theoretisch vorhergesagten Wirtschaftlichkeit einer Maschine eine große Diskrepanz bestand. Vgl. dazu den Kommentar von Clément und Desormes: „ ... la plus parfaite des machines à détente ne nous présente qu'environ 1/12 de la puissance de la vapeur du feu qu'elle emploie" (S. 118 ihrer Zusammenfassung der gemeinsamen Arbeit von 1819 über die Theorie der Dampfmaschinen (vgl. Einleitung, Anm. 17)).

105 Die „alte" Maschine von Chaillot (damals am westlichen Stadtrand von Paris gelegen), war eine einfach-wirkende Dampfmaschine vom Wattschen Typ, die von Périer im Jahr 1781 gebaut worden war. Sie wurde zum Pumpen des in dem Werk benötigten Wassers benutzt und war zu der Zeit, als Carnot die *„Réflexions"* schrieb, immer noch in Betrieb, wenn auch eine neue Maschine von Woolf, von dessem früheren Teilhaber Humphrey Edwards errichtet, an ihre Seite getreten war. Über die Geschichte der Maschine von Périer vgl.: Payen, *Capital et machine à vapeur*. Wie Anm. 5, an verschiedenen Stellen. Einen detaillierten zeitgenössischen Bericht gibt: Prony, *Nouvelle architecture hydraulique*. Wie Anm. 77, Band 2, S. 86–99.

106 Wie in der Einleitung, S. XLII–XLIV, hervorgehoben, waren um 1824 die Ingenieure in Frankreich und anderswo in steigendem Maß von den Problemen betroffen, die Carnot anschneidet; das Hauptthema der *„Réflexions"*, die Wirtschaftlichkeit beim Verbrauch von Brennstoff, war inzwischen weniger wichtig als noch zehn Jahre zuvor.

Anhang I

Carnots Manuskripte

Die überlieferten Manuskripte von Sadi Carnot sind vollständig abgedruckt im Anhang der kritischen Edition der *„Réflexions“* [8] (von Robert Fox, Librairie Philosophique J. Vrin, Paris 1978) auf den Seiten 221–359. Sie umfassen einen weiten Bereich, der sich nicht nur aus der Wärmelehre und der Theorie der Dampfmaschine zusammensetzt, sondern auch aus Beiträgen zur Volkswirtschaft, Religion, Ethik und zu Carnots militärischer Laufbahn. Die Ausgabe von Vrin verweist auch auf die zahlreichen Unterschiede zwischen Carnots Manuskript und dem publizierten Text der *„Réflexions“*.

Die meisten wissenschaftlichen Unterlagen waren 1878 zusammen mit dem Manuskript der *„Réflexions“* von Hippolyte Carnot der Académie des Sciences de Paris übergeben worden. Die anderen Dokumente konnten vornehmlich in der privaten Sammlung des verstorbenen Pierre-Sadi Carnot, der Bibliothek der École Polytechnique und im Archiv du Service Historique de l'Armée de Terre im Schloß von Vincennes eingesehen werden.

Für ein eingehendes Studium der Manuskripte sollte der Leser die Transkription und den Kommentar im oben erwähnten Anhang heranziehen. Aber es erscheint hilfreich, hier schon eine kurze Zusammenfassung der Inhalte zu geben. Dabei wird die Gliederung nach Sachgebieten aus der Edition von Vrin übernommen.

A Die naturwissenschaftlichen Manuskripte

Abgesehen vom Manuskript der *„Réflexions“* verdienen zwei Beiträge besondere Beachtung:

1. *„Recherche d'une formule propre à représenter la puissance motrice de la vapeur d'eau“*, ein 21seitiges Manuskript, das in der Bibliothek der École Polytechnique aufbewahrt wird und erstmalig publiziert wurde von: W. A. Gabbey und J. W. Herivel, *„Un manuscrit inédit de Sadi Carnot“*. In: *Revue d'histoire des sciences et de leurs applications* **19** (1966), 151–166. Aus dem Inhalt geht hervor, daß die Arbeit zwischen November 1819 und März 1827 verfaßt worden sein muß. Eine genauere Datierung ist schwierig, aber mit großer Wahrscheinlichkeit ist die Arbeit etwa zu derselben Zeit wie die *„Réflexions“* konzipiert worden. Diese Problematik wird in den folgenden Beiträgen diskutiert: W. A. Gabbey und J. W. Herivel, vgl. oben; James F. Challey, *„Sadi Carnot“*, in: Charles Coulston Gillispie

(Hrsg.), *Dictionary of scientific biography* (16 Bände, New York 1970–1980), Band 3, S. 79–84; C. C. Gillispie, *Lazare Carnot savant* (Princeton 1971), S. 94–95; *„The scientific work of Lazare Carnot, and its influence on that of his son"*, in: *Sadi Carnot et l'essor de la thermodynamique,* S. 23–32 (hier S. 30); W. J. Hornix, *Rezension der „Réflexions"* [8] in: *Annals of science* **39** (1982), 399–406 (hier S. 403). Diese Beiträge sprechen sich alle für eine Datierung kurz vor der Abfassung der *„Réflexions"* aus. Ein Plädoyer für die Annahme, daß die Arbeit nach den *„Réflexions"* verfaßt worden ist, findet man in den *„Réflexions"* [8] S. 221–222, sowie ausführlicher im Kommentar zu der oben erwähnten Arbeit von Gillispie (vgl. hierzu: *Sadi Carnot et l'essor de la thermodynamique*, S. 33–34).

In der Arbeit gibt Carnot die Ableitung einer allgemeinen Beziehung für die bewegende Kraft, die von 1 kg Dampf in einer Expansionsmaschine erzeugt wird. Wie in den *„Réflexions"* (französische Originalausgabe von 1824, S. 17–18 und 82–86) ist der Kreisprozeß unvollständig; aber die Behandlung des Problems ist in bezug auf einen wichtigen Aspekt noch bedeutsamer: Es wird das Beispiel einer Dampfmaschine betrachtet, die zwischen zwei beliebigen Temperaten arbeitet und nicht, wie in den *„Réflexions"*, zwischen zwei Temperaturen, die sich nur um 1 °C unterscheiden. Das bedeutet, daß in der Arbeit *„Recherche d'une formule"* Carnot diejenige bewegende Kraft berechnen muß, die während der adiabatischen Expansion nach der Unterbrechung der Dampfzufuhr erzeugt wird. Bei dieser wesentlichen Erweiterung seiner Argumentation aus den *„Réflexions"* macht Carnot von der Gültigkeit des Gesetzes von Clément und Desormes (vgl. Anm. 64 der „Anmerkungen zum Text der *„Betrachtungen"*) Gebrauch, wenn auch nicht ohne Skrupel. Auf diese Weise kann er annehmen, daß der Dampf während der Expansion gesättigt bleibt, und daß der Druck zu jedem Zeitpunkt durch die vertrauten Tabellen, die den Dampfdruck in Abhängigkeit von der Temperatur angeben, bestimmt werden kann. Wie immer setzt Carnot beim Dampf die Gültigkeit der Beziehung

$$PV = R\,(267 + t)$$

für ideale Gase voraus.

2. *„Notes sur les mathématiques, la physique et autres sujets"*. Das Manuskript umfaßt knapp 40 Seiten Aufzeichnungen, die im Besitz von Hippolyte Carnot geblieben waren. Sie blieben unbekannt, bis sie 1878 der Académie des Sciences vorgelegt wurden. Eine Übersetzung dieser Aufzeichnungen einschließlich Einleitung und Kommentar ist in Anhang II dieses Buches aufgenommen.

B Aufzeichnungen über Volkswirtschaft

Der wesentliche Bestandteil der Sammlung der Aufzeichnungen über dieses Gebiet befindet sich in der Hinterlassenschaft des Pierre-Sadi Carnot. Einige davon sind publiziert und kommentiert worden von Jacques Grinevald, *„Présentation d'un manuscrit inédit de Sadi Carnot"*, in: *Sadi Carnot et l'essor de la thermodynamique,*

S. 383–395. Aber das meiste davon blieb unpubliziert bis zur Veröffentlichung in den *„Réflexions“* [8] in Anhang B.

Die Aufzeichnungen umfassen einen weiten Bereich wirtschaftlicher Probleme, mit dem Schwerpunkt eher auf dem landwirtschaftlichen als auf dem industriellen Sektor. Hierbei zeigt Carnot ein Interesse an den bevorzugten Fragestellungen von François Quesnay und den Physiokraten, deren Schriften seinem Vater Lazare sicherlich vertraut waren. Aber Sadi war klar erkenntlich kein doktrinärer Physiokrat. Seine Gegenüberstellung verschiedener Besteuerungssysteme, welche die Grundbesitzer ermutigen sollen, ihr eigenes Ackerland zu bestellen, läßt darauf schließen, daß er die physiokratische Vorstellung der zentralen Rolle einer besitzenden Klasse einschließlich von Gutsbesitzern, die gar nicht auf ihrem Besitz leben, ablehnte. In den zwanziger Jahren wäre es allerdings durchaus normal gewesen, sich gegen die Ansichten von Quesnay zu wenden, und so gesehen besitzen die Gedanken von Carnot keine Originalität. Weit ungewöhnlicher, wenn auch nicht einzigartig, ist seine Befürwortung einer interventionistischen Steuerpolitik und einer strengen staatlichen Kontrolle der Importe und Exporte. Hier unterscheidet er sich ausdrücklich von den Ansichten derjeniger, die er abschätzig als „économistes modernes“ bezeichnet. Sehr wahrscheinlich bezieht sich der Hinweis auf die klassischen Wirtschaftswissenschaftler David Ricardo und Jean-Baptiste Say.

Die Aufzeichnungen Carnots erlauben es uns nicht, ihn als Anhänger einer bestimmten volkswirtschaftlichen Richtung zu kennzeichnen. Aber seine Auffassungen lehnen sich ziemlich eng an diejenigen des interventionistischen Kritikers der klassischen Schule, Sismonde de Sismondi, an. Eine detaillierte Interpretation der Verwandschaft von Carnots und Sismondis Schriften findet man im Kommentar über die Aufzeichnungen zur Volkswirtschaft in den *„Réflexions“* [8], S. 273–274. Wie dort betont wird, ähnelt Carnots Position, auch wenn sie sich einer genauen Bestimmung entzieht, derjenigen von vielen jungen Liberalen seiner Generation. „Quel doit être le but des institutions sociales?“, so fragt er an einer Stelle. Die Antwort ist einfach: „Sans doute de contribuer au bonheur des hommes pour qui elles sont faites. Elles doivent assurer à chacun le fruit de son travail, protéger le plus faible contre le plus fort, et établir ainsi autant qu'il est en elles la liberté et l'indépendance de chaque membre de la société.“ Für solch einen Verfechter einer geordneten, aber freien Gesellschaft war der Despotismus das größte Übel: Das Beispiel des modernen Griechenland zeige, wie der Despotismus die Korruption der Sitten und die Unterdrückung jeglicher intellektuellen Aktivität nach sich ziehe.

Es ist nun sehr reizvoll, über mögliche Analogien zwischen Carnots Prinzipien der Volkswirtschaft und seiner Theorie der Dampfmaschine nachzudenken. Das vorrangige Ziel eines jeden Wirtschaftssystems bestand für Carnot (wie wohl für alle Wirtschaftstheoretiker jener Zeit) darin, die ungezügelte Übertragung von Gewinnen aus einer Hand in die andere auf ein Minimum zu bringen. So erschien es ihm z. B. unannehmbar, daß ein Gutsbesitzer seine Gewinne aus den Pachtgebühren nicht wieder in die landwirtschaftliche Produktion zurückinvestierte, sondern sie für Luxusgüter vergeudete, insbesondere solche Luxusgüter wie Tabak und Seide, die aus dem Ausland importiert wurden. Eine solche Übertragung von Gewinnen war für ihn in genau derselben Weise unproduktiv, wie das verschwenderische Abfließen von Wärmestoff vom heißen zum kühleren Bereich einer Dampfmaschine (vgl. hierzu *„Réflexions“* [1], S. 23–24 und S. 26).

Diese und andere Analogien werden eingehend untersucht in der Arbeit von Robert Fox, *„Physics and political economy in the work of Sadi Carnot“.* Diese Arbeit, vorgetragen auf dem 16. Internationalen Kongreß für Wissenschaftsgeschichte (Bukarest 1981), wird im Augenblick für die Veröffentlichung vorbereitet.

C Persönliche Aufzeichnungen und Aufzeichnungen über Religion, Ethik und verwandte Bereiche

Die meisten der persönlichen Aufzeichnungen, die in den *„Réflexions“* [8] im Anhang C abgedruckt sind, sind durch Hippolyte von Unterlagen, die heute verschollen sind, transkribiert worden. Die Transkription und einige Fragmente in Sadis Handschrift befinden sich in der Sammlung von Pierre-Sadi Carnot. Wie die Aufzeichnungen über Volkswirtschaft besitzen sie wechselnde, zufällige Qualität. Meistens sind es kurze Aphorismen in der Art der *„Maximes“* von La Rochefoucauld. Wenn sie auch hohe moralische Ansprüche stellen, so zeigen sie doch dabei Mitleid und eine tiefe Sensibilität für reale Probleme der menschlichen Natur. Bescheidenheit und Rücksichtnahme auf den Mitmenschen preist Carnot unermüdlich an. Die folgenden Aphorismen seien als besondere typisch vorgestellt:

> Warum unbedingt als geistvoll erscheinen wollen? Mir ist es lieber, für dumm und bescheiden gehalten zu werden, als für geistvoll und eingebildet.
>
> Sich jeglichen Scherzes auf Kosten eines anderen enthalten.
>
> Sich davor hüten, den Mund zu öffnen, wenn man nicht sicher ist, etwas nützliches zu sagen zu haben oder den Satz vollenden zu können.
>
> Der Egoismus ist das am meisten verbreitete und verhaßte aller Laster.
>
> Kein Aufbrausen und keine Verzagtheit in der Diskussion.
>
> Keine Argumente, die sich gegen die Person richten.

Deutlich geht aus den Aufzeichnungen Carnots tief empfundene religiöse Einstellung hervor. Er trifft die klare Feststellung, daß die Religion mißbraucht werden könne, und er betont, daß die Dogmen der Kirche nicht unfehlbar seien. Dennoch könne eine Religion sich für die Gesellschaft segensreich auswirken und zum Glück der Menschen beitragen, vorausgesetzt sie gründet sich auf Toleranz. Sein Bruder hat Sadi die folgenden Sätze zugeschrieben:

> Der Glaube an ein allmächtiges Wesen, das uns liebt und das über uns wacht, gibt der Seele große Kräfte um das Unglück zu ertragen.
>
> Eine dem menschlichen Gemüt angemessene Religion, die von achtbaren Menschen verbreitet wird, würde einen äußerst heilsamen Einfluß auf die Gesellschaft und auf die Sitten ausüben.

Wie uns Hippolyte überlieferte, schätzte Sadi einen Teil von Pascals Schriften sehr. Dies scheint sehr wahrscheinlich. Auch wenn Pascal in den Aufzeichnungen namentlich nicht erwähnt wird, unterstützen sowohl der Stil als auch die allgemeine Richtung von Carnots moralischen Leitsätzen diese Ansicht. Darüberhinaus wurde Pascal von der romantisch gesinnten Generation der zwanziger Jahre, zu der auch Carnot gehörte, in hohem Maß geachtet. In den Augen dieser Generation besaß Pascals Konfrontation mit den Jesuiten im 17. Jahrhundert eine besondere Bedeutung, nachdem die bourbonische Restauration ein Wiederaufleben des jesuitischen Einflusses begünstigt hatte, dessen Bekämpfung die meisten Liberalen als ihre Pflicht ansahen.

D Die École Polytechnique und die École de Metz

Von Carnots Werdegang als Student der École Polytechnique und der École de l'Artillerie et du Génie in Metz existieren vergleichsweise wenig Dokumente. Aber die in der Hinterlassenschaft von Pierre-Sadi Carnot und in der Bibliothek der École Polytechnique erhaltenen Unterlagen gestatten, gewisse Einzelheiten seines Studiums und seines Eintritts in die Armee aufzuhellen. Unter den im November 1812 zur École Polytechnique zugelassenen Kandidaten stand Carnot auf dem 24. Platz einer Liste von 179 Anwärtern jenes Jahres, eine sehr achtbare Position für einen der Jüngsten unter ihnen. Vom Sommer 1813 an wurde das Leben an der École Polytechnique durch die Anforderungen des Krieges stark gestört, und als Carnot im Herbst 1814 die Schule verließ, hatten schon etwa zwei Drittel seiner Konsemester ihr Studium aufgegeben, die meisten, um vorzeitig mit dem aktiven Militärdienst zu beginnen. Trotzdem wurden 55 Kandidaten zur Ausbildung in den verschiedenen öffentlichen Institutionen, sowohl militärischen wie zivilen, zugelassen. Auf dieser Liste der 55 findet sich Carnot an zehnter Stelle.

Am 1. Dezember 1814 trat Carnot in die École de l'Artillerie et du Génie in Metz ein, und er blieb dort bis zum März 1817. Unter den erhaltenen Dokumenten aus dieser Zeit in Metz befinden sich sowohl Mitschriften von Vorlesungen über Chemie, Vermessungswesen und verschiedener militärischer Sachgebiete, wie auch eine Anzahl von zu Übungszwecken angefertigten Plänen und Rissen.

Von besonderem Interesse ist der Brief eines Freundes der Familie Carnot, namens Cerbal, an Lazare vom 26. April 1815, denn er wirft etwas Licht auf den zurückhaltenden Charakter Sadis. Cerbal berichtet von einigen zurückliegenden Begegnungen mit Sadi:

> „Der junge Mann ist äußerst freundlich, benimmt sich gut, er ist ein bißchen schüchtern, eine Eigenschaft, die heutzutage bei der Jugend sehr selten ist ... Sie können sich bei allem, was ihn betreffen könnte, auf mich verlassen. Ich schätze ihn, weil er wirklich freundlich ist, und weil er sich mir verbunden zeigt. Ich habe ihn bei sehr liebenswürdigen Damen aus meinem Freundes-

kreis empfohlen, wo er Kontakt zur Gesellschaft bekommen wird. Ich dränge ihn nicht. Gestern wollte ich ihn in einem Haus vorstellen, wo er noch nicht gewesen ist. Er hat mich gebeten, dies auf kommende Woche zu verschieben. Ich habe dem mit Freude zugestimmt. Man darf sein Vertrauen nicht verlieren."

E Carnots militärische Laufbahn

In diesem Bereich bestehen die meisten Unterlagen aus Korrespondenz und offiziellen Schriftstücken in Carnots Aktenbündel im Service Historique de l'Armée de Terre im Schloß von Vincennes. Sie ermöglichen es uns, Carnots militärische Funktion in verschiedenen Provinzstädten nachzuvollziehen, und sie geben Auskunft über die langen Perioden, während deren er beurlaubt war. Seit dem 2. April 1817, als er seine erste Stelle zugewiesen bekam (als Unterleutnant im Corps Royal du Génie in Metz), verbrachte er wahrscheinlich den Großteil seiner Zeit in Paris, und zweifellos begrüßte er aufs wärmste seine Aufnahme in das Corps Royal d'État Major im Januar 1819. Das bedeutete seine Versetzung in die Reserve und, abgesehen von gelegentlich stattfindenden militärischen Übungen, für ihn die Möglichkeit, seinen permanenten Wohnsitz in der Hauptstadt zu nehmen. Gerade diese Stellung verschaffte ihm die zur Konzeption der *„Réflexions"* notwendige Muße und gab ihm die Möglichkeit zum Engagement in dem weiten Bereich von kulturellen und intellektuellen Aktivitäten, von denen uns Hippolyte in der Biographie seines Bruders berichtet.

Die Korrespondenz in Vincennes zeigt, was uns nicht überrascht, daß die Wiederberufung in den aktiven Dienst im Oktober 1826 bei Carnot große Verwirrung auslöste. Darauf folgten die uns bekannten Urlaubsgesuche, die am 21. April 1828 in dem Gesuch auf Gewährung eines unbegrenzten Urlaubs kulminierten, oder aber, falls dies nicht durchführbar sei, auf Entlassung aus seiner Dienststellung. Am 19. Mai 1828 entschloß sich der Kriegsminister zur Annahme seines Rücktritts.

Es erscheint klar, daß Carnot von seiner Veranlagung her für die Militärlaufbahn ungeeignet war. Somit ist es sehr unwahrscheinlich, daß sein Ehrgeiz von einem unfreundlichen Verwaltungsakt durchkreuzt wurde, durch den man den Sohn eines notorischen Konventsmitglieds und Königsmörders treffen wollte. In diesem Zusammenhang sind Carnots Beförderungen zum Leutnant (im Februar 1818) und schließlich auch zum Kapitän (im Oktober 1827) bemerkenswert.

In Carnots Briefen finden sich Hinweise auf ein ausgefülltes Privatleben, besonders in den letzten Jahren. Die Neugierde der Historiker wurde besonders durch die Erwähnung eines Prozesses, der seine Aufmerksamkeit erforderte, geweckt; die betreffende Stelle (im oben genannten Brief vom 21. April 1828) wird in der Einleitung (S. LII) zitiert. Wie dort erwähnt, kann der Prozeß mit einer geschäftlichen Unternehmung zusammenhängen, in die Carnot in den späten zwanziger Jahren verwickelt war.

F Vermischte Schriften

Es bleibt noch der Rest einiger verschiedenartiger Dokumente, die meist von wenig biographischem Interesse sind. Eines davon ist die für Carnot ausgestellte Rechnung für den Druck von 600 Exemplaren der *„Réflexions"* (abgedruckt in *„Réflexions"* [8], S. 38, und [18], S. 23). Ein Adressenheft enthält nahezu 40 Namen; es wirft ein Licht auf den ziemlich im Dunkeln liegenden Freundeskreis von Carnot und wird besprochen von Arthur Birembaut, *„Sadi Carnot en son temps de 1817 à 1832"*; in: *Sadi Carnot et l'essor de la thermodynamique*, S. 63–80 (hier S. 68–70); vgl. auch *„Réflexions"* [8], S. 355–359. Ein weiteres, Interesse weckendes Dokument ist eine Quitting über 6620 Francs vom 17. Mai 1835. Sie ist unterzeichnet von Véronique Landry, die sich selbst als Carnots Hausangestellte bezeichnet. Die Quittung lenkt die Frage auf die Höhe von Carnots Vermögen und auf sein Einkommen in seinen letzten Lebensjahren. Birembaut errechnet den Wert von Sadis Besitz bei seinem Tod auf 68000 Francs; vgl. hierzu A. Birembaut, *„À propos des notices biographiques sur Sadi Carnot: quelques documents inédits"*; in: *Revue d'histoire des sciences et de leurs application* 27 (1974), 355–370, hier S. 368. Diese Summe setzt sich zusammen aus Einlagen bei der Banque de France im Wert von 26480 Francs, dem Besitz im Pas-de-Calais und Möbeln in Paris im Schätzwert von etwas über 40000 Francs. Der jährliche Erlös aus der Einlage bei der Banque de France und dem Besitz in Pas-de-Calais betrug zusammen etwa 3000 Francs. Dies war ausreichend für die Bestreitung eines – wenn auch bescheidenen – Lebensunterhaltes für einen einzelnen Mann, aber kaum genug, um damit auch noch eine Hausangestellte bezahlen zu können.

Anhang II

Carnots Aufzeichnungen über Mathematik, Physik und andere Fachgebiete

Einleitung

Die hier wiedergegebenen Aufzeichnungen befinden sich im Archiv der Académie des Sciences in Paris und durften mit der freundlichen Genehmigung der ständigen Sekretare der Académie publiziert werden.

Die Aufzeichnungen sind in einem Papierumschlag enthalten, der die Aufschrift *„Notes sur les Mathématiques, la Physique et autres sujets"* trägt. Die Bemerkung „à examiner" in einer Ecke des Umschlags scheint von Hippolyte Carnot hinzugefügt worden zu sein. Im übrigen haben wir es durchweg mit Sadis Handschrift zu tun. Erstmalig in den *„Réflexions"*[3] nur teilweise veröffentlicht, erschienen die Aufzeichnungen vollständig in dem Buch von Émile Picard: *Sadi Carnot. Biographie et manuscrit,* Paris 1927; ferner als Anhang zu der Ausgabe der *„Réflexions"*[6] sowie als Anhang A_2 der *„Réflexions"*[8]. Picards Buch enthält dazu einen vollständigen Fakksimileabdruck dieser Aufzeichnungen. Wesentliche Teile wurden für die Ausgabe der *„Reflections"* [16] ins Englische übersetzt. Die folgende deutsche Übersetzung wird erstmalig veröffentlicht.

Um die Verweismöglichkeiten nicht unnötig zu erschweren, wurde die Numerierung der verschiedenen Manuskripte so beibehalten, wie von Camille Raveau in der Ausgabe von Picard vorgeschlagen. Raveau gibt folgende Einteilung:

I: zwei gefaltete, ineinandergelegte Blätter
II: ein einzelnes gefaltetes Blatt
III: ein einzelnes Blatt
IV: ein einzeln gefaltetes Blatt
V: ein einzelnes Blatt
VI: ein einzelnes Blatt
VII: ein einzelnes gefaltetes Blatt
VIII: ein einzelnes gefaltetes Blatt
IX: vier ineinandergefaltete Blätter

Das Papier der Manuskripte *I* bis *VI* ist von gleichem Format und gleicher Qualität. Das Papier von Manuskript *VII* ist etwas größer und von anderer Beschaffenheit; ebenso verhält es sich mit Manuskript *VIII*, dessen Papier sich etwas von dem der Manuskripte *I* bis *VI* unterscheidet; lediglich Manuskript *IX* unterscheidet sich in der Beschaffenheit des Papiers völlig von den anderen Manuskripten.

Äußerst schwierig ist es, die Aufzeichnungen in die chronologische Reihenfolge ihrer Entstehung einzuordnen. Sie sind klar ersichtlich nicht systematisch verfaßt worden, und einige Blätter scheinen Eintragungen ziemlich verschiedenen Datums zu enthalten, wie zum Beispiel der offenkundige Bruch in Manuskript *VIII-F°14 verso.* Raveau hat folgende zeitliche Reihenfolge vorgeschlagen: *VIII, IV, II, Ic, VII, V, VI, III, Ib.* Mendoza diskutiert die Datierung der Aufzeichnungen, so insbesondere der Manuskripte *II, VII* und *VIII* in seinen *„Contributions to the study of Sadi Carnot ..."* (vgl. Bibliographie, Abschnitt B, Teil c) auf den Seiten 380/90. Sein Schluß, daß die Aufzeichnungen zu etwa derselben Zeit wie die *„Réflexions"* entstanden seien, erscheint einleuchtend. Es ist wohl kaum möglich – und wohl auch nicht wichtig – hier noch genauer sein zu wollen.

Die Aufzeichnungen zeigen, wie Carnot vor seinem Tod seine Ansichten über die Theorie der Dampfmaschine geändert hatte. Die vielleicht interessanteste Stelle ist der Abschnitt, wo er das Prinzip von der Erhaltung der Wärme (das in den *„Réflexions"* axiomatischen Charakter besitzt) aufgibt, und stattdessen eine wechselseitige Umwandelbarkeit von Wärme und bewegender Kraft postuliert. In der Einleitung der vorliegenden Ausgabe wird auf Carnots bemerkenswerte Darstellung seiner Ansicht in dem Manuskript und seine Bestimmung der Zahl, die wir heutzutage als das mechanische Wärmeäquivalent bezeichnen, eingegangen (vgl. S. IL–LI und Anm. 85 der Einleitung).

Die Aufzeichnungen erklären deutlich einige der Gründe, die Carnot vor seinem Tod zur Ablehnung der Wärmestofftheorie führten. Stark beeindruckt war er durch Rumfords Experimente der Erzeugung von Wärme durch Reibung, wie auch von den Beobachtungen von Gay-Lussac und Welter über das Entweichen von komprimierter Luft aus einem geschlossenen Gefäß, sowie von den Untersuchungen Gay-Lussacs über das Einströmen von Luft in ein Vakuum (zu den Beobachtungen von Gay-Lussac und Welter, vgl. Anmerkungen zum Text der *„Betrachtungen"*, Anm. 32). Auch ist offenkundig, daß Carnots Auffassung von Wärme als einer Bewegung stark beeinflußt worden war von der Analogie zum Licht, bei dem die meisten französischen Physiker in den zwanziger Jahren zu der Ansicht gekommen waren, es bestehe aus Schwingungen einer alles durchdringenden Äthermaterie. Die meisten dieser Argumente gegen den Wärmestoff waren zu der Zeit, als Carnot die *„Réflexions"* schrieb, durchaus Allgemeingut, und sie hatten schon dazu gedient, weitgehende Zweifel an der Existenz eines Wärmefluidums aufkommen zu lassen.

Die Aufzeichnungen sind gespickt mit Literaturverweisen. Sie zeigen die Vertrautheit Carnots mit der wesentlichen Literatur, die in Frankreich seit dem Ausgang des 18. Jahrhunderts publiziert worden war. Besonders informiert war er über die wichtigen Beiträge zu den thermischen Eigenschaften der Gase, die alle gerade noch in den Jahren vor der Veröffentlichung der *„Réflexions"* in der Zeitschrift *„Annales de chimie et de physique"* erschienen waren.

Der überwältigende Eindruck, den man aus diesen Aufzeichnungen bekommt, ist die Erkenntnis von Carnots Wunsch nach einer systematischen Überprüfung der experimentellen Grundlagen der Wärmetheorie. Detaillierte Entwürfe zur wünschenswerten Ausführung von Versuchen zeigen Carnots schöpferische Annäherung an die Experimentierkunst. Von besonderem Interesse ist die Skizze, die im wesentlichen die gedrosselte Entspannung von Gasen darstellt; dies ist ein Versuch, der 1853 und 1854 von James Prescott Joule und William Thomson ausgeführt wurde, um festzustellen, ob die innere Energie eines Gases von seinem Volumen unabhängig sei. Enthalten sind auch einige Hinweise auf mögliche Experimente zur Untersuchung von Temperaturänderungen während der Evakuierung und der Wiederauffüllung des Rezipienten einer Luftpumpe. Auch überrascht nicht (im Hinblick auf die Wichtigkeit der Beweisführung in den *„Réflexions“*) Carnots Vorschlag einer eingehenden Prüfung der Gesetze von Clément und Desormes. Experimente dieser Art können möglicherweise unter den Versuchen gewesen sein, die Carnot nach den Aussagen von Hippolyte kurz vor seinem Tode ausgeführt hat.

Aufzeichnungen über Mathematik und Physik und andere Fachgebiete*

I – F°. 1 recto verso (unbeschrieben)

I – F°. 2 recto (Ia)

Sind nicht die einfach wirkenden Dampfmaschinen[1] den doppelt wirkenden Maschinen vorzuziehen? Sie haben gegenüber jenen folgende Vorteile:

1° Sie benötigen nur zwei Ventile statt 4.
2° Die Öffnung des Auslaßventils brauchte nicht so groß zu sein, da der Dampf mehr Zeit hat, aus dem oberen Teil des Zylinders auszuströmen.
3° Die Kondensationsphase, die während der Rückkehrbewegung des Kolbens andauern kann, verläuft vollständiger während der zur Verfügung stehenden Zeit.

---

1 Mit dem Vorschlag, die einfach wirkende Maschine („Machine á vapeur à simple effet“ im französischen Original) sei möglicherweise der doppelt wirkenden („machine à double effet“) vorzuziehen, bricht Carnot mit der in Frankreich vorherrschenden Meinung. Bemerkungen über die überlegene Wirtschaftlichkeit der doppelt wirkenden Maschine macht Héron de Villefosse in: *De la richesse minérale* (3 Bände, Paris 1819), Band 3, S. 69; vgl. auch den uneingeschränkten Vorzug, den Riche de Prony der doppelt wirkenden Maschine gibt in seinem Buch: *„Nouvelle architecture hydraulique“* (vgl. Anm. 77 zum Text der *„Betrachtungen“*), Band 2 (1796), S. 106–108. In Großbritannien wurden jedoch in den zwanziger Jahren auch Vorbehalte in der Carnotschen Art dagegen laut; hier hatte man bereits damit begonnen, speziell beim Pumpen in den Bergwerksregionen von Cornwall die problemloseren einfach wirkenden Maschinen zu bevorzugen. Dazu vgl.: John Farey, *A treatise on the steam engine, historical, practical and descriptive* (London 1827), S. 429.

* Aus dem Französischen übersetzt von Joachim Sommer.

4° Eine Flüssigkeitsschicht (Öl oder eine andere fetthaltige Substanz) kann auf die Oberseite des Kolbens gebracht werden, und wenn der Dampf vom oberen Teil des Zylinders her ankommt, muß er erst die Flüssigkeit verdrängen, bevor er an der Seitenfläche des Kolbens vorbei durchdringen kann.

5° Da die Kraft auf den Balancier, auf das Gestänge, auf die Pleuelstange immer in derselben Richtung wirkt, müssen diese Teile nicht so genau wie bei der doppelt wirkenden Maschine zusammengebaut werden, wo das geringste Spiel äußerst schädliche und zerstörerische Stöße auf die bewegende Kraft und auf die Maschine bewirken würde.

6° Da der Kolben nicht so genau passen muß, und die Kondensation sich leichter gestaltet, könnte man in derselben Zeit mehr Hubbewegungen ausführen.

7° Die Kolbenstangen könnten eine geringere Stärke haben, weil sie nur auf Zug beansprucht würden – ebenso würde es sich mit der Pleuelstange verhalten.

– *F°. 2 verso (Ia)*

Wenn man die spezifische Wärme (bezogen auf das Gewicht) der atmosphärischen Luft bei einer mittleren Temperatur von 10° und bei einem Druck von 0,76 m als Einheit nimmt, und wenn man annimmt, daß das Volumen dieser Luft so verändert wurde, daß ihr Druck den Wert h erreicht hat, dann ergibt sich die spezifische Wärme zu[2]

$$0{,}76\sqrt{\frac{1}{h}+0{,}42}.$$

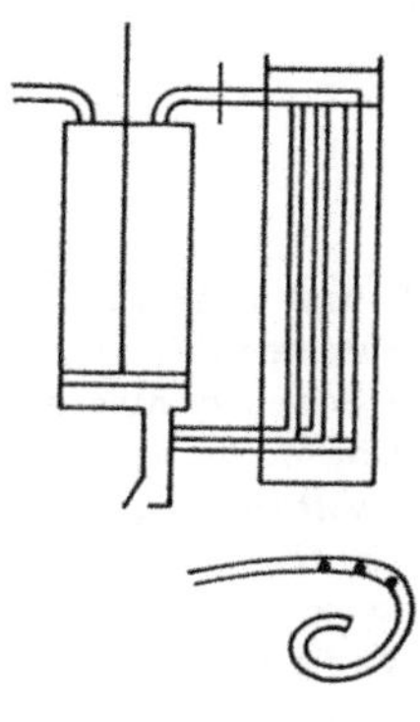

2 Diese Formel stammt von Navier, zuerst publiziert im Juli 1820 in seiner Arbeit: „*Sur la variation de température qui accompagne les changemens de volume des gaz*“ in: *Bulletin des sciences, par la Société Philomathique de Paris,* Neue Folge 7 (1820), 97–101; auch abgedruckt in: *Annales de chimie et de physique* 17 (1821), 372–379. Diese empirisch gewonnene Formel ist aus den Ergebnissen von Delaroche und Bérard abgeleitet worden. Die spezifische Wärme hat den Wert 1, wenn h = 76 cm Quecksilbersäule beträgt.

Die Einführung der Schieber[3] (nach Martin) anstelle der Ventile ist schlechter, da sie es nicht gestattet, die Dampfzufuhr zu unterbrechen zu einem anderen Zeitpunkt als demjenigen, zu dem sich der Kondensator öffnet.

Kondensator ohne Luftpumpe[4]. Die Kondensation, ohne Durchmischung mit kaltem Wasser, ausgeführt durch die Einleitung des Dampfes in Röhren, die in dieses Wasser eingetaucht sind, die Kondensation wäre unvollständig; man könnte sie verstärken durch 1/4 atmosphärischer Luft, die durch das Spiel des Kolbens (bei der einfach wirkenden) aus dem Kondensator verdrängt wird.

Der Kondensator sei von kleinem Volumen, die Oberfläche des Kondensators beträgt die Hälfte derjenigen des Dampfkessels.

Welches die Möglichkeiten sind, um den Rückstoß in den Maschinen zu verhindern; vor allem bei den Zahnrädern

I – F°. 3 recto (Ib)

Wenn eine Hypothese zur Erklärung der Phänomene nicht mehr ausreicht, muß sie aufgegeben werden.

Dies ist die Situation, in der sich die Hypothese befindet, mit der man den Wärmestoff wie eine Materie betrachtet, wie ein feines Fluidum.

---

3 Erst ab ungefähr dem Jahr 1830 begannen die Schieberventile („tiroirs") die Klappenventile von James Watt zu ersetzen; sie stellten sich im Lokomotiven- und Schiffsmaschinenbau als besonders geeignet heraus. Die Schieberventile werden hier mit dem Namen von Louis Martin in Zusammenhang gebracht, der sie in eine kleine Maschine eingebaut hatte, mit der er und Charles Albert einen Preiswettbewerb gewonnen hatten, den die Société d'Encouragement pour l'Industrie Nationale 1809 ausgeschrieben hatte. Tatsächlich waren sie von William Murdock, einem Mitarbeiter von Watt, 1799 erfunden und zum Patent angemeldet worden. Über Schieberventile vgl. die Arbeit von Dickinson (Einleitung, Anm. 5), S. 111 und S. 113–114. Eine geeignete Beschreibung der Maschine von Martin und Albert und ihres Systems von Schieberventilen (Beschreibungen, die Carnot durchaus gelesen haben kann) findet man in dem Beitrag *„Rapport fait par M. de Prony ... sur le concours relatif à la construction des petites machines à feu"* in: *Bulletin de la Société d'Encouragement pour l'Industrie Nationale* 9 (1810), 146–152; und bei Jean-Nicolas-Pierre Hachette, *Traité élémentaire des machines*. 2. Aufl. Paris 1819, S. 208–210.

4 Carnot beschreibt und skizziert einen Oberflächenkondensator („condenseur à surface"), wie er zuerst von Watt vorgeschlagen wurde. Trotz eines erneuten Interesses an dieser Art von Kondensator in den zwanziger und dreißiger Jahren, als er in einigen Schiffmaschinen eingebaut wurde, ist er erst ungefähr ab 1860 allgemein verwendet worden, Vgl. hierzu die Arbeit von Dickinson (siehe Anm. 3), S. 112.

Die Erfahrungstatsachen, die dazu führen, sie zu zerstören, sind die folgenden[5]:

1° Die Entwicklung von Wärme durch Stoß oder Reibung von Körpern (Experiment von Rumford, Reibung von Rädern auf Wellen, auf Achsen[6]; auszuführende Experimente). Hier findet eine Temperaturerhöhung im reibenden und geriebenen Körper gleichzeitig statt; andererseits ändern sie nicht merklich ihre Eigenschaft oder ihre Form (nachzuweisen). Auf diese Weise wird Wärme durch die Bewegung erzeugt. Falls sie ein Stoff ist, muß man zugeben, daß Materie durch die Bewegung erzeugt werden kann.

2° Wenn man die Pumpen der Luftpumpe hin- und herbewegt, und wenn man gleichzeitig Luft wieder in den Rezipienten eintreten läßt, bleibt die Temperatur in diesem Rezipienten unverändert, sie bleibt dieselbe wie außen, deshalb muß die von der Pumpe komprimierte Luft ihre Temperatur gegenüber der Außenluft erhöhen, und sie wird auf eine höhere Temperatur gedrückt. Die Luft tritt so zum Beispiel mit einer Temperatur von 10° ein, und mit einer veränderten von 10° + 90° oder 100° zum Beispiel aus. So hat also

I – F°. 3 verso (Ib)

eine Erzeugung von Wärme durch Bewegung stattgefunden[7].

3° Wenn man Luft in einem Behälter komprimiert und wenn man sie gleichzeitig durch eine kleine Öffnung austreten läßt, so entsteht durch die Kompression eine Temperaturerhöhung, durch den Austritt keine Erniedrigung nach den Herren Gay und Welter)[8]. Die Luft tritt so auf der einen Seite mit einer Temperatur ein und auf der anderen mit einer erhöhten aus, woraus der gleiche Schluß folgt, wie im vorhergehenden Fall.

(Auszuführender Versuch). An einen unter hohem Druck stehenden Dampfkessel einen Hahn anbringen, an den sich ein Rohr anschließt, das in den äußeren Luftraum führt, ein bißchen den Hahn öffnen, und an den Austrittsort des Dampfes ein Thermometer halten. Sehen, ob er 100° behält, oder darüber; sehen, ob sich Dampf im Rohr verflüssigt, sehen ob er durchsichtig oder trüb ist –

---

5 Mit zwei von Carnots Argumenten gegen die Wärmestofftheorie (1° und 4°) war man in den zwanziger Jahren vertraut. Die Punkte 2°, 3° und 5° enthalten einige originelle Spekulationen, die sich auf bekannte experimentelle Beobachtungen stützen.

6 Vgl. Einleitung, Anm. 75. Hinweise auf französische Übersetzungen von Rumfords Arbeiten über seine Kanonenbohrversuche findet man in Manuskript *VIII – F°15 verso.* Vgl. auch *VII – F°12 recto* und *VIII – F°14 recto,* sowie die eben angeführte Anmerkung der Einleitung. In *IV – F°8 recto* und *verso* kehrt Carnot zu dem klassischen Problem der Wärmestofftheorie, der Erklärung von Erwärmung durch Stoß, zurück.

7 Vergleiche die ähnlichen Experimente, beschrieben in Manuskript *V – F°10* (Experiment 5°) und *II – F°6 verso.*

8 Vgl. Anm. 31 und 32 der „Anmerkungen zum Text der *‚Betrachtungen'*".

4° Die Temperaturänderung, die beim Rückströmen von Luft in das Vakuum eintritt. Eine Erhöhung, die man nicht der Kompression von zurückgebliebenen Luft zuschreiben kann (Luft, die durch Wasserdampf ersetzt werden kann), die man deshalb nur der Reibung zwischen der Luft und den Wänden der Öffnung oder der Innenwand des Rezipienten, oder zwischen sich selbst zuschreiben kann.[9]

5° Herr GL. hat gezeigt (so wird berichtet), daß, wenn man zwei Rezipienten miteinander in Verbindung bringt, der eine leer, der andere mit Luft gefüllt, die Temperatur sich in dem einen ebenso erhöht, wie sie sich in dem anderen erniedrigt; wenn man sie daraufhin auf die Hälfte komprimiert, soll der zweite wieder seine frühere Temperatur annehmen, und der erste eine viel höhere Temperatur. Wenn man sie durchmischt, wird die ganze Masse eine Erwärmung erfahren[10].

I – F°. 4 recto (Ic)

Beim Rückströmen der Luft in das Vakuum ist es ihr Durchgang durch eine kleine Öffnung und die Bewegung, die sie im Innern erhält, welche die Temperaturerhöhung zu bewirken scheinen[11].

Daß es uns erlaubt sei, hier eine Hypothese über die Natur der Wärme aufzustellen.

Man betrachtet heute das Licht als Ergebnis der Schwingungsbewegung eines ätherartigen Fluidums[12]. Das Licht erzeugt Wärme oder begleitet zumindest die strahlende Wärme und bewegt sich mit derselben Geschwindigkeit wie sie. Deshalb ist die

---

9 Das Fehlen eines Abkühlungseffektes, wenn man Luft plötzlich in ein Vakuum einströmen läßt, bildete eine Hauptschwierigkeit für die Wärmestofftheorie (vgl. Anm. 32 der „Anmerkungen zum Text der ‚*Betrachtungen*'"). Der Vorschlag, die Temperaturerhöhung sei in solch einem Fall zurückzuführen auf die Kompression der geringen Luftmenge, die im evakuierten Gefäß zurückbleibt, war von William Cleghorn und John Leslie aus Edinburgh 1779 bzw. 1804 gemacht worden. Gay-Lussac verwarf diese Idee mit Entschiedenheit (vgl. seine Arbeit, die in der nachfolgenden Anm. zitiert wird). Carnot rät zur Wiederholung dieses Experiments in den Manuskripten *VII – F°12 recto* und *verso*, sowie *VIII – F°14 recto*.

10 Das Experiment von Gay-Lussac ist beschrieben in seiner Arbeit: „*Premier essai pour déterminer les variations de température qu'éprouvent les gaz en changeant de densité et considérations sur leur capacité pour le calorique*". In: *Mémoires de physique et de chimie de la Société d'Arcueil* 1 (1807), 180–203. Das Experiment ist in Carnots Aufzeichnungen noch an anderer Stelle erwähnt (in Manuskript *VII – F°13 recto*). J. P. Joule führte seine eigene, äußerst sorgfältige Wiederholung des Experiments im Jahr 1844 als stichhaltigen Beweis gegen die Wärmestofftheorie an.

11 Über Carnots wiederholtes Interesse am Durchströmen von Luft durch enge Öffnungen, vgl. unten Anm. 32.

12 Die allgemeine Zustimmung zur Wellentheorie des Lichtes um 1820 als Folge der Arbeiten von A. J. Fresnel trug viel zum Zweifel an der Wärmestofftheorie bei. In dieser Hinsicht sind Carnots Überlegungen nicht ungewöhnlich.

strahlende Wärme eine Schwingungsbewegung. Es wäre lächerlich anzunehmen, dies sei eine Emission von Partikeln, während das Licht, das sie begleitet, nur eine Bewegung sei.

Eine Bewegung (diejenige der strahlenden Wärme), könnte sie ein Teilchen erzeugen (den Wärmestoff)? Nein, zweifellos kann sie nur eine Bewegung erzeugen. Die Wärme ist deshalb das Ergebnis einer Bewegung. Damit ist es ganz natürlich, daß sie erzeugen könnte durch den Verbrauch von bewegender Kraft, und daß sie diese Kraft erzeugen könnte. All die anderen Phänomene, Bildung und Zersetzung der Körper, Übergang in den gasförmigen Zustand, spezifische Wärme, Gleichgewicht der Wärme, ihre schwere oder leichte Übertragung, ihre Konstanz in den Kalorimeterexperimenten, könnten sich durch diese Hypothese erklären. Aber es wäre schwierig zu sagen, warum bei

I – F°. 4 verso (Ic)

der Entwicklung von bewegender Kraft durch die Wärme ein kalter Körper notwendig ist, warum man durch den Verbrauch von Wärme eines erhitzten Körpers keine Bewegung erzeugen kann.

II – F°6 recto[13]

Annales de Ph. et ch. August 1821, Seite 357 Bemerkung von Hrn. Navier über die bewegende Kraft der Brennstoffe[14].

Experiment der Hrn. Gay und Welter über das Verhältnis der spezifischen Wärme von Luft bei konstantem Druck und konstantem Volumen.

Verhältnis $k = 1{,}3750$

Zitiert in Mécanique céleste, Buch 12 – Seite 97[15].

---

13 Hier wird der Vorschlag von Camille Raveau, daß *F°6 (recto* und *verso)* vor *F°5* (*recto* und *verso*) eingeordnet werden muß, übernommen. Mendoza hat überzeugend dargelegt, daß die Liste der Verweisstellen in *F°6* nach der Abfassung des Manuskripts der „*Réflexions*" entstanden ist, aber vor dem Druck des Buches. Er verweist auf mehrere Korrekturen im Manuskript, die aufgrund dieser Verweise angebracht wurden. Vgl. seine Arbeiten: „*Contributions to the study of Sadi Carnot ...*" (Bibliographie, Abschnitt B, Teil c), S. 380–384; und: „*The writing of the ‚Réflexions' and their reception*" in: *Sadi Carnot et l'essor de la thermodynamique* (Bibliographie, Abschnitt B, Teil a), S. 170–171.

14 In dieser Arbeit (vgl. Einleitung, S. XXIX) argumentiert Navier gegen Petit, daß Dampf eine weitaus wirtschaftlichere Arbeitssubstanz als Luft ist.

15 Auf S. 97 im 5. Band seines Werkes *Traité de mécanique céleste* (Paris 1823) gibt Laplace fälschlich Gay-Lussacs und Welters Zahlenwert für k als 1,3750 an; auf S. 127 gibt er den korrekten Wert von 1,3748. Vgl. unten Anm. 19.

Annales, August 1823, Seite 344 Bemerkung von Hrn. Poisson über die Wärme von Gasen und Dämpfen[16].

Annales .... Februar 1823, Seite 192: Experiment von Hrn. Oersted über die Kompressibilität von Wasser:

Abnahme des Volumens 0,000045 pro Atmosphäre
nach Perkins[17] 0,000048

Eine Änderung um ein Grad in der Temperatur der hundertteiligen Skala verändert das Volumen wie ein Druck von 3 Atmosphären.

Es ergibt sich keine merkliche Temperaturänderung bei einer plötzlichen Kompression mit 5 Atmosphären.

Annales April 1823, Seite 429 – Bemerkung über die Maschinen von Hrn. Perkins[18] –

Juli 1822, Seite 266 – Bemerkung von Hrn. De Laplace über die Schallgeschwindigkeit – das Verhältnis k ist dort angegeben – $k = 1{,}3748$[19].

Dieses Verhältnis ist fast konstant für alle Drücke und Temperaturen – in den Intervallen von $-20°$ bis $+40°$ und 142 bis 2300 Millimeter Druck. Dieses Verhältnis hat sich um weniger als

II–F°6 verso

1/16 seines Wertes geändert.

Auszuführendes Experiment: Durch eine kleine Öffnung Luft aus einem Behälter, wo sie komprimiert ist, entweichen lassen und sie in einem Raum mit freier Verbindung zur Außenluft auffangen, wo ihre Geschwindigkeit durch einige dazwischengestellte Körper[20] gemindert werden soll. Die Temperatur messen

---

16 Für den vollständigen Verweis auf diese Arbeiten von Poisson und Oersted vgl. Anm. 45 und 85 der „Anmerkungen zum Text der ‚*Betrachtungen*'".

17 Carnot erfuhr von Perkins' Arbeit wahrscheinlich durch den Beitrag „*Sur la compressibilité de l'eau*" in: *Annales de chimie et de physique* 16 (1821), 321–327. Dies ist eine Übersetzung der Arbeit aus den *Philosophical transactions of the Royal Society of London* (1820), 324–330.

18 Für Hinweise auf Carnots Interesse für die Hochdruckmaschine von Perkins vgl. „*Réflexions*" [1], S. 99–100, Anm., und Anm. 88 der „Anmerkungen zum Text der ‚*Betrachtungen*'".

19 Die Zahl stammt natürlich von Gay-Lussac und Welter, obwohl sie zuerst in einer Mitteilung von Laplace veröffentlicht wurde. Vgl. „*Réflexions*" [1], S. 59–60 und Anm. 59 der „Anmerkungen zum Text der ‚*Betrachtungen*'".

20 Carnot umreißt einen Drosselversuch der Art, die er ausführlicher in den Manuskripten *VI – F° 11* und *VII – F° 12 verso* diskutiert.

– Experimentelle Tatsache. Wenn man eine Luftpumpe in Bewegung setzt, und wenn man gleichzeitig Luft durch einen Hahn wieder einströmen läßt, in der Weise, daß der Druck im Innern ziemlich konstant bleibt, wird die Temperatur sehr genau die des Außenraums sein[21].

– Ist es ganz sicher, daß der Wasserdampf, nachdem er in einer Maschine seine Wirkung getan und dort bewegende Kraft erzeugt hat, fähig ist, das Kondensationswasser so zu erhöhen, wie wenn er gleich dorthin geleitet worden wäre[22].

Wenn die Moleküle der Körper niemals miteinander in engem Kontakt sind, welches auch immer die Kräfte seien, die sie trennen oder anziehen, kann es niemals weder Erzeugung noch Verlust von bewegender Kraft in der Natur geben. Diese Kraft wäre unwandelbar wie die Materie – dann wären die unmittelbare Wiederherstellung des Gleichgewichts von Wärmestoff oder seine Wiederherstellung des Gleichgewichts mit Produktion von bewegender Kraft grundsätzlich voneinander verschieden[23].

Aber wie sich Kräfte vorstellen, die auf die Moleküle wirken, wenn diese niemals miteinander in Kontakt sind, wenn jedes von ihnen völlig isoliert ist? Die Annahme eines dazwischenliegenden Fluidums würde nur ein Aufschieben der Schwierigkeiten bedeuten, denn das Fluidum wäre notwendigerweise aus Molekülen zusammengesetzt.

I – F°5 recto

Es erscheint äußerst schwierig, in die innere Beschaffenheit der Körper vorzudringen, man müßte, um nicht irrigen Schlußfolgerungen zu erliegen, aufmerksam die Quellen unserer Kenntnisse über die Natur der Körper prüfen, über ihre Form, über die Kräfte, sehen, welches die ursprünglichen Begriffe sind, sehen, aus welchen Vorstellungen sie abgeleitet sind, sehen, wie man sich Schritt für Schritt auf verschiedene Abstraktionsgrade erhoben hat.

---

21 Vgl. Manuskript *Ib – F° 3 recto*, wo Carnot diese Beobachtung als ein Argument gegen die Wärmestofftheorie verwendet.

22 Die grundlegende Idee, wonach die an den Kondensator abgegebene Wärmemenge nicht gleich der vom Dampf im Heizkessel aufgenommenen sein könnte, wird in Manuskript *II – F° 5 verso* erneut aufgegriffen. Obwohl Clausius und William Thomson diese wesentliche Modifikation von Carnots Theorie um 1850 aufnahmen, dauerte es bis in die frühen sechziger Jahre, als der Elässser Gustave-Adolphe Hirn ihre Gültigkeit experimentell nachwies.

23 Vgl. diesen Abschnitt mit demjenigen, der beginnt: „Dieses Prinzip leitet sich ...“ in Manuskript *III – F° 7 recto* und mit dem letzten Paragraphen von Manuskript *II – F° 5 verso*.

Ist die Wärme das Ergebnis einer schwingenden Bewegung der Moleküle, wenn ja, ist Wärmemenge nichts anderes als Menge von bewegender Kraft, die dazu verwendet wird, die Schwingungsbewegungen zu erzeugen; sie muß unwandelbar sein, solange die bewegende Kraft verwendet wird, Schwingungsbewegungen zu erzeugen. Die Menge der Wärme muß unveränderlich sein, was aus den Kalorimeterexperimenten zu folgen scheint, aber wenn sie auf Bewegungen feinster Amplitude übergeht, darf die Wärmemenge nicht mehr konstant bleiben.

Kann man Beispiele der Erzeugung von bewegender Kraft ohne tatsächlichen Verbrauch von Wärme finden? Es scheint, daß man Produktion von Wärme mit Verbrauch von bewegender Kraft finden kann (z.B. Wiedereintritt von Luft in das Vakuum).

Was ist die Ursache der Produktion von Wärme bei der Zusammensetzung von Körpern – was ist der strahlende Wärmestoff.

Die Verflüssigung der Dämpfe, die Verfestigung der Flüssigkeiten, die Kristallisation, sind sie nicht Arten von Zusammensetzungen von miteinander verbundenen Molekülen.

Wenn man annimmt, daß die Wärme von einer Schwingungsbewegung herrührt, wie ist der Übergang vom festen oder flüssigen in gasförmigen Zustand zu erklären.

II – F°5 verso

Wie ist die Wärme zu erklären, die durch die Kompression der Gase erzeugt wird – Wie verbinden sich die Gase in wohldefinierten Verhältnissen bezüglich ihres Volumens.

Wenn man bewegende Kraft entstehen läßt[24] durch den Übergang der Wärme vom Körper *A* zum Körper *B*, die Menge dieser Wärme, die bei *B* ankommt (ob sie nicht dieselbe ist, wie die, welche von *A* aufgenommen wurde, ob tatsächlich ein Teil verbraucht wurde, um die bewegende Kraft zu erzeugen). Ist diese Menge dieselbe, unabhängig von der Art des Körpers, der verwendet wurde, um die bewegende Kraft die realisieren –

---

24 Dieser und der folgende Abschnitt enthält einige bemerkenswert interessante Überlegungen, die sich aus der Annahme ableiten, daß die Wärmemenge, die an den kalten Körper *B* abgegeben wird, kleiner ist als die von der Arbeitssubstanz aus der Wärmequelle *A* aufgenommene Wärmemenge.

Gäbe es eine Möglichkeit, mehr Wärme für die Erzeugung von bewegender Kraft zu verbrauchen und dafür weniger am Körper *B* ankommen zu lassen. Könnte man sie sogar vollständig verbrauchen, ohne sie am Körper *B* ankommen zu lassen? Wenn dies möglich wäre, könnte man bewegende Kraft ohne Verbrauch von Brennstoff erzeugen, durch die einfache Verminderung der Wärme in den Körpern.

Was wird aus der Wärme, die von der Erde und anderen Himmelskörpern auf dem Weg der Strahlung abgegeben wird.

Wenn, wie die Mechanik es zu beweisen scheint, keine wirkliche Schöpfung von bewegender Kraft statthaben kann, darf es auch nicht mehr eine Vernichtung dieser Kraft geben – denn andernfalls würde die ganze bewegende Kraft des Universums durch Selbstvernichtung enden –, es gibt demnach keine wirklichen Stöße zwischen den Körpern[25].

III – F°7 recto

Die Wärme ist nichts anderes als bewegende Kraft, oder vielmehr die Bewegung, die ihre Form geändert hat. Dies ist eine Bewegung in den Teilchen der Körper, überall, wo es eine Vernichtung von bewegender Kraft gibt, gibt es gleichzeitig Erzeugung von Wärme in einer Menge, die genau proportional zur Menge der vernichteten bewegenden Kraft ist. Umgekehrt gibt es überall, wo Vernichtung von Wärme stattfindet, Erzeugung von bewegender Kraft.

So kann man die allgemeine These postulieren, daß die bewegende Kraft in der Natur in der Menge unveränderlich ist, daß sie streng genommen niemals weder erzeugt noch vernichtet wird, in Wirklichkeit ändert sie ihre Form, sozusagen erzeugt sie bald eine Form von Bewegung, bald eine andere, aber sie wird niemals vernichtet.

Dieses Prinzip leitet sich gewissermaßen allein aus der mechanischen Theorie ab, tatsächlich lehrt es uns die Überlegung, daß es niemals Verlust an lebendiger Kraft geben kann, oder, was dasselbe ist, an bewegender Kraft, wenn die Körper aufeinander einwirken, ohne sich unmittelbar zu berühren, ohne wirklichen Stoß; folglich führt uns alles zu der Auffassung, daß die Moleküle der Körper immer durch einen gewissen Abstand getrennt sind, daß sie sich niemals unmittelbar berühren, wenn sie sich berührten, würden sie vereint bleiben und folglich ihre Form ändern.

---

25 Ähnliche spekulative Überlegungen findet man in Manuskript *II – F°6 verso* („Wenn die Moleküle der Körper …"). Vgl. auch Manuskript *III – F°7 recto*.

III – F° 7 verso

Aus einigen Vorstellungen, die sich mir über die Theorie der Wärme herausgebildet haben, benötigt die Erzeugung von einer Einheit bewegender Kraft die Vernichtung von 2,70 Wärmeeinheiten[26].

Eine Maschine, die 20 Einheiten an bewegender Kraft pro kg Kohle erzeugen würde, müßte $\frac{20 \cdot 2{,}70}{7000}$ an Wärme vernichten, die durch die Verbrennung entstanden ist, $\frac{20 \cdot 2{,}70}{7000} = \frac{8}{1000}$ ungefähr, d. h. weniger als $\frac{1}{100}$

Experimente über die Spannung von Dämpfen.

Eine mit Gradeinteilung versehene Kapillarröhre, gefüllt mit Wasser, Quecksilber oder Öl und Luft, diese Röhre in ein Bad aus Öl, Quecksilber oder geschmolzenem Blei eintauchen, die Temperatur mit einem Luftthermometer messen.

Dieselben Experimente mit Alkohol, Äther, Chloräther, Schwefelkohlenstoff, Terpentingeist, Schwefel, Phosphor[27].

IV – F°8 recto

Man hat bis jetzt die Temperaturänderungen, welche die Körper durch den Effekt der Bewegung erfahren, viel zu wenig studiert[28]. Diese Klasse von Phänomenen würde jedoch die Aufmerksamkeit der Beobachter verdienen. Wenn die Körper in Bewegung sind, wenn vor allem bewegende Kraft verbraucht oder erzeugt wird, treten bemerkenswerte Veränderungen in der Verteilung der Wärme oder vielleicht in ihrer Menge auf. Wir werden an eine kleine Zahl von Erscheinungen erinnern, wo dieses Phänomen sich mit größter Klarheit offenbart:

1° Der Stoß der Körper. Man weiß, daß beim Zusammenstoß von Körpern immer bewegende Kraft verbraucht wird; die vollkommen elastischen Körper könnten allein davon ausgenommen werden, und sie existieren nicht in der Natur.

Nun weiß man auch, daß beim Stoß zwischen Körpern eine Temperaturänderung stattfindet, eine Erhöhung in ihrem Grad. Es wäre schwierig, wie dies Hr. Berthollet getan hat, die entstehende Wärme in diesem Fall auf die Verminderung des Volu-

---

26 Wie in der Einleitung gezeigt [S. IL–LI], ist es keinesfalls geklärt, auf welche Weise er zu diesem Zahlenwert von 2,70 kam. Dieser Wert entspricht $\frac{1000}{2{,}70} = 370 \frac{\text{kg}}{\text{cal}}$ und ist nur 11 % niedriger als der heute verwendete Wert von 427. Vgl. die Hinweise auf Ulrich Hoyers interessanten Versuch, Carnots Argumentation nachzuvollziehen (Einleitung, Anm. 85).

27 Vgl. Manuskript *VII – F° 13 recto* und *verso*, wo die Vorgehensweise detaillierter beschrieben wird.

28 Vgl. die sehr ähnliche Formulierung in Manuskript *VIII – F° 14 verso*.

mens der Körper zurückzuführen, denn wenn diese Verminderung zum Ende gekommen ist, müßte das Entstehen von Wärme aufhören[29]. Nun genau dies tritt nicht ein. Es genügt, daß der Körper durch den Stoß die Form ändern kann;

IV – F°8 verso

ohne das Volumen zu ändern, damit eine Entstehung von Wärme stattfindet. Wenn man z. B. einen Würfel aus Blei nimmt, und wenn man ihn fortgesetzt auf alle seine Oberflächen schlägt, wird immer eine Entwicklung von Wärme stattfinden ohne eine fühlbare Abnahme dieser Entwicklung, vorausgesetzt, daß die Schläge mit derselben Kraft fortgesetzt werden[30]. Dies tritt nicht auf beim Schlagen von Münzen. Hier kann das Metall nach den ersten Schlägen des Balanciers seine Form nicht mehr ändern, und der Stoßeffekt überträgt sich nicht auf die Münze, sondern auf die Schraugengewinde, die sich verformen, und auf die Stützvorrichtungen.

So scheint es, daß die entstandene Wärme der Reibung der Moleküle des Metalls zugeschrieben werden muß, wobei sie gegenseitig ihre Lage wechseln, das heißt, daß die Wärme genau dort entsteht, wo die bewegende Kraft verbraucht wird. Eine Bemerkung gleicher Art läßt sich über den Stoß von zwei Körpern verschiedener Härte machen, von Blei und Eisen zum Beispiel; das erstere dieser Metall erhitzt sich stark, während das zweite nicht fühlbar die Temperatur ändert. Aber so wird die bewegende Kraft fast vollständig dazu verbraucht, die Formänderung des ersten dieser Metalle hervorzurufen.

IV – F°9 recto

Als eine Erscheinung gleicher Art kann man die Erwärmung anführen, die entsteht bei der übermäßigen Ausdehnung eines Metallstabes kurz vor dem Brechen. Experimente haben gezeigt, daß, unter sonst gleichen Bedingungen, die Temperaturerhöhung um so beträchtlicher ist, je größer die Längenzunahme vor dem Bruch ist.

2°

---

29 Über Carnots Zurückweisung der Erklärung Berthollets über die beim Stoß von festen Körpern entstehende Wärme, vgl. Anm. 83 der „Anmerkungen zum Text der *‚Betrachtungen'*". Vgl. den Text der *„Réflexions"* [1], S. 90–92, wo Carnot Berthollets Erklärung zu akzeptieren scheint.

30 Vgl. das Experiment (4°), das im Manuskript *V – F° 10* vorgeschlagen wird.

VI – F°9 verso (unbeschrieben)

V – F°10 recto[31]

Experimente.

1° Das Experiment von Rumford wiederholen, Metall im Wasserbad zu bohren, aber die verbrauchte bewegende Kraft gleichzeitig wie die erzeugte Wärme messen. Dasselbe Experiment mit mehreren Metallen und mit Holz.

2° Wasser in einem Faß stark hin- und herbewegen, oder in einer doppelt wirkenden Pumpe, wo der Kolben von einer kleinen Öffnung durchbrochen ist.

3° Luft auf dieselbe Weise in einer Pumpe behandeln, die verbrauchte bewegende Kraft und die erzeugte Wärme messen.

4° Ein Stück Blei auf verschiedene Weise schlagen. Die verbrauchte bewegende Kraft und die erzeugte Wärme messen; dasselbe Experiment mit anderen Metallen –

5° Experiment über den Wiedereintritt von Luft in eine Luftpumpe zu derselben Zeit, wenn man das Vakuum herstellt; ebenso mit Luft, die in einem geräumigen Reservoir komprimiert ist; ebenso mit Dampf, der durch eine kleine Öffnung austritt.

V – F°10 verso (unbeschrieben)

VI – F°11 recto[32]

Wenn es bekannt wäre, daß die Gase ihre Temperatur nicht ändern, wenn sie sich ausdehnen, ohne dabei bewegende Kraft zu erzeugen; wenn sie zum Beispiel, einem konstanten Druck unterworfen, durch eine kleine Öffnung in einen anderen Behälter entweichen, wo sie einem geringeren, aber ebenfalls konstantem Druck unterworfen sind, würde sich ergeben:

---

31 Auf diesem Blatt faßt Carnot verschiedene Möglichkeiten zusammen, ein quantitatives Verhältnis zwischen bewegender Kraft und Wärme herleiten zu können. Die Experimente 1°, 4° und 5° scheinen für Carnot von besonderem Interesse gewesen zu sein, da sie in den Aufzeichnungen an mehreren anderen Stellen erwähnt werden.

32 Auf diesem Blatt greift Carnot ein Problem auf, das ihn offensichtlich beim Abfassen seiner Aufzeichnungen ganz besonders interessierte. Modern ausgedrückt suchte er herauszubekommen, ob die innere Energie eines Gases bei irgendeiner vorgegebenen Temperatur eine Funktion seines Volumens ist. Das Experiment von Gay-Lussac mit zwei Gefäßen (vgl. Manuskripte *Ib – F°3 verso* und *VII – F°13 recto*) hatte darauf hingedeutet, daß dies nicht der Fall ist, aber Carnot erkennt klar die Notwendigkeit einer erneuten Untersuchung des Problems.

Das skizzierte Experiment ist im wesentlichen dasjenige, das von J. P. Joule und William Thomson 1853 und 1854 ausgeführt wurde, wenn auch Joule und Thomson das Gas durch einen Baumwollpfropfen strömen ließen. Gerade die Versuche von Joule/Thomson zeigen, daß die innere Energie eines Gases nicht völlig unabhängig von seinem Volumen ist (wenn es auch beinahe der Fall war). Einen Bericht über diese spätere Arbeit, das Durchströmen von Gasen durch schmale Öffnungen betreffend, findet man bei Thomson, *„Mathematical and physical papers“* (vgl. Anm. 35 zum Text der *„Betrachtungen“*), Band 1, S. 333–400.

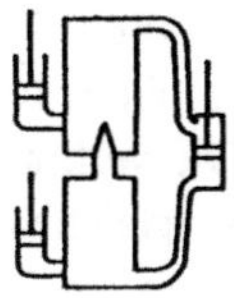

1° daß der Verbrauch von bewegender Kraft Wärmestoff erzeugt.

2° Daß die erzeugte Menge genau gleich derjenigen ist, die von dem Gas aufgrund seiner Volumverkleinerung entwickelt wird.

Tatsächlich, wenn man zum Beispiel ein Gas auf die Hälfte zusammendrückt, und seine Temperatur auf ein Grad genau konstant hält, wenn man es dann durch eine kleine Öffnung entweichen läßt, damit es in einen Behälter einströmen kann, wo der Druck so groß ist, wie er zu Anfang war, wird dieses Gas am Ende des Versuchs genau in den ursprünglichen Zustand zurückgeführt werden; es wird eine Menge an bewegender Kraft verbraucht werden, die gleich ist derjenigen, die notwendig ist, um das Gas auf die Hälfte seines Volumens zu verkleinern.

I – F°11 verso (unbeschrieben)

II – F°12 recto

Experimente über den Übergang von Wärmestoff bei festen Körpern und bei flüssigen Körpern – Einbringen eines erhitzten festen Körpers in Wasser und Beobachtung des ansteigenden Verlaufs eines in die Flüssigkeit getauchten Thermometers – Die Zeit, die notwendig ist für den Durchgang des Wärmestoffs durch Metallplatten, welche auf ihren zwei Oberflächen mit Flüssigkeiten verschiedener Temperatur in Kontakt stehen, oder mit einem Dampf, der gerade kondensiert und einem anderen, der gerade gebildet wird – mit einem ständig gasförmigen Stoff – Bewegung dieser Fluida –

Entnahme von bewegender Kraft aus einem Pferdegöpel[33] – schneller Transport von Lettern – Carriole de Place –

---

33 Mendoza glaubt, Carnot könnte sich hier auf den speziellen Fall eines Baumwollspinners in Rouen beziehen. Dieser hatte, in Anlehnung an eine von Cléments Vorlesungen am Conservatoire des Arts et Métiers, ein Verfahren entwickelt, die Kraft seiner Dampfmaschine an die Besitzer kleinerer Unternehmen zu vermieten, insbesondere zum Antrieb von Krempelmaschinen. Das entsprechende Zeugnis stammt vom Januar 1825. Siehe hierzu: Mendoza, „*Contributions to the study of Sadi Carnot and his work …*" (Vgl. Bibliographie, Abschnitt B, Teil c), S. 388.

Durchzuführende Experimente in bezug auf die Wärme und die bewegende Kraft.

Das Bohrexperiment von Rumford wiederholen unter Verwendung von verschiedenen Metallen, Holz, Stein, usw. Die verbrauchte bewegende Kraft abschätzen und die Menge der erzeugten Wärme; Vergleiche anstellen.

Experimente derselben Art über das Schütteln von Wasser, Quecksilber, Alkohol, Luft und anderen Gasen.

Eintritt von Luft in das Vakuum, dasselbe für andere Gase oder Dämpfe. Die Temperaturerhöhung prüfen, mit Hilfe eines

VII – F° 12 verso

Manometers und eines Thermometers nach Breguet.

Luft aus einem geräumigen Behälter austreten lassen, wo sie komprimiert wird, und ihre Geschwindigkeit herabmindern in einem weiten Rohr, wo feste Körper angebracht sind. Die Temperatur messen, wenn sie gleichförmig geworden ist – Sehen, ob sie die gleiche ist, wie in dem Behälter – dieselben Experimente mit anderen Gasen und mit Dampf, der unter verschiedenen Drücken gebildet wurde.

Das Experiment von Dalton wiederholen und es auf Drücke von 30 oder 40 Atmospären erweitern[34].

Die konstituierende[35] Wärme des Dampfes in diesen Grenzen messen –[36]

---

34 Carnot bezieht sich offensichtlich auf John Daltons Experimente über den Druck von gesättigtem Dampf. Dalton hatte den Druck von gesättigtem Wasserdampf bis auf Temperaturen von 100 °C hinaus gemessen; er hatte dann seine Ergebnisse bis auf einen Druck von 5 Atmosphären extrapoliert, wobei er ein ziemlich fragwürdiges Verfahren benutzte. Er führte ähnliche Versuche und Berechnungen für verschiedene andere Dämpfe durch. Er beschrieb seine Untersuchungen in der Arbeit „*On the force of steam or vapour from water ...*" (vgl. Anm. 80 der „Anmerkungen zum Text der ‚*Betrachtungen*'").

35 Wie im Text der „*Réflexions*" [1], S. 85 benutzt Carnot den Ausdruck „konstituierende Wärme" („chaleur constituante"), statt des üblicheren „absolute Wärme" („chaleur absolue") oder „totale Wärme" („chaleur totale"), um den Gesamtbetrag an latenter und „fühlbarer" Wärme in einem Körper auszudrücken.

36 Carnot schlägt hier eine Überprüfung des Gesetzes von Clément und Desormes vor, dessen Gültigkeit in den zwanziger Jahren sehr angezweifelt wurde (vgl. Anm. 64 der „Anmerkungen zum Text der ‚*Betrachtungen*'"). Eine mögliche experimentelle Ausführung ist beschrieben in Manuskript *VII – F° 13 verso*.

Dasselbe mit Alkoholdampf, Ätherdampf, Terpentingeist, Quecksilberdampf, um zu verifizieren, ob die verwendete Substanz in bezug auf die Erzeugung von bewegender Kraft keinen Unterschied macht.

Dasselbe mit Wasser, in dem ein zerfallenes Salz gelöst ist, Calziumchlorid z. B. Das Gesetz der Spannungen, ist es immer dasselbe ? Die spezifische Wärme des Dampfes messen –

Abschätzung des Fehlers beim Thermometer nach Breguet mit Hilfe der Zeit, welche die Luft benötigt, um eine Änderung einer bestimmten Anzahl von Graden zu erzeugen.

VII – F°13 recto

Experiment von Hrn. GL mit zwei gleichen Behältern, der eine leer und der andere mit Luft gefüllt, und zwischen denen man eine Verbindung herstellt.

Experiment über die Spannung von Dampf mit einem Heizkessel und einer luftgefüllten Thermometerröhre[37]. Ein Thermometer ist in einem Rohr angebracht, das in den Kessel getaucht wird, nach außen offen, und gefüllt mit Quecksilber oder Öl.

Experiment mit Hilfe einer einfachen Kapillarröhre, die mit drei aufeinanderfolgenden Schichten gefüllt ist: 1° Luft, 2° Quecksilber, 3° Wasser oder eine andere Flüssigkeit, deren Spannung man messen möchte (Alkohol, Äther, Terpentingeist, Lavendel, Schwefelkohlenstoff, Chloräther, usw.). Die Röhre wird mit einem Ende in ein Bad aus Quecksilber oder Öl getaucht, dessen Temperatur man mißt – man kann die Quecksilbersäule entsprechend lang machen, um die Luft von vornherein zu komprimieren oder zu verdünnen,

---

Das Rohr wird an einem Ende zu einer Spirale aufgerollt. Der gerade Teil wird in Grade eingeteilt (man kann so die Spannung des Quecksilberdampfes messen).

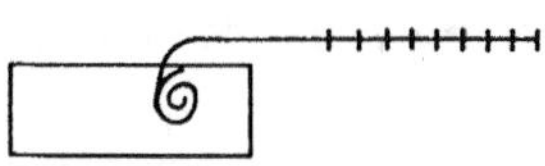

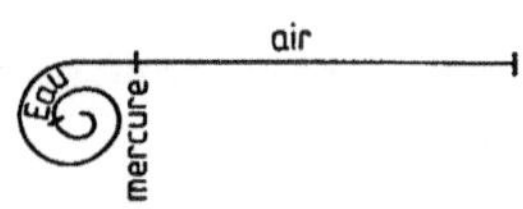

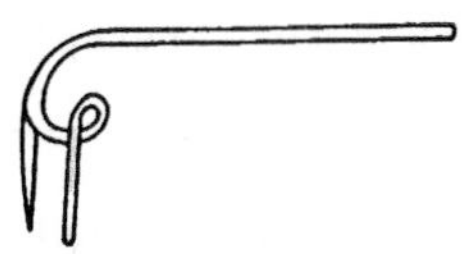

37 Vgl. den kurzen Hinweis auf ein ähnliches Experiment in Manuskript *III – F° 7 verso.*

Experimente über die Spannung von Dämpfen bei tiefer Temperatur mit einer gekrümmten Thermometerröhre, die teilweise mit Quecksilber, teilweise mit Wasser oder Alkohol gefüllt ist. Das Quecksilber wirkt durch sein Gewicht. Der obere Teil der Röhre ist leer und verschlossen, oder völlig nach außen

VII – F°13 verso

geöffnet.

Die Kugel wird ins Wasser getaucht, dessen Temperatur man messen wird; wenn die Röhre verschlossen ist, muß man für eine Abkühlung des oberen Teils sorgen.

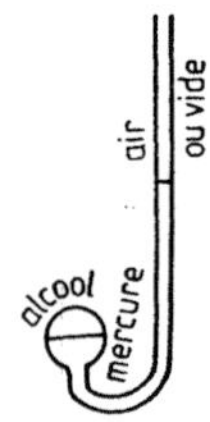

Die Kugel kann Wasser, Alkohol, Äther, Terpentingeist enthalten. Wenn die Röhre verschlossen ist, wird man die Spannung des Quecksilberdampfes messen können.

Experiment über die konstituierende Wärme der Dämpfe mittels einer Barometerröhre, deren beide Enden kugelförmig geblasen sind. Die eine der Kugeln wird in kaltes Wasser getaucht, und die Temperaturerhöhung dieses Wassers wird die konstituierende Wärme des Dampfes anzeigen.

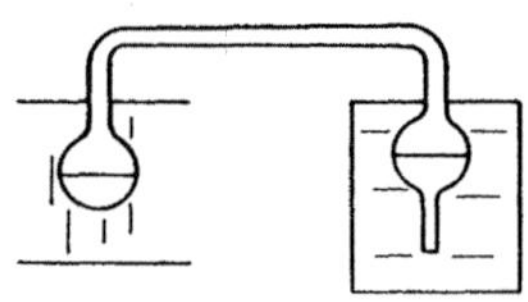

Die andere Kugel wird erwärmt, sei es durch eine kochende Flüssigkeit, sei es direkt durch das Feuer.

Wasser, Alkohol, ätherisches Öl, Quecksilber, Essigsäure, Schwefelkohlenstoff –

Man kann den Versuch wiederholen und die Ergebnisse zusammenfügen.

Instrumente – ein gutes Thermometer 1, normal geblasene Röhren 6 – dieselben länger 3, Lötrohre mit einer zweiten geblasenen Kugel 6; gewöhnliche Lötrohre 2.

Alkohol, Äther, ätherisches Öl, Schwefelkohlenstoff, 10 Gramm Leinöl, ein Behälter aus Weißblech von 1 kg, um zu heizen. Kleine tragbare Öfen.

VIII – F°14 recto

Journal de physique von Delamétherie. Experiment über die durch Reibung entwickelte Wärme[38].

Aneinandergeriebene Eisplatten von Davy[39].

Luftpumpe, bei der man eine kleine Öffnung in den Kolben oder ihren Mantel macht –

Experiment von Rumford über das Bohren von Metallen, Schlagen von Blei, Zinn, Kupfer,

---

Bohren von Holz
Wiedereintritt von Luft in das Vakuum
dasselbe in mehr oder weniger verdünnte Luft
Wiedereintritt von Luft unter die Glocke der Luftpumpe

---

38 Der vollständige Hinweis auf Rumfords klassische Arbeit über den Kanonenbohrversuch findet sich in Manuskript *VIII – F° 15 verso*.

39 Die Experimente, auf die Carnot sich bezieht, sind in einer Arbeit beschrieben, die von Humphry Davy an sehr versteckter Stelle publiziert worden war; die Arbeit ist leicht zugänglich wieder abgedruckt in: „*The collected works of Sir Humphry Davy, Bart. LL.D. F.R.S.*“, (hrsg. von John Davy, 9 Bände, London 1839/40), Band 2, S. 5–86 (insbesondere S. 10–23).

In der Arbeit führt Davy als Beleg gegen die Wärmestofftheorie seine Beobachtung an, daß zwei Eisblöcke einfach dadurch geschmolzen werden können, indem man sie gegeneinander reibt. Später sprach er von der Arbeit als einer seiner „kindlichen chemischen Spekulationen“, und seitdem sind die Eis-Reibungsexperimente stark kritisiert worden. So hat z. B. E. N. da C. Andrade argumentiert (einleuchtend, wie wir meinen), daß die Experimente niemals tatsächlich durchgeführt wurden; vgl. seinen Beitrag in *Nature* **135** (1935), 359–360. Mendoza ist der Meinung, daß, wenn Davy auch versucht hatte, die Experimente durchzuführen, er sich doch stark auf Pictet bezogen hat, der ähnlich geartete Versuche über die durch Reibung erzeugte Wärme beschrieben hat (wenn auch nicht mittels Eis). Vgl. hierzu Marc-Auguste Pictet, *Essai sur le feu*. Genf 1790. Kapitel IX, S. 197–212.

Diese Experimente würden dazu dienen, die Temperaturänderungen zu messen, die Gase durch Volumenänderung erfahren, außerdem würden sie die Hilfsmittel dazu liefern, diese Änderungen mit den Mengen an erzeugten oder verbrauchter bewegender Kraft zu vergleichen.

Sie könnten sich durchführen lassen mit anderen Gasen als normaler atmosphärischer Luft.

VIII – F°14 verso[40]

Man hat bisher die Temperaturänderungen, die in den Körpern durch den Effekt der Bewegung auftreten, sehr wenig betrachtet; die Phänomene dieser Art verdienten vor allem die größte Aufmerksamkeit. Wenn die Körper in Bewegung sind, wenn vor allem bewegende Kraft verbraucht oder erzeugt wird, treten Veränderungen in der Verteilung der Wärme und vielleicht in ihrer Menge auf. Wir werden eine kleine Anzahl von Erscheinungen anführen, wo dieses Phänomen sich mit größter Klarheit zeigt.

1° Beim Stoß der Körper – man weiß, daß die Körper, wie auch immer wir sie uns vorstellen usw.

Eine Kapillarröhre in gleiche Teile einteilen[41], als ob sie zur Konstruktion eines Thermometers dienen solle, sie an einem Ende verschließen, in sie einen Flüssigkeitstropfen hineinbringen (Öl), sie unter die Glocke einer Luftpumpe stellen; die Luft durch einen oder zwei Kolbenhübe ausdehnen, die Bewegung des Tropfens zuerst im ersten Augenblick beobachten, danach, wenn er wieder zur Ruhe gekommen ist.

---

40 Eine, der ersten Hälfte dieser Seite sehr ähnliche Stelle, findet man in Manuskript *IV – F°8 recto*. In Manuskript *IV* wird die Diskussion fortgesetzt, die hier an der Stelle abbricht „... wie auch immer wir sie uns vorstellen usw.".

41 Hier, wie auch in Manuskript *IX*, schlägt Carnot eine einfallsreiche Methode zur Beobachtung der Temperaturänderung vor, die bei der Evakuierung und der Wiederauffüllung des Behälters einer Luftpumpe auftritt. Die Methode war schon von John Dalton und von Clément und Desormes benutzt worden. Vgl. dazu Daltons Bericht in: *„Experiments and observations on the heat and cold produced by the mechanical condensation and rarefaction of air"*, in: *Memoirs of the Literary and Philosophical Society of Manchester* 5, Teil 2 (1802), 515–526; sowie den Beitrag von Clément und Desormes zum Preiswettbewerb des Institut de France aus dem Jahr 1812 über spezifische Wärmen, hier speziell S. 323/24 der publizierten Fassung (vgl. Anm. 40 der „Anmerkungen zum Text der *‚Betrachtungen'*"). Zum Studium dieser früheren Experimente vgl. Robert Fox, *The caloric theory of gases*, S. 87/88 und S. 144 (Bibliographie, Abschnitt B, Teil e).

Die Luft plötzlich durch den Hahn wieder einströmen lassen und dieselben Beobachtungen bei dem Tropfen machen.

Man kann die in der Thermometerröhre enthaltene Luft so betrachten,

'III – F°15 recto

als wenn sie durch ihren Kontakt mit dem Glas auf einer konstanten Temperatur gehalten wird; dasselbe ist nicht der Fall mit der Luft in der Glocke, deren Temperatur sinkt durch die Verdünnung und steigt durch den Wiedereintritt der Außenluft. Diese Änderungen werden gemessen durch die Bewegungen des Tropfens, weil es leicht sein wird, durch diese Bewegungen alle Änderungen der Elastizität bei der Luft in der Glocke festzustellen.

Dasselbe könnte man mit einem Manometer machen, aber mit weniger Genauigkeit, weil es eine merkliche Zeit dauert, die Bewegung an die Quecksilbersäule zu übertragen, so daß während dieser Zeit sich die Temperatur schon verändert hat. Andererseits könnte sich die Bewegung der Säule wegen ihrer Trägheit zu weit hinausdehnen

'III – F°15 verso

Kleinanzeige 17. März. Eisherstellung, rue Michel-le Comte, 27 usw.
Aktionen der Steinsalzbergwerke und der Salinen, Zeitungen vom 17. März –
Journal de Commerce vom 16. desselben[42].
Aktionen zur amerikanischen Kolonisation (englisch)

---

42 Mendoza hat nachgewiesen, daß die Ausgabe des *Journal du Commerce* vom 17. März 1825 eine Anzeige enthält, die zur Beteiligung an einer englischen Gesellschaft zur Kolonisation in Kolumbien auffordert; (vgl. „*Contributions to the study of Sadi Carnot ...*" (Bibliographie, Abschnitt B, Teil c), S. 388/89). Die Abkürzung „Act." im französischen Original deutet Mendoza als „Actions" und stellt fest, daß sich in den Ausgaben vom 17. März benachbarter Jahrgänge keine vergleichbaren Anzeigen befinden, auf die Carnot sich hätte beziehen können. So scheint es sicher, daß, trotz des Unterschiedes von einem Tag zwischen Carnots Hinweis und dem Datum der entsprechenden Ausgabe, diese Bemerkung im März 1825 oder kurz danach geschrieben wurde.

Wärmebewegung. Werke, wo man Hinweise findet.
Scheele, Supplement 149 (Kirwan)[43].
Traité chimique de l'air et du feu, von Scheele, mit der Einleitung von Bergmann – Supplement[44]
Rumford – Bibliothèque Britannique.
Dictionnaire von Macquer, Artikel „Feuer"[45].

Rumford, über die Quelle der Wärme, welche die Reibung erzeugt. Journal de physique, XLVII, 24, 228, 253, aus dem Jahr 1798[46].

Über die Kraft des Pulvers, Bib. britann., X, 304, Nr. 80 und 82.

---

43 Das Werk, auf das verwiesen wird, ist: *„Supplément au traité chimique de l'air et du feu de M. Scheele"*, übersetzt von M. le Baron de Dietrich (Paris 1785). Seite 149 ist enthalten in ungefähr 60 Seiten Anmerkungen, die von dem irischen Chemiker Richard Kirwan zu Scheeles Text hinzugefügt worden sind. Hier beschreibt Kirwan die beiden rivalisierenden Wärmetheorien: die materielle (oder Fluidums-Theorie) und die Schwingungstheorie. Er selbst zieht keine der beiden vor.

44 Dieser Hinweis bezieht sich auf Scheeles *„Traité chimique de l'air et du feu"*, Einleitung von Torbern Bergman, übersetzt von Baron de Dietrich (Paris 1781). In dieser Arbeit wird nur die materielle Theorie der Wärme erwähnt (vgl. S. 169 f.).

45 Der Artikel *„Feuer"*, auf den Carnot sich bezieht, ist entweder derjenige aus der 1. Auflage des *„Dictionnaire de chymie"* (2 Bände, Paris 1766, Band 1, S. 498–507), oder der davon sehr verschiedene in der 2. Auflage, die im Quartformat in zwei Bänden erschienen ist (Paris 1778, Band 1, S. 481–500). Carnot war offensichtlich an Macquer interessiert wegen dessen Arbeiten zugunsten der Schwingungstheorie der Wärme. Es sei z. B. der folgende Abschnitt aus der 2. Auflage (Band 1, S. 499–500) zitiert:

> „Sicher gibt es einen Feuerstoff; dies ist derjenige von reinstem Licht, eine materielle Substanz, deren Existenz fühlbar ist und überhaupt nicht angezweifelt werden kann. Aber es verhält sich nicht so mit der Wärme; die Ursachen, die sie anregen, und die Effekte, die sie hervorruft, beweisen nicht die Existenz eines besonderen Stoffes, noch berechtigen sie wenigstens zu deren Annahme, wie man dies gemeint hat, im Gegenteil, alles läuft auf die Vermutung hinaus, daß dies nur eine Erscheinungsform, eine Modifikation ist, für welche die Körper irgendwie empfänglich sind, und die einzig in der inneren Bewegung ihrer verbindenden und sie aufbauenden Teile besteht, und die vielleicht erzeugt werden kann nicht nur durch die Anregung und den Stoß des Lichtes, sondern allgemein durch alle möglichen Reibungen und Stöße irgendwelcher Körper."

46 Für den französischen Leserkreis waren die wichtigsten Quellen zu Rumfords Arbeit die Genfer *„Bibliothèque Britannique"* (Abteilung „Sciences et Arts"), sowie das *„Journal de physique"* von J. C. Delamétherie. Zwischen 1796 und 1800 publizierte die *Bibliothèque britannique* Auszüge von allen wichtigsten Arbeiten Rumfords über die Wärme, übersetzt von Marc-Auguste Pictet. Diese Auszüge umfassen nicht nur die Beschreibung der Kanonenbohrversuche, sondern neben anderen auch seine Untersuchungen über die Ausbreitung der Wärme in Flüssigkeiten und seinen (erfolglosen) Versuch, das Gewicht der Wärme zu bestimmen.

Rumford, Bib. britann., I Experiment über die Wärme von Benjamin Thompson.

dasselbe V 97 und folgende
VIII 85 und folgende
XIII 217 und folgende
dasselbe VIII 3 und folgende

Untersuchungen über die Quelle der Wärme, welche die Reibung erzeugt.

Annales de chimie XLI 177: Möglichkeiten zur Vermehrung der von einem vorgegebenen Brennstoff erzeugten Wärmemenge[47]

Landriani Inhaltsverzeichnis des Journals.[48]

IX – F°16 recto[49]

[am Rand] 1. Blatt zum Thema A.

Experimente, die in bezug auf Gase und Dämpfe auszuführen sind.

1° Die Temperatur messen, die Luft annimmt, welche in einen leeren Raum oder, schon vorher verdünnte Luft enthaltenden Raum eingelassen wird.

---

47 Der Hinweis bezieht sich auf einen Beitrag von C. L. Berthollet mit dem Titel „*Extrait du Journal britannique*" (in: *Annales de chimie* **41**, Jahr X (1802), 177). Berthollet berichtet über den Inhalt der Dezemberausgabe des Jahres 1801 der *Bibliothèque britannique. Sciences et arts* und referiert über Rumfords Demonstration „des Vorteils, den man aus strahlendem Wärmestoff ziehen kann, der von kleinen erhitzten Tonkugeln ausgesandt wird, die man in den Brennstoff mischt".

48 Sehr wahrscheinlich bezieht sich Carnot auf eines von zwei kumulativen Registern des *Journal de physique, de chimie et d'histoire naturelle.* Eines ist abgedruckt in Band **29** (1786), 401–473 (unter dem Titel: „*Observations sur la physique, sur l'histoire naturelle et sur les arts*"); das andere ist publiziert als: Louis Cotte, *Table générale des articles contenus dans les vingt-six ... volumes du Journal de physique depuis 1787 jusqu'en 1802.* Paris 1802. In beiden Quellen werden Beiträge von Marsiglio Landriani aufgeführt. Carnot dürfte ganz besonders an einem Beitrag über latente Wärme aus dem Jahr 1785 interessiert gewesen sein.

49 Der gesamte Inhalt von Manuskript *IX* besteht in einer Diskussion der experimentellen Verfahren zur Messung der Temperaturänderungen beim Füllen und Evakuieren des Behälters einer Luftpumpe. Carnot gibt hier die Einzelheiten der experimentellen Untersuchungen an, die er umreißt in Manuskript *VIII – F° 14 verso* und *15 recto.*

Die Messung war im frühen 19. Jahrhundert äußerst schwierig, teils wegen des Wärmeaustauschs zwischen dem Behälter und der Umgebung, teils weil die Wärmekapazität des Thermometers so viel größer ist wie diejenige der Luft im Behälter. Wie Dalton, Clément und Desormes, und andere, welche die Messungen schon vor ihm durchzuführen versucht hatten, konstruiert Carnot seine Versuchsvorrichtung unter Einbeziehung dieser offensichtlichen Problematik.

Wenn das Vakuum unter der Glocke einer Luftpumte hergestellt ist, und wenn man plötzlich den Hahn öffnet, die Außenluft hineinströmen läßt, so läßt das Einführen dieser Luft ein Breguet-Thermometer bis auf 50 oder 60° ansteigen.[50]

Den Verlauf dieses Thermometers untersuchen, wenn das Wiedereinlassen nur teilweise stattfindet, ihn vergleichen mit dem Verlauf des Manometers.

IX – F°16 verso

Konstruktion eines Manometers, das beinahe augenblicklich den Druck anzeigen kann.

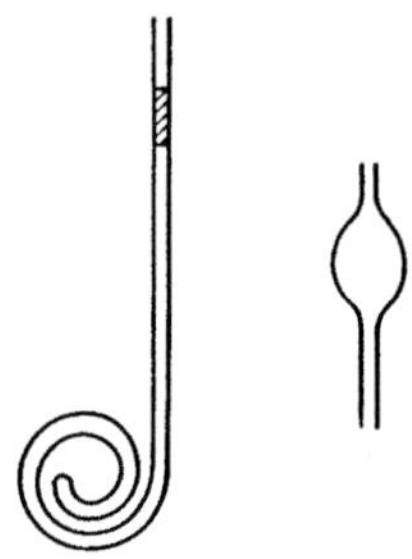

Stellen wir uns eine Kapillarröhre vor, die an einem Ende zu einer Spirale gerollt und verschlossen ist, das andere Ende ist offen. Diese Röhre sei vollkommen ausgetrocknet, und man wird eine kleine Markierung aus Quecksilber in sie einbringen. Der Durchmesser der Röhre muß ausreichend klein sein, damit die dort eingeschlossene Luft beinahe augenblicklich die Temperatur des Glases annimmt. Man wird versuchen, sich der zur Aufstellung dieses Temperaturgleichgewichts notwendigen Zeit zu versichern,

IX – F° 17 recto

indem man die Röhre unter die Glocke der Luftpumpe setzt, ein teilweises Vakuum herstellt, und die Luft wieder eintreten läßt; man wird prüfen, ob, einige Augenblicke nach der Einleitung, die Markierung fühlbar ihre Stellung ändert, die Markierung darf nur ein sehr geringes Gewicht besitzen, um bei ihr so gut als möglich Schwingungen zu vermeiden – aus demselben Grund sollte die Kapillarröhre auch so eng als möglich sein.

Wenn der gerade Teil der Röhre genau so lang ist wie der gekrümmte Teil, und wenn die Markierung am Beginn der Krümmung placiert ist

50 Über die Arbeit der Breguets vgl. Anm. 27 der „Anmerkungen zum Text der ‚*Betrachtungen*'". Tatsächlich hatten die Breguets einen Zahlenwert von angenähert 70 °C für den Temperaturanstieg erhalten. Die ziemlich suspekte theoretische Abhandlung von Clément und Desormes aus dem Jahr 1819 hatte einen Anstieg von 114 °C vorhergesagt (vgl. ihre Arbeit „*Détermination expérimentale du zéro absolu* ..." auf S. 330–334. Siehe Anm. 40 der „Anmerkungen zum Text der ‚*Betrachtungen*'".

IX – F°17 verso

bei einem Druck, der dem Atmosphärendruck gleich ist, darf man das Instrument keinem Druck unter einer halben Atmosphäre aussetzen. Zwischen diesen beiden Grenzen wird es zur Messung dienen können.

Man kann es am Ende mit einer offenen Ausbauchung versehen, um zu verhindern, daß das Quecksilber aus der Röhre herauskommt – mit dieser Form versehen kann es dazu dienen, um allgemein Drücke zwischen p und $p/2$ zu messen, irgendeinen Wert annehmen kann.

IX – F°18 recto

[am Rand] Thema A – f.3.

Der Apparat wird an einem Brett befestigt, auf dem eine eingeteilte Skala angebracht ist – die Skala wird zum Beispiel mit gleichen Gradabständen von 5 zu 5 oder 10 zu 10 versehen. Man muß eine korrespondierende Tabelle, die die Drücke angibt, aufstellen.

Wenn man das Instrument unter die Glocke der Luftpumpe bringt und ein partielles Vakuum herstellt, wird die Markierung in die Ausbauchung a hinaufsteigen, vgl. folgende Figur; wenn man dann die Luft langsam stufenweise wieder einströmen läßt, kann man die Beziehung zwischen den Höhen

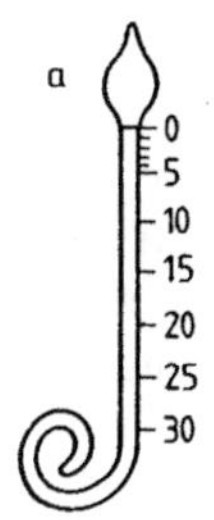

IX – F°18 verso

eines gewöhnlichen Quecksilbermanometers und den Stellen, wo sich die untere Fläche der Markierung befindet, aufnotieren. Dies wird ausreichen, um eine Vergleichstabelle zwischen den Drücken und den Zahlenwerten der Skala zu erstellen, die Drücke können angegeben werden durch ihre Beziehung zu dem Druck, der in dem Augenblick beobachtet wird, wenn die Markierung den Nullpunkt erreicht, oder auch jeden anderen festen Zahlenwert der Skala. So nehmen wir zum Beispiel an, daß man auf dem Manometer 400 mm oder n Millimeter abliest, wenn die Markierung bei 0 ist

IX – F° 19 recto

dann n', wenn die Markierung bei 1 ist, n'' wenn die Markierung bei 2 ist, usw. Es sind die Verhältnisse $\frac{n'}{n}, \frac{n''}{n}$, usw., die man in der Korrespondenztabelle aufschreiben muß, man kann n so nach Belieben variieren und die Tabelle wird immer noch zweckdienlich sein.

Tatsächlich, nach dem Gesetz von Mariotte, wenn die Volumina dieselben Verhältnisse behalten, werden auch die Drücke dieselben Verhältnisse unter sich behalten – Sei p der Druck, wenn die Markierung auf 0 steht, v das Volumen der Luft zu demselben Zeitpunkt, p' und v' der entsprechende Druck und das entsprechende Volumen, wenn die Markierung auf 1 steht. Wenn man Luft hinaus- oder hineinläßt, können die Drücke anstatt p und p', q und q' sein, aber man wird die gegenseitige Beziehung haben $p:p' :: v':v$ und $q:q' :: v':v$, also $p:p' :: q:q'$.

Man wird überdies bei einer gleichförmigen Temperatur arbeiten oder die Unterschiede berücksichtigen.

IX – F°19 verso

Wenn die Röhre in ihrem geraden Teil vollkommen gestaltet ist, werden die Volumina und folglich auch die Drücke eine geometrische Reihe bilden, wenn die Ziffern der Skala in einer arithmetischen Reihe angeordnet sind, und mit einer Logarithmentafel kann man die eine aus der anderen ermitteln.

Um nach Bedarf die Menge der in der Röhre eingeschlossenen Luft zu vermehren, genügt es, das Instrument in der Luftpumpe auf die Seite oder flach zu legen; die Quecksilbermarkierung wird an dem seitlichen Teil der Ausbauchung der Röhre sein, und die atmosphärische Luft kann eindringen – man könnte das Instrument in dieser Position auch erwärmen;

IX – F°20 recto

[am Rand] Thema A – f.5.

Man muß darauf achten, daß nur sehr trockene Luft eingelassen wird, was man dadurch erreichen kann, daß man unter die Glocke Calziumhypochlorat oder besser Calziumchlorid einbringt – oder jeden anderen Stoff, der die Feuchtigkeit sehr anzieht.

Anstatt die Röhre zu einer Spirale aufzurollen, kann man sich damit begnügen, sie zu einer U-Form zu biegen, wie im folgenden gezeigt, oder 3 bzw. 4 parallele Teile, oder mehr, herstellen, womit man der Röhre eine große Länge gibt; die Markierung wird weiter ausgedehnte Bewegungen bei vergleichbaren Druckänderungen machen

X – F°20 verso

und man wird so Wirkungen messen können, die von ziemlich schwachen Änderungen der Dichte der Luft in der Glocke herrühren[51].

Vergleich der Geschwindigkeit der Abkühlung der Luft in der Glocke und der Röhre.

Nehmen wir an, was, wie ich glaube, nicht weit von der Wahrheit entfernt ist, daß die absorbierte Wärme proportional zur Oberfläche der in Kontakt stehenden Körper ist. Daraus wird man ohne Mühe ableiten, daß die Geschwindigkeiten der Abkühlung der Luft in den 2 zylindrischen Röhren folglich umgekehrt proportional zu deren Durchmesser ist. Wenn die Glocke als eine Röhre von 2 Zehntel Durchmesser angesehen wird und das Manometerinstrument

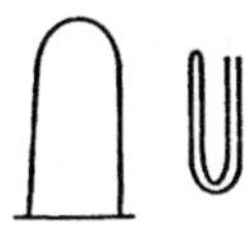

---

51 Die Skizze dieses in *Sadi Carnot Biographie et manuscrit*, S. 67 abgebildeten und auch in den „*Réflexions*" [6], S. 149 wiedergegebenen Apparates stellt eine schlechte Nachbildung des von Carnot gezeichneten Diagramms dar. Insbesondere ist dort der rechte Rand der vierfach unterteilten Röhre verschlossen, obwohl sie gemäß Carnots Entwurf eindeutig offen sein müßte.

Auch die U-förmige Röhre in dem Diagramm von *F° 20 verso*, unten, ist unkorrekt wiedergegeben. Der rechte Rand ist nämlich im Manuskript offen gezeichnet, während er in den beiden genannten Werken (auf S. 68 bzw. S. 150) verschlossen dargestellt ist.

Die in *Sadi Carnot. Biographie et manuscrit* enthaltenen Aufnahmen wurden auf ziemlich grobe und mißverständliche Weise abgeändert.

IX – F°21 recto

als eine Röhre von 1 Millimeter, werden die Abkühlungsgeschwindigkeiten in einem Verhältnis von ungefähr 1 zu 200 stehen –

Amplitude der Bewegung der Markierung.

Nehmen wir an, die Röhre sei 5 mal in sich selbst gebogen und habe eine totale Länge von 1 Meter, eine Änderung der Dichte in der Luft um $\frac{1}{10}$ würde eine Verschiebung um 1 Dezimeter ergeben. Eine Änderung der Wärme um 1°, angenommen sie würde einer Änderung der Dichte um $\frac{1}{266}$ entsprechen, würde $\frac{1}{266}$ Meter oder ungefähr 3,70 Millimeter ergeben, ein Wert, der genügend annehmbar erscheint. Was die Zeit betrifft, die notwendig ist, um die Quecksilbermarkierung

IX – F°21 verso

hinsichtlich ihrer Masse zu bewegen, wenn man sie als 1 Hundertstel lang annimmt und eine Änderung des Druckes um $\frac{1}{100}$ Atmosphäre, brauchte sie ungefähr $\frac{1}{6}$ Sekunde, um 1 Dezimeter zurückzulegen.

IX – F°22, recto

Anwendung des Instrumentes bei der Messung von Änderungen der Spannung der Luft in der Glocke der Luftpumpe: Bei jedem Kolbenhub, der die Luft in der Glocke der Luftpumpe verdünnt, wenn man sie leer machen will, tritt eine Drucksenkung ein und zweifellos eine Temperaturänderung; man kann sie zumindest annähernd bestimmen, indem man das Verhalten des Manometers beobachtet, zuerst im ersten Augenblick nach der vollzogenen Verdünnung, dann nach einer genügend langen Zeit, in der die Temperatur wieder ihren ursprünglichen Wert, nämlich den der umgebenden Körper angenommen hat. Der Vergleich der elastischen Kraft in den beiden Fällen führt auf den Vergleich der Temperaturen.

Wenn die Temperatur auf ihren ursprünglichen Wert zurückgekommen ist, wird man einen zweiten Kolbenhub ausführen, der die Luft weiter verdünnen wird, und man wird wieder zwei Ablesungen am Manometer machen, vor und nach der Rückkehr zur ursprünglichen Temperatur.

Und so weiter –

Bibliographie

A Primärquellen

I Ausgaben der „Réflexions"

a) Französische Ausgaben

[1] *Réflexions sur la puissance motrice du feu et sur les machines propres à développer cette puissance.* Par S. Carnot, ancien élève de l'École Polytechnique. Paris: Bachelier 1824. IV + 118 S. Eine Falttafel.

[2] *Réflexions sur la puissance motrice du feu* ... In: *Annales scientifiques de l'École Normale Supérieure,* 2. Folge, 1 (1872), 393–457. Diese Ausgabe der *Annales scientifiques* enthält den vollständigen Text der *„Réflexions"*, aber ohne Kommentar oder ergänzendes Material

[3] *Réflexions sur la puissance motrice du feu* ... Paris: Gauthier-Villars 1878. VI + 103 S. Diese Ausgabe ist ein textgenauer Nachdruck der Ausgabe von 1872 in den *Annales scientifiques* [2]. Sie enthält zusätzlich den Begleitbrief von Hippolyte Carnot vom 30. November 1878 an den Präsidenten und die Mitglieder der Académie des Sciences, die Übergabe von Sadis wissenschaftlichen Manuskripten und seines Manuskiptes der *„Réflexions"* betreffend. Auch in diese Ausgabe aufgenommen ist Hippolytes biographische Skizze über seinen Bruder (darin sind ausführliche Auszüge aus Sadis persönlichen Aufzeichnungen und seinen Bemerkungen zur Nationalökonomie), und auch Auszüge von dessen wissenschaftlichen Manuskripten. Das Portrait Sadis von Boilly und die Seite des Manuskriptes, auf der Sadi das mechanische Wärmeäquivalent angibt, sind ebenfalls wiedergegeben.

[4] *Réflexions sur la puissance motrice du feu* ... Paris: A. Hermann & Fils 1903. 118 S. Dies ist ein Faksimilenachdruck der Ausgabe von 1824. Zusätzlich zum Text enthält diese Ausgabe eine Faksimilewiedergabe desjenigen Abschnittes seiner nachgelassenen Aufzeichnungen, wo Carnot (wie in [3]) den Zahlenwert für das mechanische Wärmeäquivalent berechnet.

[5] Neuauflage der Ausgabe [4] (Paris 1903), Paris: A. Hermann & Fils 1912.

[6] *Réflexions sur la puissance motrice du feu* ... Paris: A. Blanchard 1953. VI + 151 S. Diese Ausgabe besteht aus einer Faksimilewiedergabe der Ausgabe von 1824. Dazu sind aufgenommen der Brief von Hippolyte an die Académie des Sciences vom 30. November 1878 (vgl. oben, [3]), sowie alle der bei dieser Gelegenheit der Académie übergebenen wissenschaftlichen Manuskripte (mit Ausnahme des Manuskriptes der *„Réflexions"*).

[7] *Réflexions sur la puissance motrice du feu* ... London: Dawsons of Pall Mall 1966. 118 S. 1 Tafel. Fasimilenachdruck der Ausgabe von 1824 ohne zusätzliches Material.

[8] *Réflexions sur la puissance motrice du feu. Édition critique avec introduction et commentaire, augmentée de documents d'archives et de divers manuscrits de Carnot.* Von Robert Fox. Paris: Librairie Philosophique J. Vrin 1978. 371 S. Diese kritische Edition umfaßt eine umfangreiche Einleitung und einen Kommentar. Der Text ist in der Originalpaginierung wiedergegeben. Die Abweichungen der gedruckten Version von Carnots Manuskript sind in Form von Fußnoten aufgeführt. Im Anhang sind alle erhaltenen Manuskripte Carnots, sowohl die wissenschaftlichen als auch die nicht wissenschaftlichen, mit einem Kommentar abgedruckt. Die beiden Portraits von Boilly und Despois sind darin enthalten.

b) Deutsche Ausgaben

[9] *Betrachtungen über die bewegende Kraft des Feuers und die zur Entwickelung dieser Kraft geeigneten Maschinen* von S. Carnot, früherem Schüler der École Polytechnique (1824). Übersetzt und herausgegeben von W. Ostwald. Leipzig: Verlag von Wilhelm Engelmann 1892. 72 S. (Ostwalds Klassiker der exakten Wissenschaften Nr. 37). Zusätzlich zu Ostwalds Übersetzung enthält diese Ausgabe einen kurzen Abriß von Carnots Werk und dessen Aufnahme, dazu einige Anmerkungen zum Text.

[10] Neuauflage der Ausgabe [9] (Leipzig 1892). Leipzig: Verlag von Wilhelm Engelmann 1909.

c) Englische Ausgaben

[11] *Reflections on the motive power of heat and on machines fitted to develop that power.* From the original French of N. L. S. Carnot. Edited [and translated] by R. H. Thurston. New York: J. Wiley & Sons 1890; London: Macmillan 1890. XIII + 260 S. Zusätzlich zu Thurstons Übersetzung enthält diese Ausgabe eine Abhandlung von Thurston mit dem Titel *"The work of Sadi Carnot"*. Dazu kommt eine Übersetzung von Hippolyte Carnots biographischer Skizze und William Thomsons Arbeit *"An account of Carnot's theory of the motive power of heat" (1849)*. In den Anhang sind übersetzte Auszüge von Sadis wissenschaftlichen Notizen und einige der längeren Fußnoten der *„Réflexions"* aufgenommen. Sadis Portrait von Boilly ist das Titelblatt.

[12] Neuauflage von [11]. New York: J. Wiley & Sons 1897; London: Chapman & Hall 1897.

[13] *Reflections on the motive power of heat and on engines suitable for developing this power.* By Sadi Carnot. Translated by W. F. Magie. In: *The Second law of thermodynamics. Memoirs by Carnot, Clausius and Thomson.* Translated and edited by W. F. Magie. New York and London: Harper and Brothers 1899. VIII + 151 S. Dieser Sammelband enthält Übersetzungen der *„Réflexions"* und von Clausisus' Arbeit *„Über die bewegende Kraft der Wärme und die Gesetze ..."* (1850), sowie Auszüge von William Thomsons Arbeit von 1851 *"On the dynamical theory of heat"*. Die Texte werden ergänzt durch ein kurzes Vorwort und einige sehr knappe Anmerkungen.

[14] *Reflections on the motive power of heat and on machines fitted to develop this power.* By S. Carnot. Translated by R. H. Thurston. New York: The American Society of Mechanical Engineers 1943. Wie [11] enthält diese Ausgabe R. H. Thurstons Übersetzung der *„Réflexions"* (unter Weglassung vieler wichtiger Fußnoten), seine Abhandlung *"The work of Sadi Carnot"* und seine Übersetzung von Hippolytes biographischer Skizze. Dazu kommt ein kurzes Vorwort von A. G. Christie.

[15] Neuauflage der Ausgabe [14] mit einer zusätzlichen einleitenden Bemerkung von Walker Lee Cisler. New York: The American Society of Mechanical Engineers 1960.

[16] *Reflections on the motive power of fire by Sadi Carnot and other papers on the second law of thermodynamics by E. Clapeyron and R. Clausius.* Edited by E. Mendoza. New York: Dover Publications 1960. XXII + 152 S. In diesem Buch wird die Übersetzung von R. H. Thurston benutzt. Dazu kommen eine allgemeine Einleitung zu der gesamten Ausgabe und Anmerkungen zum Text von Eric Mendoza, sowie eine übersetzte Auswahl aus Sadis wissenschaftlichen Notizen. Die Übersetzung der Arbeit Clapeyrons von 1834 ist von Mendoza; diejenige von Clausius' Arbeit *„Über die bewegende Kraft der Wärme und die Gesetze ..."* stammt von W. F. Magie. Auf dem Umschlagdeckel ist Sadis Portrait von Boilly, auf der Titelseite das von Despois wiedergegeben.

[17] Neuauflage der Ausgabe [16]. Gloucester (Mass.): Peter Smith 1977.

[18] Sadi Carnot. *Reflexions on the motive power of fire.* A critical edition with the surviving scientific manuscripts. Translated and edited by Robert Fox. Manchester: Manchester University Press 1986; New York: Lilian Barber Press 1986. Diese Edition besteht aus einer neuen Übersetzung der *„Réflexions"*, einer umfangreichen Einleitung und Kommen-

taren; In den Anhängen wird ein Überblick über die erhaltenen Manuskripte gegeben. Ebenso sind die Arbeit *„Recherche d'une formule ...“* sowie andere wissenschaftliche Manuskripte aufgenommen. Das Frontispiz zeigt das Porträt von Despois.

d) Russische Ausgaben

[19] *Razmyshlenie o dvizhushchei sile ognya i o mashinakh, sposobnykh razvivat' etu silu,* in *Vtoroie Natchalo Termodinamiki. Sbornik Rabot: Sadi Carnot – W. Thomson – R. Clausius – L. Boltzmann – M. Smolukhowski.* Moskau: Gosudarstvennoe Teoreticheskо-Tekhnicheskoie Izdatelstvo (G.T.T.I.) 1934. 312 S. Die russische Übersetzung ist von S. F. Frisch. Die Ausgabe enthält acht Seiten Anmerkungen von B. R. Bursian und In. A. Krutkov.

II Rezension

[20] Rezension des Buches des Barons François-Ange-Alexandre Blein, *Principes de mélodie et d'harmonie déduits de la théorie des vibrations,* Paris 1832, erschienen in: *Revue encyclopédique* 54 (April 1832), 167–169. Obwohl diese Rezension nur mit „S. C.“ signiert ist, kann der Verfasser durch eine kurze Notiz, die eindeutig von Hippolytes Hand stammt und sich jetzt in der Sammlung von Pierre-Sadi Carnot befindet, identifiziert werden.

III Manuskripte

[21] *Sadi Carnot. Biographie et manuscrit publiés sous le haut patronage de l'Académie des Sciences avec une introduction de M. Emile Picard.* Paris: Gauthier-Villars 1927. IV + 95 S. In diesem Buch sind Sadis wissenschaftliche Notizen in Faksimileform wiedergegeben und transkribiert, dazu eine Anmerkung von Camille Raveau. Es enthält auch den Brief von Hippolyte an die Académie des Sciences vom 30. November 1878, seine biographische Skizze von Sadi sowie dessen Porträts von Boilly und Despois.

[22] Das Manuskript *„Recherche d'une formule propre à représenter la puissance motrice de la vapeur d'eau“* ist mit Einleitung und Anmerkungen abgedruckt in: W. A. Gabbey und J. W. Herivel, *„Un manuscrit inédit de Sadi Carnot“.* In: *Revue d'histoire des sciences et de leurs applications* 19 (1966), 151–166.

[23] Eine vollständige Transkription der Carnotschen Manuskripte mit einer Kommentierung erschien in der Auflage [8] der *„Réflexions“* von 1978. Die Manuskripte umfassen schon früher veröffentlichte Papiere und einiges neue Material, hauptsächlich aus dem Militärarchiv in Vincennes und der privaten Sammlung des verstorbenen Pierre-Sadi Carnot.

[24] Eine englische Übersetzung von Carnots wissenschaftlichen Manuskripten ist in [18] enthalten. Außer einer Übersicht aller Manuskripte enthält diese Ausgabe die mit englischen Anmerkungen versehenen Übersetzungen der Arbeit *„Recherche d'une formule ...“* und der Aufzeichnungen über Mathematik und Physik.

B Sekundärliteratur

Es soll hier keine Vollständigkeit angestrebt werden. Die aufgeführten Titel haben sich für das Studium der Arbeit Carnots, insbesonders für die Vorbereitung dieser Ausgabe als besonders nützlich erwiesen. Arbeiten, die sich mit der Auswirkung von Carnots Ideen nach dessen Tod beschäftigen, sind bewußt nicht aufgenommen worden.

a) Allgemeines

Das einzige Buch, das sich nur mit Sadi Carnot beschäftigt, ist: Emmauel Ariès, *L'oeuvre scientifique de Sadi Carnot. Introduction à l'étude de la thermodynamique.* Paris: Payot 1921. Es setzt den Schwerpunkt auf die Entwicklung der Thermodynamik nach Carnots Tod und ist für eine Beurteilung von Carnots eigener Leistung äußerst ungeeignet.

Eine neuere Einführung, die Material über die Geschichte der ganzen Familie Carnot enthält, ist: André Fridberg, *Sadi Carnot, physicien, et les „Carnot" dans l'histoire.* Paris; La Pensée Universelle 1978. Das Buch enthält zahlreiche Irrtümer und sollte mit Vorsicht benutzt werden.

Geeigneter für einen allgemeinen Überblick sind: Charles Coulston Gillispie, *The edge of objectivity. An essay in the history of scientific ideas.* Princeton (N. J.): Princeton University Press, und London: Oxford University Press 1960. Donald S. L. Cardwell, *From Watt to Clausius. The rise of thermodynamics in the early industrial age.* London: Heinemann 1971. Kapitel 7 und 8.

Ulrich Hoyer, *„Carnots Réflexions: zur Entstehung der Thermodynamik vor 150 Jahren".* In: *Physikalische Blätter* **30** (1974), 385–393. Und: Ulrich Hoyer, *„Didaktische Aspekte der Carnotschen Theorie".* In: *Der mathematische und naturwissenschaftliche Unterricht* **30** (1977), 84–90.

Martin J. Klein, *„Carnot's contributions to thermodynamics".* In: *Physics Today* **27** (1974), 23–28.

Donald S. Cardwell, *„Les débuts de la thermodynamique".* In: *La recherche* (1974), 726–733.

Stuart S. Wilson, *„Sadi Carnot: Technik und Theorie der Dampfmaschine".* In: *Spektrum der Wissenschaft,* Heft 10 (Oktober 1981), S. 98–109.

Eine äußerst wertvolle Sammlung von Beiträgen ist: *Actes de la table ronde „Sadi Carnot et l'essor de la thermodynamique". Paris, École Polytechnique. 11–13 June 1974.* Paris: Éditions du C.N.R.S. 1975. Die Beiträge in diesem Band wurden alle für eine Konferenz verfaßt, die zur Feier des 150jährigen Jubiläums der Publikations der *„Réflexions"* abgehalten wurde.

b) Biographisches

Die wichtigste Quelle zur Biographie von Sadi stammt von Hippolyte Carnot: *Notice biographique sur Sadi Carnot.* Diese Arbeit wurde erstmals auf den Seiten 72–87 der *„Réflexions"* [3] von 1878 veröffentlicht. Sie ist eine ausführlichere Fassung eines früheren Berichtes von Marie-François-Sadi Carnot (der Sohn von Hippolyte und späterer Präsident der Republik), der von Conte di Saint-Robert publiziert worden war in: *Atti della Reale Accademia delle Scienze di Torino* **4** (1868/69), 151–170. Eine Korrektur zu diesem frühen Bericht gibt uns Michel Chasles, ein Kommilitone von Sadi Carnot an der École Polytechnique, in: *Comptes rendus hebdomadaires des séances de l'Académie des Sciences* **68** (1868), 115–117. Über Saint-Robert und seine Beiträge zu Carnot und der frühen Thermodynamik vgl.: Pietro Redondi, *„Contributi alla conoscenza di Sadi Carnot e dei principi della termodinamica nell'opera di Paolo Saint-Robert".* In: *Atti della Accademia delle Scienze di Torino* **109** (1974/75), 281–318.

Eine andere wichtige Quelle sind die Nachrufe von Sadis engstem Freund, Claude-Pierre Robelin (*„Notice sur Sadi Carnot".* In: *Revue encyclopédique* **55** (1832), 528–530), und von Adolphe Gondinet (zuerst publiziert in: *Association Polytechnique. Compte-rendu trimestriel,* Januar

1833, S. 46–47. Einen Nachdruck findet man in: Redondi, *L'accueil des idées de Sadi Carnot* (vgl. unten, Teil d), S. 195–196).

Drei neuere Beiträge mit biographischem Inhalt sind: René Taton, „*La formation de Sadi Carnot: École Polytechnique et École de Metz*“. In: *Sadi Carnot et l'essor de la thermodynamique*, S. 35–56. Arthur Birembaut, *Sadi Carnot en son temps de 1817 à 1832*. In: Ebd., S. 53–80. Und: Arthur Birembaut, „*À propos des notices biographiques sur Sadi Carnot: quelques documents inédits*“. In: *Revue d'histoire des sciences et de leurs applications* 27 (1974), 355–370.

Dazu findet man interessante Hinweise auf Sadi und allgemeine Informationen über seine Familie im zweiten Band von: [Lazare-Hippolyte Carnot], *Mémoires sur Carnot par son fils*. 2 Bände, Paris 1861–1863.

c) Zu den Manuskripten

Ein wertvoller Beitrag zum Manuskript der „*Réflexions*“ und zur Datierung von Sadis Notizen zu Physik und Mathematik findet sich in: Eric Mendoza, „*Contributions to the study of Sadi Carnot and his work*“. In: *Archives internationales d'histoire des sciences* 12 (1959), 377–396. In seiner Arbeit gibt Mendoza überzeugende Belege für die Annahme, daß die Notizen fast genau zur gleichen Zeit abgefaßt wurden wie die „*Réflexions*“.

Auch wichtig sind: Eric Mendoza, „*The writing of the ‚Réflexions‘ and their reception*“. In: *Sadi Carnot et l'essor de la thermodynamique*, S. 169–181. Und: *Réflexions* [8], Kommentar zu den Notizen auf S. 237–271.

Über das Manuskript „*Recherche d'une formule ...*“ vgl. die oben angeführte Arbeit [22] von Gabbey und Herivel und den Appendix A_1 in „*Réflexions*“ [8], S. 221–235. Dieses Manuskript wird ebenfalls behandelt in: Robert Fox, „*Watt's expansive principle in the work of Sadi Carnot and Nicolas Clément*“. In: *Notes and records of the Royal Society of London* 24 (1969), 233–253.

d) Der technische Hintergrund

Bei weitem die beste Arbeit zu den technischen Wurzeln der Thermodynamik ist: Donald S. Cardwell, *Watt to Clausius* (vgl. Abschnitt B, Teil a); hier kommt für Carnot speziell Kapitel 7 in Betracht. Jedoch ist die Literatur zu diesem Thema in den letzten Jahren sehr umfangreich geworden, und deshalb können noch viele andere Arbeiten empfohlen werden. Zum Beispiel findet man nützliche Beiträge in: *Sadi Carnot et l'essor de la thermodynamique*, hier besonders die Artikel von Robert Fox, Robert McKeon, und Jacques Payen. Eine detaillierte Darstellung der französischen Dampfmaschinentechnik in der Zeit, kurz bevor Carnot mit seiner Arbeit begann, gibt: Jacques Payen, *Capital et machine à vapeur au XVIIIe siècle. Les frères Périer et l'introduction en France de la machine à vapeur de Watt*. Paris und Den Haag: Mouton 1969.

Besondere Erwähnung verdient auch: Pietro Redondi, *L'accueil des idées de Sadi Carnot et la technologie française de 1820 à 1860. De la légende à l'histoire*. Paris: Librairie Philosophique J. Vrin 1980. Redondi stellt Carnots Arbeit in den Zusammenhang einer fortdauernden Tradition des Interesses an „machines à feu“, in denen Luft an Stelle von Dampf die Arbeitssubstanz ist. Im Kommentar dieser Ausgabe wird oft auf diesen und andere Aspekte von Redondis Buch verwiesen. Eine Zusammenfassung seiner Ansichten findet man in: Redondi, „*Sadi Carnot et la recherche technologique en France de 1825 à 1850*“. In: *Revue d'histoire des sciences* 29 (1976), 243–259.

Unter anderen Beiträgen, die die „*Réflexions*“ vor dem Hintergrund der damaligen Technik sehen, sind zu erwähnen: Thomas S. Kuhn, „*Engineering precedent for the work of Sadi Carnot*“. In: *Actes du IXe Congrès International d'Histoire des Sciences (Barcelona-Madrid 1959)*. Barcelona und Paris 1960. S. 530–535 (diese Arbeit ist auch abgedruckt in: *Archives internationales d'histoire des sciences* 13 (1960), 251–255). Und: Milton Kerker, „*Sadi Carnot and the steam engine engineers*“. In: *Isis* 51 (1960), 257–270. Etwas speziellere Untersuchungen zu Carnots Verbindung mit der seltsamen Heißluftmaschine von Cagnard-Latour sind: Thomas S. Kuhn, „*Sadi Carnot and the Cagnard engine*". In: *Isis* **52** (1961), 567–574. Und: Mendoza, „*Sadi Carnot and the Cagnard engine*". In: *Isis* **54** (1963), 252–253. Ein wesentlicher Beitrag zur Wasserkrafttechnik und ihrer möglichen Auswirkung auf die Arbeit Carnots findet sich in: Cardwell, „*Power technologies and the advance of science, 1700–1825*". In: *Technology and culture* **4** (1965), 188–207. Carnots Verpflichtung seinem Vater gegenüber wird voll gewürdigt in: Charles Coulston Gillispie, *Lazare Carnot savant.* Princeton (N.J.): Princeton University Press 1971. Hier besonders S. 90–100. Und: Charles Coulston Gillispie, „*The scientific work of Lazare Carnot and its influence on that of his son*". In: *Sadi Carnot et l'essor de la thermodynamique,* S. 23–32. Über die Verbindung von Nicolas Clément und Carnot vgl.: Jacques Payen, „*Une source de la pensée de Sadi Carnot*". In: *Archives internationales d'histoire des sciences* **21** (1968), 15–37. Und: Robert Fox, „*The intellectual environment of Sadi Carnot: a new look*". In: *Actes du XIIe Congrès International d'Histoire des Sciences. (Paris 1968).* Paris 1970. Band 4, S. 67–72. Und: Robert Fox, „*Watt's expansive principle*" (wie oben, Abschnitt B, Teil c). Und: Philip Lervig, „*Sadi Carnot and the steam engine: Nicolas Clément's lectures on industrial chemistry, 1823–28*". In *The British journal for the history of science* **18** (1985), 147–196.

e) Der physikalische Gehalt der „Réflexions"

Es gibt viele Beiträge zur Frühgeschichte der Thermodynamik, wenn es auch bis vor kurzem nur wenige gründliche Untersuchungen zu den „*Réflexions*" selbst gab. Inzwischen jedoch haben die Schriften von C. A. Truesdell, Philip Lervig und Ulrich Hoyer diesem Mangel abgeholfen.

Unter Truesdells frühesten Schriften über dieses Thema verdienen besonders die folgenden Beachtung: „*Theoria de effectibus mechanicis caloris pridem illmo Sadi Carnoto verbis physicis promulgata nunc primum mathematice enucleata*". In: *Atti delle Accademia delle Scienze dell' Istituto di Bologna* **10** (1973), 29–41. Und: „*Les bases axiomatiques de la thermodynamique*". In: *Entropie* **63** (1975), 6–11; **64** (1975), 4–10, und **65** (1975), 4–8. Jedoch seien dem Leser heute die erst kürzlich von Truesdell erschienenen Bücher eher empfohlen: *The concepts and logic of classical thermodynamics as a theory of heat engines rigorously constructed upon the foundations laid by S. Carnot and F. Reech* (zusammen verfaßt mit S. Bharatha). New York/ Heidelberg/Berlin: Springer 1977. Und das wichtige und zu Kontroversen Anlaß gebende Buch: *The tragicomical history of thermodynamics 1822–1854.* New York/Heidelberg/Berlin: Springer 1980.

Philip Lervigs Beiträge umfassen: „*On the structure of Carnot's theory of heat*". In: *Archive for history of exact sciences,* **9** (1972), 222–239. Und: „*The existence of a work function in Carnot's theory*". In: *Sadi Carnot et l'essor de la thermodynamique,* S. 199–211. Und: „*What is heat? C. Truesdell's view of thermodynamics. A critical discussion*". In: *Centaurus,* **26** (1982), 85–122. Lervig bereitet zur Zeit ein Buch vor, in dem er seine Auffassung entwickelt, daß Carnots Analyse eine vollkommen logische Struktur aufweist, die in allen wesentlichen Punkten ein Analogon zur Struktur der späteren Thermodynaik darstellt, wie sie von Clausius und Thomson entwickelt wurde.

In Ulrich Hoyers Arbeiten liegt der Schwerpunkt meistens auf den Analogien von Carnots Analyse und der modernen Thermodynamik. Seine Arbeiten umfassen: „*Über den Zusammenhang der Carnotschen Theorie mit der Thermodynamik*". In: *Archive for history of exact sciences* **13** (1974), 359–375. Und: „*La théorie de Sadi Carnot. Premiére et seconde approximations de la thermodynamique*". In: *Sadi Carnot et l'essor de la thermodynamique,* S. 221–228. Und: „*Das Verhältnis der Carnotschen Theorie zur klassischen Thermodynamik*". In: *Archive for history of exact sciences* **15** (1976), 149–197. Über Hoyers Rekonstruktion von Carnots Methode zur Berechnung des mechanischen Wärmeäquivalents, vgl.: „*How did Carnot calculate the mechanical equivalent of heat?*". In: *Centaurus* **19** (1975), S. 207–219.

Bemerkenswert unter den Beiträgen jüngeren Datums zur Carnot-Forschung ist: Martin J. Klein, „*Closing the Carnot cycle*". In: *Sadi Carnot et l'essor de la thermodynamique*, S. 213–219. Dies ist eine prägnante und scharfsinnige Untersuchung von Carnots eigener Beschreibung seines Kreisprozesses.

Untersuchungen der Arbeiten zur Physik der Gase im frühen 19. Jahrhundert sind für ein Verständnis der „*Réflexions*" ebenfalls sehr bedeutsam. Dazu vgl.: Cardwell, *Watt to Clausius*, S. 201–211; und: Robert Fox, *The caloric theory of gases from Lavoisier to Regnault*. Oxford: Clarendon Press 1971. S. 177–191. Einige Aspekte der thermischen Eigenschaften von Gasen und Dämpfen, so wie sie zur Zeit Carnots aufgefaßt wurden, findet man in der Rezension der „*Réflexions*" [8] von W. J. Hornix in: *Annals of science* **39** (1982), 399–406. In der Einleitung der vorliegenden Ausgabe wird auf den Versuch von Hornix eingegangen, die Vernachlässigung von Carnots Werk durch den zeitgenössischen Kenntnisstand auf diesem Gebiet zu erklären.

Wichtig, wie die moderne Sekundärliteratur nun einmal ist – es würde jedoch keine Bibliographie vollständig sein ohne Ernst Machs *Die Principien der Wärmelehre. Historisch-kritisch entwickelt*, Leipzig 1896. Man wird kaum eine bessere Einführung in die Physik der „*Réflexions*" finden, als sie hier auf den S. 215–268 gegeben wird.

Namen- und Sachwortverzeichnis

Isaac Newton

Optik

oder Abhandlung über Spiegelungen, Brechungen, Beugungen und Farben des Lichts.

Aus dem Engl. von W. Abendroth. Mit einer Einleitung von M. Fierz. XVIII, 289 S. 16,2 x 22,9 cm. (Edition Vieweg, Bd. 1.) Gbd.

Die „Optik" faßt Newtons langjährige Forschungsergebnisse zusammen und ist sowohl ein grundlegender Beitrag zur Theorie des Lichts wie auch das Vorbild für das empirische Verfahren der modernen Naturwissenschaft.

Benjamin Franklin

Briefe von der Elektrizität

Aus dem Amerik. von C. Wilcke. 1984. LII, 136 S. Einleitung, Erläuterung von J. Heilbron, 16,2 x 22,9 cm. (Edition Vieweg, Bd. 2.) Gbd.

Der Band beinhaltet den Reprint der deutschen Übersetzung von 1758 des Franklin-Werkes „Experiments and Observations on Electricity". Dieses Buch schuf die Grundlage zur modernen Elektrizitätslehre.

Leonhard Euler

Briefe an eine deutsche Prinzessin über verschiedene Gegenstände aus der Physik und Philosophie

Eingeleitet und erläutert von A. Speiser. XLVI, 315 S. 16,2 x 22,9 cm. (Edition Vieweg, Bd. 3.) Gbd.

Eulers „Briefe an eine deutsche Prinzessin über verschiedene Gegenstände der Physik und Philosophie" gehören zu den erfolgreichsten populärwissenschaftlichen Schriften der Aufklärungszeit. Die damalige Physik wird weitgehend ohne Rückgriff auf die mathematische Formelsprache leicht faßlich dargestellt. Weitere Briefe sind der Musiktheorie, Logik, Ethik und Theologie gewidmet. In keinem seiner anderen Werke hat Euler so ausgiebig zu den philosophischen Fragen seiner Zeit Stellung bezogen.

GPSR Compliance

The European Union's (EU) General Product Safety Regulation (GPSR) is a set of rules that requires consumer products to be safe and our obligations to ensure this.

If you have any concerns about our products, you can contact us on ProductSafety@springernature.com

In case Publisher is established outside the EU, the EU authorized representative is:

Springer Nature Customer Service Center GmbH
Europaplatz 3
69115 Heidelberg, Germany

Batch number: 08566355

Printed by Printforce, the Netherlands